海域资源高质量开发利用机制重构

Reconstruction of High-quality Development and Utilization Mechanism of Marine Resources

王晓慧　著

中国社会科学出版社

图书在版编目(CIP)数据

海域资源高质量开发利用机制重构/王晓慧著.—北京:中国社会科学出版社,2023.10

ISBN 978-7-5227-2356-3

Ⅰ.①海… Ⅱ.①王… Ⅲ.①海洋资源—资源开发—研究 Ⅳ.①P74

中国国家版本馆CIP数据核字(2023)第144933号

出 版 人　赵剑英
责任编辑　许　琳
责任校对　李　硕
责任印制　李寡寡

出　　版　中国社会科学出版社
社　　址　北京鼓楼西大街甲158号
邮　　编　100720
网　　址　http://www.csspw.cn
发 行 部　010-84083685
门 市 部　010-84029450
经　　销　新华书店及其他书店

印　　刷　北京君升印刷有限公司
装　　订　廊坊市广阳区广增装订厂
版　　次　2023年10月第1版
印　　次　2023年10月第1次印刷

开　　本　710×1000　1/16
印　　张　19
插　　页　2
字　　数　310千字
定　　价　118.00元

凡购买中国社会科学出版社图书,如有质量问题请与本社营销中心联系调换
电话:010-84083683

国家社科基金后期资助项目

出 版 说 明

后期资助项目是国家社科基金设立的一类重要项目，旨在鼓励广大社科研究者潜心治学，支持基础研究多出优秀成果。它是经过严格评审，从接近完成的科研成果中遴选立项的。为扩大后期资助项目的影响，更好地推动学术发展，促进成果转化，全国哲学社会科学工作办公室按照“统一设计、统一标识、统一版式、形成系列”的总体要求，组织出版国家社科基金后期资助项目成果。

全国哲学社会科学工作办公室

目　录

前　　言

海域资源是海洋产业重要基础资源，也是海洋环境系统核心要素，具有重大战略价值。但长期开发造成海域资源快速消耗和海洋环境大量污染，严重阻碍海洋经济持续发展。尽管国家建立自然资源统一管理机构、采取严格规划和高压管控措施，在一定程度上降低了海洋污染、修复了海域资源，但海域资源存量规模和环境质量依然出现负向收敛趋势，并且付出较大治理成本。伴随国家高质量发展阶段到来，如何正确认识海域开发领域“高质量”内涵、建立目标导向海域管理机制、提高开发利用质量，已成为国家海洋战略的重中之重。本书研究立足国际国内格局巨变和经济增长方式转变的时代背景，面对海域资源和环境约束困局，全面阐述海域资源高质量开发利用的表象和内涵，针对现行管理机制漏洞，重新构建海域资源高质量开发利用机制。其重大意义在于，理论上突破海域资源利用领域“高质量”的概念盲点，实践上通过完善海域管理制度、优化组织架构、强化事前控制、增强国际参与能力，形成全方位、更灵活的新机制，实现海域高质量开发利用目标，推动双循环背景下海洋战略持续深入。

本书运用马克思政治经济学基本原理，结合国家宏观经济背景及海域资源本质特征，对海域“高质量”开发利用的本质、目标以及影响机制进行深入研究。一是从“价值观”“效率观”“发展观”三维视角理解海域资源开发利用质量，建立该领域“质量观”的系统结构，论证海域开发利用质量形成的基本逻辑；二是根据海域资源产业贡献、开发规模和强度变迁，运用量化分析方法对海域资源开发利用质量水平进行实证研究，揭示海域存量与环境质量收敛趋势和开发面临的两难困境；同时立足国际视野，深刻分析世界海洋资源共同开发与全球海洋治理趋势，阐述世界格局巨变时代中国在国际海洋秩序重构中的话语地位和参与现状；三是追踪我国海域资源管理政策、管理模式与管理主体的变迁过程，梳理海域资源管理机制的基本架构，剖析海域开发利用机制的建设现状及存在弊端；四是针对海域资源管理机制带来的现实困境，兼顾生态保护与资源开发，创新海域资源产权制度、强化事前控制、增强国际参与能力，形成更优化的海域资源开发利用新机制组合，确保取得高质量开发利用效果。

本书成果认为，海域高质量开发本质上是通过合理配置优质海域资源、提高利用效率、降低环境负产出等路径实现经济、生态、社会效益协同且持续增长的海域资源开发利用方式，它有别于粗放式开发，具备战略性、全局性、长远性特征，既关注资源品质、经济价值高效性，又注重生态稳定性和海洋文明传承与进步，最终实现经济、社会、自然和谐发展。从系统学角度看，海域开发利用质量产生于“资源供给、资源使用、绩效产出”全过程，构成海域开发利用质量链系统，包括驱动、形成、输出、反馈四个关键环节，海域资源开发利用质量正是系统内各利益主体动态博弈的结果，从政策引导、市场配置、项目实施到最终价值输出，每一个环节都至关重要。因此，注重制度设计、政策运行、资源储备、生态维护等诸多要素交互并行、协调统一，重新构建系统化、现代化、高效能的海域管理机制，彻底解决海域开发与保护的矛盾，促进海域资源开发利用质量的提升。与传统机制相比，重构机制的法律制度和政策体系更完善，运行主体、运行模式、组织协调明显优化，更强调监督职能和责任的结构性和完整性，凸显科技、金融、信用等保障机制重要性，质量预警和国际参与机制显著提升系统有效性和战略高度。通过制度创新、管理创新、科技创新提高重构机制运行效率和效果，以适应海洋领域高质量发展时代要求。

本书的学术价值体现在：基于“价值观”“效率观”及“发展观”三个维度提出海域资源高质量开发利用核心特征，形成海域开发领域“质量观”思想谱系，完善了“高质量发展”理论体系；将海域开发活动视为“资源供给、资源使用、资源绩效”一体化动态系统，诠释了海域开发质量形成过程，使海域资源系统内在机制驱动与传导逻辑更清晰，丰富了海洋领域机制研究理论基础；本书的应用价值体现在：深入阐述了海域资源的产业贡献、开发现状、海域规模与质量收敛趋势，揭示现行机制滞后、缺失、固化等弊端对海域开发质量的制约，提出海域资源高质量开发机制重构方案，助力政府全面掌握双循环背景下海域资源开发的现实质量水平，直面问题、关注瓶颈，为破解海域开发与保护困局，提升海域开发利用质量提供政策参考。

第一章 海域资源高质量开发利用的内涵阐释

西方经济学强调经济增长，并通过全要素生产率反映经济增长效率。尽管经济增长效率可以测度和表达经济发展水平，但似乎无法诠释“高质量发展”的本质。不同领域“高质量发展”的背景、基本要义与内涵外延有所不同，学术界对各自领域“高质量”的认知和界定尚在探索中。基于马克思主义政治经济学的视角，结合海域资源开发领域特点，通过“价值观”“效率观”“发展观”三个维度构建海域开发利用质量测度体系，全方位刻画海域资源开发利用的质量结构，深刻理解海域资源高质量开发利用内涵，才能为海域资源管理制度、机制建设提供理论依据。

第一节 经济增长理论与“高质量发展观”

西方经济学强调经济增长，通过全要素生产率反映经济投入产出质量。尽管全要素投入产出可以测度经济发展水平，但似乎无法诠释“高质量发展”内涵。学术界对各自领域“高质量”的认知并不统一，海洋领域发展质量界定也尚在探索中。海域资源开发利用过程既是海域使用人创造经济收益的过程，也是海域周边生态环境变化甚至损害过程，需考虑开发活动内部、外部影响。因此，基于马克思主义政治经济学视角，对比西方经济增长理论与中国“高质量发展观”的思想谱系，才能全面阐释海域资源高质量开发利用的内涵。

一 西方经济学的经济增长理论

西方经济学对经济增长的探索从未止步，世界经济发展的动力机制是各个时期经济学家关注的重点。在西方经济学的研究范畴中，经济增长被定义为一个国家或地区在给定的时间内生产所有产品产值量的增长能力，是用来评价和考量经济发展趋势的基本标准。17 世纪开始，西方很多经济学家对国民财富的追逐由注重货币转向探寻物质生产领域的财富源泉，并且认识到资本及生产效率在经济中的重要意义。亚当·斯密建立了古典经济学基础，将经济增长的路径推演成为资本的螺旋式上升，从资本投入到产出最后变成资本结余，结余资本再次进入生产就成为扩张资本，从而引发生产规模和市场扩展；同时区分重大技术创新与日常技术进步的不同影响，认为前者带来非连续性生产率的提高，后者决定着生产效率整体改善的效果，即经济在技术代际内的持续增长。在市场需求稳定和资源性外部约束不明显的情况下，这就变成了一个良性的循环路径，推动着经济不断增长。后期随着经济增长影响因素不断扩大，马歇尔为代表的新古典经济学派认为技术和劳动等外生因素是经济增长的重要动力，将人口、资本、智力和分工等多个微观要素纳入新的增长极；而内生增长理论则从经济增长本身的内在机制视角，将经济主体最优资本决策和创新驱动作为经济增长源泉，更多的强调市场结构和竞争需求。

早期经济学理论并非不关心发展的持续性，只是经济发展初期物质资源富足，未能引起广泛关注。早在 18 世纪，马尔萨斯的人口理论研究了人口与物质发展关系，并发现只要用于生存的物质资料是有限的，则增长的人口将消耗掉更多的物质资料。进入 21 世纪后的新经济时代，经济增长理论不断丰富，最初众所周知的劳动力和资本、技术、制度以及人口结构、产业结构等要素很好地解释了经济的长期增长机制，构建了新世纪经济理论体系。历经社会资源长期消耗，新经济时代人们对经济增长的可持续性备受关注，尤其是环境质量变化使人们更多地考虑到自然资源的影响。包括托马斯·皮凯蒂在内的众多学者意识到以自然资源和生态环境作为生产要素投入的自然资本会在某种程度上影响到资本的特性。托马斯·皮凯蒂在《21 世纪资本论》一书中将土地、空气、资源、能源以及环境作为一种“非人力资本”，强调了自然物质在社会中的重要作用和发展态势。新世纪经济增长理论更关注长期增长动力，认识到工业化生产影响到自然环境的生态质量，并改变资本形态，往往通过制定经济制度引导产业布局，进而改善环境污染现状；通过技术变革推动生产效率，进而影响经济增长方向和节奏，将众多外生变量内生化，对经济增长动因的剖析更全面，对当代经济发展具有重大启示和指导意义。

二　马克思政治经济学对“高质量发展观”的论证

与西方经济学理论体系不同，马克思政治经济学从扩大生产规模入手，分析规模效应下剩余价值的产生和传递，这是和古典经济学中亚当·斯密流派的增长理论最为显著的区别。

马克思再生产理论以“价值”为基础，主张通过提高生产力带动产品量扩大，最终实现社会价值总量的上升。这里的“社会总值”具有丰富内涵，既包含生产价值、经济价值，还包括技术进步带来的劳动力解放以及自然资源的节约。马克思为了详细阐释资本主义生产规律构建了庞大的资本体系，将自然力作为劳动因素，认为在一定历史阶段下的生产力水平造就了有限的资本积累和自然资源的攫取能力，形成经济增长瓶颈，而通过集约化生产方式来提升劳动效率则可以打破瓶颈，进而推动整个社会生产力进一步发展。这一论点为科学发展观和高质量发展观的建立奠定了理论基础和依据。

西方工业化模式下，生产活动遵循市场资本推动逻辑，成为社会经济发展的内在动力，整体社会经济系统运行形成“生产、消费、废弃”的循环模式。马克思在《资本论》中比较了粗放型和集约型两种经济增长模式，认为粗放型经济增长表现为生产资料简单、大量投入的粗放经营；集约型经济增长模式则是结合技术投入、工人素质提高、缩短必要劳动时间的集约化经营手段。这两种模式的区别也正是西方经济学和马克思政治经济学之间最大的区别。我国倡导的经济高质量发展就是基于集约型经济增长模式上的发展和创新，追求高效能和高附加值，旨在推动产业不断升级，助力经济良性、可持续增长。

三　中国经济背景下的“高质量发展观”

中国经济近四十年的发展全世界有目共睹，引起学术界的广泛关注，学者们试图用各种经济学理论来揭示中国经济增长规律。特别是中国经济经过长期高速发展后增速开始回落，稳定发展形成新经济格局，党的十九大报告也明确指出："我国经济已由高速增长阶段转向高质量发展阶段。"① 未来中国经济增长模式将面临减速增效的重大突破，明确"高质量发展"的内涵、探寻中国经济高质量发展路径是现阶段理论界和中国政府最重要的课题之一。

回顾经典经济增长理论可知，在工业革命背景下催生的古典经济学研究了资本主义生产的内部联系，冲破了重商主义唯金钱论，从实际物质产品角度出发寻找经济新增长极，佐证资本和工作效率是经济增长的重要原因，是基于工业生产背景下的新突破。此后的新古典增长理论和内生增长理论在古典经济学的逻辑之上进行了经济增长因素的拓宽。而新时期世界经济飞速发展下派生出新经济增长理论，面对复杂的经济发展机制，越来越多的外生因素被纳入增长模型，也使得新经济增长动力得到多元诠释。尽管如此，西方经济学致力研究的经济增长，焦点始终在对经济体具有驱动力的内生、外部因素挖掘以及变量模型化方面，最终关注点集中在经济增长动因、增长速度、增长规模等方面，并通过全要素生产率反映经济增长效率和经济增长质量。可见，西方经济学的"经济增长"其内涵和外延与"高质量发展"并不完全吻合，无法对中国经济背景下的"高质量发展"作出深度诠释。

中国学者在马克思经济增长理论的指导下，结合中国社会主要矛盾和经济发展特征，对当代"高质量发展"的理论内涵、增长路径、转型目标、治理机制等现实问题给予了高度关注和积极探索。不同制度下的经济增长与"高质量发展"有着不同解读，不同学科视域下对"高质量发展"内涵的理解也不同，宏观经济学侧重于投入产出效率更高来促进经济增长，发展经济学更关注资源要素持续优化的发展方式、质量经济学则期待经济活动更好地满足消费者需求。尽管目前关于"高质量发展"的概念界定尚未统一，但"高质量发展是比经济增长质量范围宽、

① 习近平：《决胜全面建成小康社会，夺取新时代中国特色社会主义伟大胜利——在中国共产党第十九次全国代表大会上的报告》（2017 年 10 月 18 日），人民出版社 2017 年版，第 15 页。

要求高的质量状态”① 已达成共识。高质量的发展已经跳出了以产值和资本总额度量的计算体系，影响发展的各个因素已全面纳入考量范围。简单来说，GDP 不再是考察发展水平的唯一指标，经济、文化、社会、生态等各方面协调、均衡程度都是重要的考核指标。从多维度考量，高质量发展应当是指通过提高劳动生产效率、合理配置全要素资源、降低环境负产出等路径实现经济效益、社会效益、生态效益协同、持续增长的综合发展方式。这种方式有别于粗放式发展，应具备战略性、全局性、长远性特征，既要关注总量、又要关注效率；既要注重经济的高效性，又要注重生态的稳定性，更要注重社会进步和人们生活水平的提高，最终实现经济、社会、自然的和谐发展。海域资源是人类赖以生存的地球上最为重要的自然资源，是人类活动的资源基础、生态保障以及社会条件，依据“高质量发展”理念，应当立足“价值观”、“效率观”、“发展观”三维视角，对海域资源开发利用质量的内涵进行深度阐释。

第二节 海域资源开发利用质量的“价值观”

根据经济学原理和海洋资源开发实践，海洋领域高质量发展的基础是资源有用性，即资源价值，因此，基于“价值观”的海域资源高质量开发利用的内涵可以理解为：海域资源具有典型自然资源效用，根据其稀缺性、有限性、不可再生性等特质，遵循“环境优先、生态有价”原则，认识海洋、经略海洋，重建海域开发经济价值、生态价值、社会价值三位一体的价值体系，在未来的开发利用活动中确保海域资源全面保值增值。

一 自然资源具有资本价值

（一）自然资源与自然资本的关系

发展中人类与自然界的依存关系日益明显，自 William Vogt1948 年首次提出“自然资本”的概念后，学界开始对自然资源参与社会经济活动作

① 任保平：《新时代中国经济从高速增长转向高质量发展：理论阐释与实践取向》，《学术月刊》2018 年第 3 期。

用进行了广泛讨论，对自然资源的基本属性进行了再认识。自然资源具有天然的自然禀赋，当人类对其加以开发利用，则能够产生经济效益，为人类创造福利。尽管自然资源是存在于自然界的各种要素，但它与人类经济、社会发展密切相关，而由于自然资源具有相当大的使用价值，甚至对劳动生产率产生重大影响，已成为社会化生产活动中不可或缺的重要资本源泉。联合国环境与发展大会于1992年在《21世纪议程》中提出了自然生态系统的研究主题，确立了自然资源的价值地位。

经济学家倾向于将自然资源视为经济和社会活动中资产性财富的组成部分，认为自然资本与经济增长函数中的资本相对应，并将其纳入增长模型中。而生态学家对自然资本的讨论则更多从生态系统视角出发，赋予其生态调节价值，显然生态学视角的自然资本范畴要大于自然资源实体本身。

学术界对“自然资源”与“自然资本”的概念并没有明确区分，但从资本核算角度看，“自然资源”更侧重于资产属性特征，是资本的载体和表现形式；“自然资本”则更侧重于价值属性特征，是资源的内在价值体现。因此可以说，自然资本是能从中获得有利于生计的资源流和服务流的自然资源存量。[①] 其中的“资源流”就是指自然资源实物载体，如土地、海洋水体、空气、森林、湿地等等，具有实物形态、自然存在的有形资源；而“服务流”是指有上述有形资源组成的、人类赖以生存的自然系统各种服务功能，二者作为自然资源整体为人类社会提供物质财富和生态服务。

（二）自然资产的价值度量

早期自然环境良好、自然资源富足的经济发展时期，人类对自然资源采用的是低成本利用方式，直至世界经济飞速发展后期，资源快速消耗，自然资源利用成本高企，无论是出于经济性还是可持续发展的考虑，人们都越来越重视自然资源的资本化问题。1993年联合国统计司（UNSD）、世界银行等组织通过《1993国民核算手册：综合环境和经济核算》（SEER－1993），尝试将自然资源与环境纳入国民经济体系；[②] 以SEEA联合国《环境与经济核算体系》为基础，经很多国家不断完善，构建了自然资源

① 朱永官、李刚、张甘霖、傅伯杰：《土壤安全：从地球关键带到生态系统服务》，《地理学报》2015年第12期。

② 张彩平、姜紫薇、韩宝龙、谭德明：《自然资本价值核算研究综述》，《生态学报》2021年第23期。

核算体系，挪威、美国、日本、澳大利亚等国家主要参照 SEEA 开展自然资源核算，《中国绿色 GDP 核算报告 2004》则是我国资源环境核算实践的体现。尽管目前自然资产价值度量和核算的体系、方法尚未统一，但对自然资源价值量化的态度在世界范围内已达成共识。

不考虑人为恶意破坏和毁损因素，自然资本长期存在于自然界，长期为人类生产生活提供价值服务，资源不断地被开采、利用、消耗，又依照自然规律不断再生，具有效益性，而流入经济领域的自然资源参与了生产流通过程，使原有资源价值得以实现资本增值。

自然资本与传统的劳动力资本和金融资本有所不同，具有非商品资本化特征，其量化价值是使用价值和非使用价值的统一，使用价值体现在作为生产要素、自然资本参与生产活动过程中对劳动生产率的贡献，非使用价值体现在作为自然要素对人类生存环境生态平衡的贡献。“自然资本”的价值量化方法有其独特之处，日益成熟的环境经济核算体系建立为海域资源的价值量化提供了重要理论基础。

二　海域等级是海域质量的外在表现

（一）海域等级的价值属性

对海域资源进行合理开发和利用可以带来巨大的海洋经济效益，但在早期开发过程中，由于法律缺失和管理落后，海域资源破坏性开发现象严重。国家为维护海域相关利益者的合法权益，确保国有资源保值增值，于 2002 年 1 月颁布实施了《中华人民共和国海域使用管理法》（以下简称《海域使用管理法》），从立法层面明确了海域所有权、建立了海域有偿使用制度、确定了海洋功能区划制度、规范了海域资源开发市场秩序和相关主体的开发利用行为。海域有偿使用制度实施的前提就是要确定不同海域资源的等级差异和价值量差异，综合考虑海域片区的资源分布状态、海域环境变化的自然规律以及地区社会经济水平，根据海洋功能区划要求和海陆统筹、联合开发的要求，对海域进行分等定级，才能直观反映海域资源整体价值，提高海域利用质量。

我国海域资源管理实行等级评定制度，海域质量可以通过海域所在等级来识别。根据国家标准《海域分等定级》（GB/T 30745—2014）中术语定义，海域分等是指“根据影响海域使用效益的经济、社会、自然等各项因素的综合分析，揭示海域使用价值的地域差异，运用定量和定性相结合的方法将全国海域的综合质量水平等别化”;[①] 海域定级是指“在沿海县级行政区海洋功能区划的基础上，根据不同海域区位、自然条件、资源丰度、环境质量及周边社会、经济条件等因素，对县级行政区所辖各使用类型海域价值进行综合评定，并使评定结果级别化。”[②] 可以看出，海域等级反映了海域质量的差异，也是海域使用金评估基础，为合理开发利用海域资源提供价值判断依据，有利于保证海域有偿使用制度的有效落实。

（二）海域等级与海域价值的逻辑关联

海域是海洋资源的重要核心组成部分，既是各类涉海活动的资源基础，更是新时代国家海洋战略重要支撑。海域面积丰度和水质决定了海洋经济生产要素投入的能力和品质，是海域资源开发利用质量的直接影响因素，体现了海洋资源自然禀赋，大规模、无污染的确权海域为海洋经济发展提供了良好条件和坚实基础。

我国海域资源权属归国家所有，其开发利用需建立在海域有偿使用制度基础上，这就要求凡是需要利用海域资源进行涉海开发活动的主体必须明确海域使用价值，按照国家要求缴纳海域使用金，而海域的等级是海域使用金评估的最基础要素，代表了海域价值的大小。海域等级与海域价值的逻辑关联在于，海域等级是海域质量的表现形式，海域价值是在各种因素作用下形成的资源效用，是海域质量的内在本质。因此，海域价值将海域资源自身品质、功能以及周边经济社会条件等质量因素投射到海域等级层面，不同海域等级与其海域价值相匹配，海域等级越高，海域价值越高，反之亦然。高等级海域意味着海域资源所在地理位置优越、海水质量良好、功能规划重要，将给相应海域开发利用带来更高的价值，减少环境维护成本，提高海域利用效率，进而实现海域资源的高质量利用。

三 海域使用价值是海域资源的内在品质

（一）海域资源价值的认知

伴随着自然资源开发利用进程，人类对自然资源价值的探索不断深

① 国家海洋局：《海域分等定级》（GB/T 30745—2014）。
② 国家海洋局：《海域分等定级》（GB/T 30745—2014）。

入。自然资源既有有形资源，如水、土地、矿产、动植物等具有实物形态的资源，也包括空气、光等无形资源，为人类生产活动和生存环境提供支持，是社会生产过程中对劳动生产率产生重大影响的物质要素。自然资源具有使用价值，对其开发利用可以充分体现和放大其价值效应。资源经济学认为，土地等自然资源是“财富之母”，经济活动中，自然资源被转换成生产资料，为人类创造财富。人类与自然相互依存关系在现代化工业文明时代非但没有降低，反而愈加明显，这是由自然资源稀缺性、有限性和脆弱性所决定。尽管工业技术提升了人类改造自然和利用资源的能力，但依然需要依赖自然资源进行生产生活，依赖程度越高，自然资源的价值越高。海域资源具备自然资源的一般属性，同时也具备自身禀赋的特殊价值特征。

海域资源价值的认知、重视和评估，来源于三个方面观念的转变。其一，近年来自然资源衰减速度加快已成为世界性难题，理论界与实践领域都异常关注；其二，自然资源补偿的前提是资源有价论，自然资源价值体系的研究和构建迫在眉睫；其三，海域资源价值评估，是国有自然资源保值、增值的前提，是落实海域资源有偿使用的基础。

事实上，海域本身具有自然资源的有用性，使其承担了经济和社会价值创造的角色。从社会属性的角度，海域资源的开发利用能够带动沿海地区就业，并创造海洋社会价值；从经济技术条件角度，海域资源在一定的经济技术条件下开发利用，能够发挥海域使用的经济价值，因此，海域资源开发利用是海洋社会、经济价值创造的一切活动集合。

（二）海域资源品质的价值表现

自然资源的使用价值与非使用价值并存，具备经济、生态以及社会文化的综合属性。海域资源在经济上的使用价值、环境中的生态价值、生活中的社会文化价值被广泛认可。

海域资源经济价值。人类之所以对自然资源进行开发利用，是因为这些资源能够被计量并通过使用实现资源价值，使用价值要在流通中形成经济能流，也可以理解为，商品经济条件下的资源进入生产领域反映出资源的经济属性。海域资源经济价值是显而易见的，各种功能类型的海域资源作为生产要素流入了与海洋有关的生产活动，在临港工业、滨海旅游、海洋交通、海洋渔业等众多海洋产业中都有海域资源的价值流动。人类基于主动性目的对海域资源进行使用，以便从中获取效用。那些可以直接利用的海域资源，如渔业资源、滨海沙滩和岸线、海湾等资源，为生产经营活动带来直接使用价值；那些为海洋产业提供海域水体支持的海域资源，如成片大面积海域、深水航道等工业用海、港口用海，则产生间接使用价值。因此，海域资源的经济价值是两种价值的综合体现。

海域资源生态价值。地球环境污染问题已成为资源学、生态系、环境学等众多领域的研究重点。海域资源与生俱来承载着海洋生态系统的循环服务功能，这种服务功能对地球生态系统产生巨大支持，也维系着人类生存环境的平衡。海域生态服务功能尽管并非体现在人们的使用效用上，但却衔接着海洋生态系统到人类福祉的价值实现过程，存在非市场价值。从价值核算的角度看，海域资源生态价值是经过物理环境到生态系统、由海洋生物实物实现生态服务功能、完成生物价值向生态价值的转换结果。海域资源生态价值的度量越来越被人们所重视，目前尚未有统一、精准的计算方法，通常以海域实物存量规模及其价值为基础，对海域生物资产价值进行贴现，来评估海域资源的生态服务价值。大自然是人类生存、社会发展的基础环境，经济增长、科技进步促进工业生产、社会生活改善，环境文明的传承也是人类可持续发展的必然条件。海洋生态保护和海洋环境文明建设是人类代际文明传承的重要途径，体现了当代人们对海域资源生态价值重要性的共识。

海域资源社会文化价值。海域资源具备社会资源属性，对于人类的物质生活和精神文化具有重要的作用，能够满足人们多样化的需求。海域成就了人类赖以生存的地球自然环境，也为人类生产提供了不可缺少的物质资源，同时也积累了人类生命本源的精神文化。海域社会文化价值是指海域资源的存在能够满足人类社会、文化和道德需求，存在社会文明、科学文化等人类精神文明价值。随着人类文明不断发展，海洋领域的社会文化价值越来越重要。海域资源社会文化价值体现在社会价值、科学价值、文化价值三个层面。首先，海域资源在开发利用过程中需要大量的劳动力资源，带动了各类不同海洋产业的用工需求，解决了沿海地区社会人口就业和社会稳定问题；其次，海域水体蕴藏着大量尚未发现和利用的丰富物质资源，有待科学研究和探索；第三，海域与大陆相连，是人类社会生存环境的重要元素之一，与人类永久相伴的过程中，积累了丰富的海洋历史文明。海洋广袤无边且深邃、流动，形成开放、包容的海洋文化，也是国际文化交流的重要组成部分。尽管海域资源社会文化价值无法量化评估，但其文化内涵和社会意义被广泛接受。

第三节　海域资源开发利用质量的“效率观”

海洋经济发展水平代表一个国家的海洋实力，是海洋强国战略目标的重要方面。在海洋资源有限的情况下，充分挖掘和利用好存量海域资源，提高海域资源开发利用效率，是节约海域资源、增强资源储备的重要途径之一。海域资源开发利用质量的“效率观”体现了海域资源集约配置、科学管理、高效利用的发展模式，进而促进海洋经济的高质量发展。

一　“正比理论”下海域资源开发质量与效率的辩证关系

（一）质量与效率的“反比理论”与“正比理论”

从产业经验看，质量伴随生产过程产生，高质量的形成更是通过精心设计、精准生产、精细化管理等一整套流程来完成，需要消耗的时间成本更大，降低了产出速度。可见，质量的提升要以效率为代价，即质量与效率呈现反比，即所谓的“反比理论”。现代管理观念却是完全相反的理论，即质量与生产效率并非反比关系。以制造而言，高质量意味着可以减少不良品损失浪费、索赔补货等物质成本和纠纷，缩短交易链长度，降低流程时间，最终提高效率，即所谓的“正比理论”。质量与效率的辨析思想同样适用于海域资源开发领域。

海域资源开发利用质量标准是在不损害海洋环境的前提下，创造海洋经济效益，满足海域资源相关利益群体的需求，这就需要在海域资源开发过程中，从海洋产业各个领域进行质量约束，保证各项要素达到规定质量标准；海域资源开发质量要素往往表现为最终结果，如创造海洋经济产值、海洋环境、海洋产业从业人数等等。而海域资源开发利用效率标准是给定投入要素的条件下，创造了最大海洋经济价值、环境价值，或者海域资源没有浪费，使海域资源得以充分利用。因此，海域开发利用效率通常用单位海域面积带来的海洋经济产值来表示，即每公顷海域面积产生的海洋经济 GDP 总值，在既定海域规模的条件下，创造的海洋经济生产总值越大，说明海域资源开发利用效率越高。

纵观两种质量和效率的关系理论，正、反理论都将质量和效率独立开来，只是看问题的角度不同。“反比理论”着眼于海域资源投入的短期效果，事实上，在提高海域开发利用质量时，增加了海洋环境维护费、增加了治理成本。“正比理论”强调海洋经济长期高质量带来的回报。如果由于海域资源开发带来环境质量问题，对海域资源相关利益人造成的损失，足以消耗提高效率而节省的成本。

（二）“正比理论”下海域资源开发质量与效率的统一

从事实的角度解决质量和效率的问题，海域资源开发利用的质量效益和综合效率是对立统一关系。在海洋经济发展中必须同时关注海域开发的质量和效率，既要保证海域资源开发利用质量，也要提升海域资源开发利用效率。海域资源开发质量是海洋领域的生命线，只有优质的海域才能为海域使用人提供优质的用海需求；而海域资源开发效率是海洋经济高效发展的必备前提，高水平的海域资源利用效率和较强的投入要素节约能力，是海洋产业获利的源泉。单纯偏重产出效率或经营质量的任何一方，并非明智之举。

我国在海域开发方面，一直存在单体项目用海面积过大、围而不填、填而不建等情况，是早期粗放型开发所导致。海域水体对于海洋经济的作用类似于大陆经济的土地资源，海域资源对海洋经济发展的贡献相比资本、劳动力、科技等生产要素的贡献更体现出基础性和不可替代性，但作为海洋经济发展主要推动力的海域资源要素其有限性也成为我国海洋经济发展的一个核心难题。如果继续无休止地对海域资源进行大规模、破坏性、粗放式开采，将使得大量海域资源呈现出紧缺甚至枯竭的状况，势必严重阻碍海洋经济高质量发展。要达到海洋经济健康绿色的发展要求，就必须提升海域资源开发及利用的效率，同时盘活存量海域，向集约化模式转变。

二　海域资源开发效率与海洋产业效率相互依存

经济学最关心的是，在资源稀缺情况下，如何利用有限的资源投入、创造最大化产出。海域资源的长期过度开发利用容易产生两个问题：一是大量开发活动导致海域存量资源快速减少，限制了后续资源要素投入；二是开发活动的产出本身就伴随着污染的排放，是一种负产出。二者双向制约下，不但降低了海域资源开发利用的效率，同时也影响用海产业的后续发展能力。

（一）不同功能海域用于不同类型的海洋产业

随着海洋经济高速发展，海洋领域产生了大量的用海需求。但即便是看似广袤无边的海域资源，也不可能毫无节制地随意开采，由于用海条件的限制，真正可开发利用的海域十分有限，事实上，与经济活动中的用海需求相比，有利用价值的海域资源十分稀缺。海域开发需要对不同物理空间、不同水质、不同水生物种群的海域进行科学论证，并定位其适宜的用海方式。对于海洋经济而言，其组成要素就是海洋产业，海洋产业是具备相同海洋要素特征的经济活动集合体，同时也是保障海洋经济发展和进步的基础。海洋产业的共同特点是带有涉海性质，其产业类型众多，遍及海洋渔业、海洋工业、海洋服务业等海洋一产、二产、三产。与海洋产业相对应的海域被划分为不同的用海类型。我国国家海洋局分别于2009年、2017年发布了海域使用分类的行业标准，2018年国家机构改革以后，自然资源部履行自然资源统一管理职责，建立了全民所有自然资源资综合规划体系，于2020年研究制定并发布了《国土空间调查、规划、用途管制用地用海分类指南（试行）》，其中将用海类型分为：渔业用海、工矿通信用海、交通运输用海、游憩用海、特殊用海、其他用海。[①] 现行的海域类型体现了海域使用功能，为所有海洋产业提供了用海需求。用海类型不同、其产出效率不同，也使得不同海洋产业的发展动力存在差异。

（二）海洋产业持续发展依赖海域资源开发效率

海域是海洋产业的要素性生产资源，例如港口运输行业规模扩张需要依托适宜港口建设的交通用海海域开发利用，效率越高说明在相同海域资源供给下，港口行业产出越大；或者在相同港口行业产出水平下，消耗的港口用海海域越少。海域资源开发深度和广度、技术水平、服务能力，都将影响海洋产业增加值。统筹规划海域资源，不断创新海域开发新技术，

① 自然资源部：《国土空间调查、规划、用途管制用地用海分类指南（试行）》（自然资办发〔2020〕51号）。

形成新的海洋产业增长极，才能提高海域资源的开发效率，推动海洋经济持续、快速、健康地高质量发展。

（三）海域资源高效利用是海洋产业的必然选择

高质量开发利用海域是一种有利于资源节约和促进环境改善的发展模式，发展海洋经济实质上要求人与自然协同发展、共同进化。在这个进程中，以海域资源为纽带，各子系统相互影响、相互制约、相互依存。高质量开发利用海域的目标不是以高消耗、高污染为代价的高产出，而是追求节约、质量、健康的生态理念和开发模式。未来的发展趋势将通过改善海洋资源开采技术，加大深海资源利用技术研究，以先进的科技为基础，提高资源勘查准度，探索新资源，能够在很大程度上把海洋资源转化成现实存量，增强海域资源供给水平和开发效率，提升人类从海洋中得到资源的能力。保护海域资源就是保护海洋产业的根基。要改善海域资源的开发利用质量，就要有意识地关注海域资源的存量水平和生态功能，提高海洋系统的修复能力，确保优质海域资源的有效供给，才能促进海洋产业的高质量发展。

三　高质量视阈下海域资源开发效率的理论解构

（一）海域资源生态特征对开发利用效率的影响

社会持续进步，人们对于海洋资源的开发力度也不断上升，海洋资源的容量是有限的，需要采取相应的手段来协调和自然之间的关系。人们对于海洋生态系统的研究已从早期单纯生物学视角发展到将生物种群环境对生态系统的影响，并将海洋生态与经济融合起来考虑，探索两者间的深层次关联。这种人与自然和谐相处的关系，体现在生产活动、社会活动、自然界等各个领域。在人类普遍追求生态文明建设的背景下，海洋资源生态化特征越来越被重视。

海洋由海水、海岛、海岸线、海湾、滩涂、滨海湿地、红树林、珊瑚礁、矿产等各种不同海洋要素组成，这些要素资源可分为海洋生物和海洋非生物，形成无机环境群落组合，通过能量和物质的循环流动相联结，构成自然界重要的海洋生态系统，维系着整个地球的自然生态环境。海洋是海、陆、气系统物能交换的核心，交换频率高，生态系统反应敏感且脆弱。自然界人为带来的动力、温度、盐度等变动，最终产生的后果相当严重，因此海洋生态环境压力非常大，其中最核心的压力就是海洋污染。海域之间存在交流，动力要素复杂程度很高，如果处理不当，一个区域的污染很有可能演变成全球问题，严重的还会带来长期性危害。假设海水当中产生了污染，那么很多依托海水生存的资源都会遭到破坏，并且在洋流作用下，污染还会蔓延至其他海域。目前，气候变暖、海洋污染等使得海洋资源环境越来越差，同时人类不加节制的开发也让海洋资源生态的敏感程度更高。

我国沿海地区海洋经济的快速发展也导致了近海海洋生态系统受到严重破坏。我国四大海域由于地理空间区位经纬度不同，其海域生态化特征也有所区别。渤海、黄海、南海因其海域的半封闭性，海洋生态系统中的生物特有物种繁多，生态系统及生物多样性的脆弱性相当显著，在人类活动涉入之后，海域的生态环境极易受到破坏。东海有长江口生态系统，是我国最大的河口生态系统，为海湾生态系统集中分布区，渔业资源相当富饶。但由于内陆腹地排污严重，东海海域长期处于污染严重状态，海域生态质量较差，影响到海域资源开发质量。

（二）高质量视阈下海域资源开发生态效率的提出

传统意义上的经济效率函数中投入要素通常由资本、劳动力、技术组成，产出要素为经济产值，以此来测算生产经济活动的全要素效率。但社会发展中生态环境日益重要，理论界和实践中都将环境因素纳入经济效率的测度范畴。政府对海域资源开发利用绩效评价标准不仅看资源的经济价值产出，还要看对自然环境的影响，将经济生产和环境因素结合起来考察海域资源开发利用的生态效率具有一定的政治含义，为统筹制定综合发展战略提供重要依据。用生态效率来测度海域资源使用的效率特征，已成为学界共识，在各国家、各地区和领域中应用广泛。

经过多年探索，学术界对生态效率有了更深刻的认知（S. Schaltegger）和（A. Sturm）将生态效率解释为“增加的价值与增加的环境影响的比值”;[①] 世界可持续发展委员会（World Business Councilof Sustainable, WBCSD）从商业视角进一步认可生态效率；世界经济合作与发展组织（Organization for Economic Cooperationand Development，OECD）将环境与传

---

① 聂弯、于法稳：《农业生态效率研究进展分析》，《中国生态农业学报》2017 年第 9 期。

统效率相结合，认为生态效率是环境资源付出较少代价的一种投入产出过程；Schmidt 将生态效率看作经济效益最大化和资源耗费废物污染最小化的结果。[①] 国内学者比较关注产业经济和区域经济效率的实证研究，侧重生态效率相对传统效率模型的改进以及生态效率影响因素和提升对策的研究。从以往的研究成果看，学术领域和研究机构对生态效率的重要性给予了一致性认同，生态效率反映了经济发展中环境资源的影响阈值，为效率测度提供了更全面的视野，可以用来衡量经济发展与生态环境协同性，促使人们做出保护环境前提下提高经济效率的决策。生态效率核心内涵是将环境生态要素纳入经济效率投入产出范畴，强调资源环境损耗最小的条件下使经济产出最大化，在效率模型中体现出资源投入要素和环境产出要素，资源消耗越少、污染排放越低，创造的生态效率的质量越高。

生态效率的投入产出要素在不同领域体现为不同的参数类型。海域资源开发生态效率本质上是海洋经济与生态相结合的综合效益产出与资源要素、资本、劳动力、技术等全要素投入的比值，高质量的海域资源开发利用应当是海域资源要素投入最少、海洋环境污染程度最低、海洋经济效益最大的高测度值生态效率。海域开发生态效率参数借助海洋经济特有的评估指标，对海洋领域开发利用活动前后状态的综合价值作出评估，并通过要素调整，提高海域资源生态效率、最终实现帕累托最优（Paretooptimum）。

第四节　海域资源开发利用质量的“发展观”

国家战略强调以人为本的科学发展观念，主张各领域的进步应协调、持续，是对中国社会发展规律的全新认知，对经济社会发展有着重大指导意义。海域资源可持续开发与环境保护是科学发展观的必然要求。海洋领域的“发展观”是指在海域资源开发利用过程中，应当以人为本，充分考虑公众的整体利益，科学合理规划海洋产业用海需求，兼顾经济、自然、

① Schmidt A.，“Stephan Schmidheiny and Federico Zorraquin，Financing Change：The Financial Community，Eco-efficiency and Sustainable Development”，*Journal of Environmental Law*，1997.

社会的和谐、统一，确保海域资源持续供给，促进人类社会和自然环境的共生和发展。

一　海域资源开发利用对经济与环境的影响

（一）海域资源开发利用对海洋经济发展的作用

与其他类型自然资源相同，海域资源价值是由资源自身价值和因社会投入而产生的价值组成，海域资源的经济性与生态性共同存在，海域资源承载力、价值以及开发利用方式都将对海洋经济效益产生巨大影响。海域使用与海洋经济之间关系的研究也引起学术界的关注，主要集中在两个方面，第一是从定量角度对海域资源使用的经济效益评估研究，从海域开发利用效益、海域使用对海洋经济的贡献率、海域开发的适宜性等方面讨论了海域资源与海洋经济的关联关系；第二是从定性角度对海域资源利用管理进行研究，基于经济学和管理学视角，认为海域使用管理是以政府为主体，通过广泛的综合规划，对海洋空间和海洋活动采取一些干预行为，实施资源开发利用、生物多样性维护、海洋污染控制以及自然灾害防御，进而实现社会福利改善、维持经济持续发展。以往的研究结果表明，海域资源开发活动是海洋经济的前提和基础，海洋经济发展对海域资源产生一定需求，海域利用对海洋经济增长起到支持作用。

从实践角度看，海域作为海洋经济活动的空间载体，是沿海经济发展必不可少的资源依托，在海洋经济增长中起着不可替代的作用。但海洋资源的开发利用在推动沿海社会经济发展与繁荣的同时，又不可避免地对海洋环境、海洋生态带来影响。近年来为了维护海洋生态环境，我国对海域资源实施了较为严格的控制和保护措施，使得海域确权面积出现萎缩，海域使用的经济收入下降，在一定程度上影响了海洋产业经济的规模扩张。由此也说明了海域使用与海洋经济增长之间的关系，反映出海域资源在海洋经济发展中的地位和作用。海洋资源开发活动不仅产生经济效益，同样涉及社会效益、生态环境成本和效益，需统一纳入海洋经济发展分析和决策。可见，海洋资源可持续利用是海洋经济高质量发展的重要标志之一，也是当今国家经济社会建设中需要重点解决的问题。

（二）海域资源开发利用对环境保护的影响

西方经济学家将海域资源视为“流动性或集群共有资源”，认为海域资源产权性质决定了配置方式，进而影响资源使用速度，甚至导致资源枯竭和退化。“共有财产悲剧”论揭示了剧烈竞争、过度开发和资源枯竭将导致相关经济活动走向衰退，甚至是自然生态系统崩溃，而传统的管理制度并不能有效解决海洋资源生态质量与可持续利用的矛盾冲突，应运用社会多准则方法作为综合管理的决策工具。因此，海洋资源管理应基于可持续发展、生态系统学及社会—生态弹性的集约化理论，通过制定更好的海洋政策和具有可操作性的实施战略，以提升海域及岸线的持续开发利用效果。

由此可见，适度合理开发海域资源可以促进海洋经济增长，但随着人类活动面对海洋空间需求规模不断扩大时，一定程度上影响了海洋环境的基础生态，更严重的是部分海洋工程破坏了海岸带原有生态，比如一些海洋工程的兴建和开发，可能改变港口海域生态平衡状况，导致深水港和航道淤积增加，并波及海洋生物栖息地、养殖业和渔业等用海海域。与此同时，脆弱的海洋生态无法完成各种海洋污染自我修复，海洋生物种群衰减、海洋生态失衡，海洋经济发展的持续性受到严重挑战。除海域开发与环境污染的矛盾外，部分过度开发与资源开发不足矛盾也相对突出，主要体现在沿海滩涂利用率饱和，水产品养殖迅速发展，特别是海水养殖业，过度无序的开发利用，不但严重破坏了海洋自然生态环境，还造成渔业用海资源快速消耗；而滨海旅游相对比较环保用海方式的开发利用尚有较大潜力，港口造船业停留在维修本地区的小渔船而毫无发展，海洋油气资源和能源开发尚未成熟，海域资源的利用结构明显失衡。

发展视角下的海洋经济发展并不意味着收缩海洋经济战略、停止海域资源开发利用，也不否认追求经济利润，而是将保护海洋生态资源环境与海洋经济相统筹，反对“唯利是图”的发展方式。海域资源开发利用的持续性取决于：人类利用海域资源的模式和方法、对海域资源开发利用过程中数量与质量之间矛盾的处理能力等等。只有在不破坏生态过程完整性的同时，既有效维护海域生物种群多样性，又避免生产力关系中的各种冲突，才能到达优化海域资源结构，有效改善海域资源开发利用的产出效率。海洋经济可持续的评价维度包括海洋生态、经济和社会三个层面，三者相互关联相互依赖，其中海洋生态的持续性是发展的基础。可持续发展视角下追求利润不应以海洋生态环境损失为代价，其最终目的是实现海洋经济发展与海洋生态系统的和谐稳定以及全社会永续发展，这是我国海洋经济发展战略的重点，也是实现生态文明的必然选择。

二　海域资源开发利用的以人为本与统筹兼顾

（一）海域资源开发利用的人本需求

海域资源开发与其他任何人类社会的经济社会活动一样，最终目的是为了创造物质文明，给人类带来福祉，促进社会进步。产业项目用海需重点考虑开发利用活动是否有损人类自身利益，凡是影响人类生存环境的活动应当坚决予以制止。事实上，人类有目的开发海域资源的过程，就是使各生产要素实现合理配置、科学利用的过程。然而在海洋开发实践中，破坏环境的海域开发活动依然难以避免。在经济持续发展的背景下，人们越来越多地认识到丰富的海洋资源对经济发展带来的效用，在趋利性的影响下，很多社会资本开始对海洋资源进行主动开发。当海域开发技术不成熟、存在监管漏洞时，用海主体在规模扩张驱动下，往往选择粗放型开发方式，这就使得大量海洋资源被浪费甚至遭到破坏。具体体现在：一方面，过度开发使得近海海域污染严重，污染物数量持续上升，海域环境压力增加，沿海居民生活环境受到损害；另一方面渔业资源快速衰竭，沿海渔民难以维持生计，渔民转产转业带来更多社会问题。此外，由于监管缺失，基层行政管理者存在舞弊行为，这也会使部分国土资源收益变成部门、单位或一部分个人的收益，侵害了海域所有者权益，影响社会公平。这些行为破坏了资源环境，损害了广大人民的长远利益，违背了科学发展观的首要要义。

海洋当中的资源是相当富饶的，本质上是人类共同拥有的，因此对海洋资源进行开发的最终目的是要让社会大众享受福利，特别是对于沿海的居民而言，海洋是维系其生活的根基。因此，应当保障公民的合法用海权，使其从中获取海域开发收益。从民生角度看，海域开发不但应使海域使用者获得直接经济收益，还应通过税负方式使政府获得财政收入，支持政府主导下环境治理，使当地居民获得环境利益。首先，海域资源开发利用活动启动时，由海洋行政管理部门通过招拍挂等市场化方式进行海域确权，同时对开发获得利润缴纳税金，从而保证国有资源的保值和增值，保障社会大众的公共利益，最终惠及广大人民；其次，维护海洋生态，使得沿海居民生存环境利益有所保证。海洋资源非常富饶，但并不意味着其资源可以无限性消耗。对于人类的生存来说，海洋资源是一个重要的依托，在人口与资源矛盾冲突日益加剧的情况下，如果仍然对海洋资源不加节制地进行开发，必将损害沿海居民的生存环境。因此，一切海域资源开发利用行为必须充分考虑用海项目的合理性、科学性、收益性，评估项目对海洋环境和沿海居民生产生活的影响，在政府统一规划和管控下实现以人为本的科学开发利用；同时，只有为人类造福的用海项目才能得到海域资源所有者的支持，开发活动才得以持续，并与“高质量”开发目标相匹配。

（二）海域资源开发利用系统的统筹与协调性

立足系统性视角观察可以发现，当总系统的多个独立子系统存在利益冲突、目标评价体系不统一、且系统之间相互制约时，需要运用有效的协调方式来解决各子系统之间的统筹问题。系统协调的基础是利用某种特定的组织和控制模式，寻求处理矛盾的方法，使无序低效的系统转化为有序高效的系统，最终使各系统处于协调、和谐的持续运行状态。海洋资源环境系统与经济、社会系统之间存在极其复杂的关系，它们相互影响相互作用。资源、环境系统与人口、经济和社会系统相协调，其中任一系统的数量累积、规模扩张都将牵动其他系统的变化。例如：人口规模和增长速度将引发资源供给、经济保障等一系列需求，而经济的外延扩张也将增加对资源开采的需要，资源利用活动又影响人们生存环境的改变等等。因此需要在发展过程中牢固树立科学发展观念，将经济、社会、资源与环境和人口相和谐，寻找均衡发展的平衡点。

全面统筹的发展模式适用于中国社会各个领域。海域资源由于其独有的空间特性、经济特性和天然禀赋成为了人类社会生产、生活不可或缺的重要资源。海域空间上与大陆相连接，经济上具有支持不同产业发展的基础要素效用，禀赋上承载着自然环境中的生态服务功能。立足系统论的视角，在海洋活动的复杂系统中，明显存在着经济、社会和生态三个子系统，各系统相互支持，彼此制约。海洋生态作为资源和环境的基础系统，对经济和社会子系统起着服务和贡献的作用；海洋经济系统则以获取经济价值为目的驱动着对海洋生态系统的开发和运行；海洋社会子系统则承载着传承海洋生态文明的历史责任，是海洋生态系统运行的长期推动力。反之，海洋经济子系统的过度运行将破坏海洋生态环境，此时的海洋生态子系统将对海洋经济和社会发展产生阻碍和制约。海洋经济、社会和生态各子系统在海洋活动整体系统中形成联动反应机制，共同演绎人类海洋文明发展史。

海域资源是人类活动整体系统中的关键因子，是连接经济、社会与自然环境三个子系统的纽带，海域资源的开发利用活动不可避免地牵动经济、社会人文、自然环境等领域各要素发生变化。早期的海域资源开发利用活动经济意图更明显，人们希望通过对自然资源的开采和使用获得更多的经济效益，但海洋经济运行的体系中，粗放型模式推动海洋资源快速走向污染和衰竭，海洋经济发展的代价从海洋生态系统的退化中体现无疑，间接影响到海洋社会文明体系的构建和传承，也引发人们对海洋活动系统论的思考。转变海洋经济发展方式，尊重自然、敬畏自然，合理利用海域资源的效用功能，已成为当前提高海域资源开发利用质量的必然选择。将海域资源开发活动纳入人类活动整体系统中，全面考虑海域资源开发利用经济效益、生态效益和社会效益等综合效益，才能促进海洋领域各项活动持续发展。

海洋生态经济系统统筹发展是通过海洋生态、经济、社会三大子系统高质量协调同步来实现，高质量协调目标并非依赖系统的自我完善就能达到，需要依靠正确的理念、科学的方法、先进的手段对海洋开发利用系统进行调整、优化、改进、升级，改善系统原来分散的运行模式，建立统一、协调的运行机制，从而到达目标。海洋资源环境系统从以往规模数量增长模式转向协调优质发展模式，是海洋经济代际发展需要，也是保障海洋经济、海洋环境、海洋社会三个子系统的物质能量和价值持续循环的必然途径。

三 海域资源开发利用的融合性与持续性

（一）海域资源开发利用的均衡与融合

随着国家能源、交通、工业等重大建设项目用海需求不断增加，海域开发力度和利用面积显著提高，由此也带来了一系列的社会问题和生态问题，海洋污染、资源退化正严重威胁着我国海洋资源的健康可持续利用。海域资源持续开发能力的研究一是有助于揭示各种因素对海域持续开发能力的影响路径和影响程度；二是评估结果可以反映我国海域持续开发能力的真实现状。同时，基于政府、企业、公众三方均衡利益，提出海域资源配置、使用、管控的全程优化管理路径，将推动海域公共资源管理制度创新，缓解和改善海域持续开发与资源短缺、环境破坏的矛盾，对促进海域合理有序开发、提升海域持续利用能力、保障国家重点行业用海需求有着重大的现实意义。从经济价值视角看，海域资源开发利用的协调性体现在两个方面：一是海域资源服务的海洋产业结构均衡性，二是海域资源开发与区域经济的耦合性。

海域资源服务的海洋产业结构均衡性。经济增长效率的本质体现在产业结构协调性和均衡性，经济增长同产业结构之间是相互依赖的，而海域资源类型结构决定了海洋产业结构。从海域开发服务的海洋产业结果看，目前我国用海结构不协调，海洋三大产业发展不均衡，在一定程度上制约了我国海洋经济的发展。第一，对工业及旅游海域资源开发明显缺乏，我国沿海滩涂面积达到2.17万平方千米，然而目前2/3都处于闲置状态，滨海旅游资源利用率也不到30%。就滨海旅游资源而言，目前基本局限在对海水、阳光、沙滩直接进行利用，而没有考虑陆域腹地的作用。未来应将开发的侧重点转移到工业及旅游用海资源方面，推动第二及第三海洋产业的进步；第二，在以往用海方式中，渔业用海开发过度，如海水养殖业及捕捞业的大规模开发会带来很大的环境污染和近海渔业资源的破坏。由于海域类型与海洋产业用海需求相匹配，二者结构失衡的表现一致。这种用海结构不均衡导致海域使用效率无法达到最大化，不符合科学发展的根本要求，更无法保证海域资源开发利用质量。

海域资源开发与区域经济的耦合性。耦合协调的内涵为系统或系统内部要素间的互相关联及相互作用。海域资源和区域经济的耦合协调就是资源的开发利用种类、功能、规模、速率能否和当地陆域产业优势、发展方向契合，是否展现出海洋要素系统自无序向有序进步的趋势，体现资源开发利用的效果及科学性，展示资源和经济系统要素间的协调关系。海洋资源开发和海洋经济发展之间存在辩证关系，海洋资源开发将促进当地海洋经济发展，但海洋资源过度开发对海洋经济又存在负面的制约关系，而两者的协调耦合发展才是沿海地区可持续发展的关键。从区域经济视角看，海洋经济与陆域腹地经济息息相关，海洋经济发展程度越高的地区，陆域腹地经济水平也很高，同时在产业结构和相应技术上互相依赖，相辅相成。诸多海域开发的实践表明，全球范围内绝大部分沿海国家都是借助海陆共同发展的模式成为了世界上的先进国家，诸如西班牙、荷兰、英国等。就亚洲而言，日本借助填海造地的方式，推动大型临海工业的发展，在世界经济上占有一席之地；我国的香港、澳门则借助海岸带空间资源将自身城市及交通用地规模扩大。因此，只有当海域资源利用与区域经济发展高度耦合时，才能够将海域资源配置到最优，促进海洋经济与区域经济协调发展，实现海域资源的高质量利用。

（二）海域资源开发利用的持续性

随着时代发展，人与自然的关系越来越密切，人类对自然资源的依赖程度有增无减。由于长期地不加节制地对资源进行开发及利用，造成的海域资源枯竭和匮乏对人类生存、社会进步和发展造成了极大的挑战，人们开始关注经济发展模式的可持续性问题，对自然与人之间的利用和价值关系开始进行反思。面对自然环境现状，马克思主义生态观渐成体系，马克思的环境生态论点散见于其对人类社会实践和资本主义生产方式的考察和阐述中。马克思《资本论》指出了自然条件成为劳动生产率的重要影响因素，认为离开自然条件讨论人类劳动没有意义，人类劳动利用自然创造财富本质上就是人与自然界能量、物质和价值交换。马克思主义强调自然界对人类社会活动有用的客观事实，并将自然界视为人类社会动态演进过程中产生的复杂系统，这一系统参与了人类社会物质生产，且覆盖人类生存所依赖的生态环境。这种生态观念下，人们应当重新审视自然界内在规律和外在表象，掌握自然界客观规律，基于实践视角对人和自然对立统一性进行研判，遵循自然伦理和客观规律，利用自然条件为人类造福。

对于海洋经济发展而言，可连续被使用的海洋资源是极其关键的物质前提。例如海域资源，如果没有可开发利用的海域水体资源，极大多数海洋产业乃至整个海洋经济都将快速萎缩。从海洋生态系统看，健康发展模式的本质就是要将开发强度控制到低于海洋生态阈值，而这个“海洋生态阈值”就是海域生态系统承载力的临界点。

海洋可持续发展的终极目标是形成一个成熟完善、和谐共进的海洋社会、经济、自然环境综合系统。海洋系统发展不仅包括海洋经济因素，更涉及文化、制度、海洋生态文明等社会和环境各个层面。妥善处理人类经济与社会活动、海洋资源和海洋环境保护之间的关系，是实现海洋生态与经济良性发展的基础，也是推动海洋社会可持续发展的重要前提。站在对人类文明传承的角度看，只有强调生态、环境、经济和社会效益同步发展，摒弃粗放式开发，创新统筹开发模式，最大限度降低资源开发活动对海洋自然环境的影响，才能维系海洋生态环境的长久效益。如果人类只注重经济效益，单方面追求海洋经济的高产量和高规模，对海洋资源过度和错误干预，将严重损害生态系统，导致海洋经济、海洋社会系统无法持续发展。人类为此付出的代价不仅是丧失了生产要素来源、阻碍了海洋产业发展，更严重的是造成提供人类生命支持的自然环境的污染，失去享受海洋生态系统所提供的生态效益，进而对后代生存和生产活动带来巨大的灾难。因此，“保护性开发”思维应当贯穿于海洋经济发展过程中，将海洋资源可持续性开发作为维护海洋经济发展的核心目标，保障可持续发展的推动力。全方位了解和研究海洋生态在经济、环境、生命体等多层次的意义和功能，重建海洋资源友好开发模式，是实现海洋生态系统可持续利用前提，也是实现海洋文明代际传承的必然途径。

在海域资源开发利用活动中，资源供给的持续性一方面体现在海域存量资源储备能力，另一方面体现在海域资源的修复能力和生态质量。存量资源的规划利用需要以海域资源持续开发能力评估为前提，海域面积、海水质量、海岸带修复再生等各种海域承载力要素以及海洋管理模式、开发技术、政策、制度等机制要素对海域资源持续开发能力有重大影响，但目前尚未有统一的评估规范和标准。海域资源管理具备战略特征，从长远性角度，海域资源作为一种公共资源，只有通过政府的政策约束及制度管控才能实现其永续利用，即不断完善海域资源持续利用机制，对海域资源存量资源进行统筹规划、科学管理、适度开发，才能将资源红利留给子孙后代；而过度开发不仅快速消耗海域存量资源，还将造成海洋环境的重大伤害，尤其是以填海造地用海的开发方式，从本质上破坏了海域的自然属性，将海洋水域填成陆地，虽然解决了土地稀缺的问题，但却带来了更大的生态环境改变，违背了海域资源高质量开发利用的初衷。事实上，对海域资源生态环境保护的本质就是对海域资源代际开发能力的保护，对海域生态环境保护及治理越及时，就越能够保证海域资源的数量和品质，进而维持海域资源开发利用的持续性。

第二章　海域资源开发利用质量链形成的内在逻辑

从系统学的角度看，海域开发活动是集“资源供给、资源使用、资源绩效”为一体的动态系统，海域资源开发利用的质量正是由系统内相关利益群体动态博弈的结果。深入刻画海域资源开发利用质量的形成链路，洞悉海域资源系统内在驱动与传导机制，寻求其中的理论逻辑，有助于构建海域资源高质量开发利用的思维导图，科学判断制约海域开发质量的根源，揭示海域资源开发利用过程中出现的速度与质量、效率与效益、环境与经济、就业等矛盾成因，为破解开发与保护的困局提供依据。

第一节　海域资源特性对开发利用的影响

尽管海域与土地相似，作为资源性生产要素参与海洋产业的生产活动，但还是在地理位置、环境以及要素结构等方面有很多特殊性。海域资源种类丰富，海洋生态极其脆弱，海洋文化历史悠久，海洋资源价值物化流动过程复杂，这些特征一方面提高了资源的开发利用价值，另一方面也造成了开发利用难度。海域资源开发利用的质量与其资源特征密切相关。

一　海域资源自然禀赋

（一）海域

从空间和物质的角度来看，海域是海洋中特定的、能够反映其自然属性和地理特征的区域。我国 2002 年颁布的《海域使用管理法》将我国海域界定为“中华人民共和国内水、领海的水面、水体、海床和底土”。从这一定义中可以看出，“内水、领海”界定了海面水平范围；“水体、海床和底土”界定了海面以下水体直到海底的垂直范围，即海域具有立体性的空间和明确的界限范围。内海是依据领海宽度的基本线来划分的，基本线以内的为内海，专指其范围深入到大陆的内部，被大陆或者群岛、岛屿包围的海域，由内海再向外延伸至一定的范围即为各国的领海，各国领海边界之间的海域被称为公海，还有两个大陆之间的地中海以及位于大陆边缘的边缘海，也都是属于海域的范围。海洋和陆地的分界线被称作海岸线，对海域管理和沿海经济发展具有重要含义。

（二）海域资源及类型

海域资源是一种重要的自然资源，广泛地分布于各个海域之中，是由于海洋自然力作用形成的一种自然资源。广义的海域资源指海域空间水体以及其中包含的生物、动植物、矿物质、化工、能源等等各种资源；狭义的海域资源仅指海域空间水体资源。

海域资源的类型具有地区差异性，由于海域的地理区位以及气候环境的不同，其海域资源种类也不一样，一般同一空间位置的海域其资源种类相对固定，资源种类随年代变化自然形成，不受人类意志控制。从特定地理位置看，我国海域资源主要由以下八个种类，生物类资源，如鱼类、贝类、甲壳类、藻类等；物质类资源，如海洋矿物质、海洋化学物质、海洋能源类资源等；海洋空间类资源，如海洋水体、滩涂、海岛、海底、海岸带等，以及其他海洋生态资源。海域资源种类多样化，存在丰富的生态价值。

二　海域资源开发利用特征

海域资源自然属性和使用价值兼具，是人们生产生活必不可少的基础资源，在国家海洋战略背景下，海洋经济的高速发展面临着日益增长的用海需求，也使海域资源的使用价值越来越显著。但与陆地的土地资源不同，海洋空间地理环境具有特殊性，海洋资源开发利用的条件要求远高于陆地自然资源，相对容易开发的近海、浅海资源是十分有限的。

（一）海洋水域连续一体性

海域中的资源和陆地上的不同，没有明晰的空间界限，海域使用水体连同海平面、海底土以及海床，形成有机整体，海域中的各个要素相互关联、相互依存，又有相互制约，这是海域的自然属性。海域的一体性也使得海域资源彼此牵制，某一种资源的开发可能会干扰到其他的资源，增大了海域资源开发利用的难度。如果一片海域拥有多种资源，既可以用于渔业生产，也可以用于旅游发展，还能够用于矿产开发，那么这几种资源的利用就不可避免地会相互干扰，例如在进行近海石油开发时，往往会带来海域底层资源环境的破坏，渔业资源受到影响等一系列的问题。因此在对海域进行资源配置时，必须根据海域的系统性和整体性，综合考虑海域中各要素之间、海域各子系统之间以及海域要素与整体之间的关系。

（二）海域资源空间立体且水体流动

大自然形成的海域资源以立体方式存在，海域中海面、水体、海床以及底土共同构筑了海域的立体空间，各层次的资源及其功能特征不同，在某一海域海底开采矿产资源，在海面进行渔业养殖，海面上空可以架设跨海公路，虽然处于同一海域，尚需分层确认海域资源使用权，给海域资源立体开发管理带来难度。海域立体性使海面从上到下分布着丰富资源，应当考虑立体化开发利用方式，以避免海域资源浪费，也是海域资源多元化管理方向。由于海洋海水固有的流动性特征，水体时时刻刻都在随着潮流朝各个方向运动，导致一些海域资源随海水的流动而移动，除了海底的矿石和岛礁等其他不动的资源以外，大部分资源都会随着海水在海洋中任意地移动，海洋潮汐、洋流动力因素使特定地理位置的海域面积和海洋生物等资源发生变化，这就使得海域资源的管理必须采用特殊的方法。同时海水的这种流动性也造成了海域资源公有性的特点，任何一个地区和国家都不可能独占海洋的所有资源，但是海域的区界也存在着难以准确界定和清晰划分的问题，从而造成海洋相关产业和海域资源管理容易产生各种矛盾和利益冲突，这是海域资源配置和开发利用过程中需要关注的问题。

此外，海洋和陆地在地球上交错分布，是地球上最主要的地理形态，二者之间形成地理交叉，因此海域资源开发利用必须与海岸带、陆地相结合。

（三）海域资源的有限性

海域各种资源是海水、承载海水的海床、海底和海洋里各种生物的合成，海域资源丰富多样，不同区位和不同气候条件下的海域能够提供不同种类的资源，满足人们多样化的需求，为人类和社会的发展提供了不可或缺的物质和精神条件。但是海域资源产生、消耗和恢复需要较长时间周期，而人类开发利用活动打破海域生态平衡，使资源再生能力下降，短时间内资源自我修复无法及时弥补资源损耗，导致资源存量越来越低，资源有限性也日益显现，资源有限性使海域变得稀缺。随着海域资源长期被沿海地区开发利用，可供利用的、有价值的海域存量资源相应减少，尤其是围填海用海形式改变了海域原有的海洋属性，大大提高了海域资源供给风险。

三　海域资源价值流动特征

（一）海域资源投入阶段

生产经营的基本流程包括将资金以及用资金购买的劳动力、技术和资源等要素投入到生产活动中，生产出具有某种使用价值的产品，满足人们消费需求。海洋经济领域也不例外，涉海生产活动过程由金融资本启动，通过海域资源资本和海洋从业人员劳动力资本的投入开始运行，并伴随技术资本投入改善产业效率，这一阶段是海域资源投入期。从海域开发的经济规律来看，涉海产业首先需要获得工程项目所需的海域资源，而海域资源相对于涉海产业的适宜性、自身品质等级等因素对后期海域开发利用质量起着重要作用。以港口用海为例，由于港口建设过程中需要利用沿岸水域资源，港口建设与运行对近岸滩涂、水域、岸线有着特殊要求，岸线长度、离岸距离、航道与水深等条件是必不可少的评估要素。除此之外，获得适宜港口开发的海域资源还需取得国家海洋管理部门的批准、支付海域使用金，并办理使用权登记，方可依法进行海域资源开发利用。因此，在海域资源投入阶段要格外关注资源取得的合法性、合理性以及开发利用的可行性。

（二）海域资源价值物化阶段

海洋资源物化阶段是指海域开发过程和利用过程，具体体现在涉海工程项目建设和生产过程。海域使用者运用资源开发技术，将初步获得的海域建设成可供生产经营用海，开始有目的地进行生产活动，通过管理、技术、人工以及其他物质资料、活化劳动，使海域资源开发利用的价值转移到项目建设过程中。涉海工程项目不仅消耗金融资本，同时也将海域资源、生产资料进行了价值转移，通过生产过程中活劳动的消耗，使资源资本实现了增值。因此，这一阶段是海域资源价值形成过程。例如，港口项目通过对港口用海的开发利用得以建设并运营，实施过程中对适宜海域进行开发作业和管理，使港口用海从原有自然状态达到可供港口建设直至最终使用状态，该港口海域实现了资源价值。自然界海域资源在未经开发、利用时，仅体现生态服务功能价值和文化价值，其经济价值是隐形的、潜在的；只有当海洋工程、项目产生用海需求时，海域资源的经济价值才能通过开发和利用活动显性化。

（三）海域资源价值产出阶段

当涉海项目通过对海域资源开发利用、完成产品流通或劳务提供的过程时，才能回收用海成本，海域经济价值才能实现货币化转换，成为显性价值，即涉海项目的完工产品或劳务价值包含了海域资源的物化价值，海域资源也在产出阶段体现了增值。海域资源开发利用遵循商品经济规律，也要遵循自然规律和社会发展规律。海域资源具有使用价值，激发了人们开发利用的动机，并为此付出资源获取成本、生产成本以及环境维护成本，其中资源成本、生产成本属于直接成本，可以通过商品或劳务的市场交易以货币形式获得回收；环境成本属于间接成本，通常由国家以征收的税金或生态补偿费用进行环境治理的方式得以回补。例如，建设完成的港口项目以港口运营收入补偿了港口建设成本，包括港口用海的资源成本和港口施工及运营成本；同时如果施工和运营过程中破坏了港口水域环境，该运营主体则需要对此进行相应的补偿或恢复。

海域资源开发利用的产出价值既包括经济价值，也包括生态价值和社会文化价值，但三种价值的大小、正负以及变化趋势则取决于用海目的、用海方式以及海域开发利用技术等多重因素，其结果也体现了海域资源开发利用的综合质量水平。

第二节　海域资源管理的政府责任

海域资源属于典型的公共资源，我国自然资源的产权制度决定，海域所有权归属国家，各级政府代表国家通过建立海域资源配置、使用以及保护等制度机制，对海域开发的主体责任、权利和义务进行高度有效的整合和调节。国家政府对公共资源统一合理的制度安排，是海域资源高质量开发利用的保障。

一 海域所有权国家垄断下的政府责任

（一）政府是海域管理责任主体

《海域使用管理法》明确了海域所有权的法律依据："海域属于国家所有，国务院代表国家行使海域所有权"。海域所有权具有高度统一性，是一种排他性的权利，实质是国家垄断。海域资源所有权主体只有国家，其对海域行使的"占有、使用、收益和处分"等权利不受任何组织和个人的干涉和妨碍。

海域国家所有权由法律创设，是一种独立的、纯粹的与私人产权和社会关系确认不同的公共资源所有权设定。海域产权国有化的意义在于，海域公共资源只有在国家垄断的条件下才能防止人为对海域的无度占有和破坏性开发，保证海域资源开采市场的公平性、公正性。海域资源具有有限性和公共属性，任何形式的"私人所有"都将导致资源开发随意性，当私人主体因逐利而开发海域时，将造成海域资源短缺并引发市场恶意竞争，使资源价值受到严重损失，国家垄断可通过统一规划解决这些弊端。对于国家海洋战略而言，海域国家所有权只有国家垄断才能提升其在国际上的地位和话语权，确保国家利益不受侵犯。

但由于"国家"主体的抽象性，需要通过法律和制度明确具体的代位行权机构。我国法律规定，国家层面由国务院行使海域所有权，地方各级政府及海洋行政管理部门经国务院授权分级行使相关权力，由此确立了政府对海域资源管理的主体责任。由国家政府海洋管理部门作为海域资源开发管理的责任主体，对提高海域开发管理水平、维护国家海域开发利用权益，实现海域资源保值增值起着重要作用。当前中国经济正处于高质量转型时期，推进政府管理体制改革，建立协同与合作的现代政府、企业和社会综合管理模式，发挥政府和市场的主导作用已成为必然趋势。基于对我国海域资源综合开发与利用的客观现实，进一步在海域开发实践中突出政府责任，具有十分重要的意义，也是提高海域资源开发管理水平的必然性选择。

(二) 海域管理政府责任多元化

"政府责任"的概念在政治学、经济学、社会学以及公共管理学等不同学科中界定不同。其中，政治学从民主政治角度注重政府责任的政治性；经济学强调政府对经济增长的责任；社会学认为政府责任是促进社会关系有序运行；公共管理学将服务、公平、绩效责任视为政府责任；近代发展起来的生态学从生态治理和持续发展角度界定政府责任。海域资源管理是一项涉及各领域的综合管理活动，海域资源开发利用既包含经济增长期待、公共资源分配，又包括海洋社会发展和海洋环境维护等多方面事务，几乎综合了各学科关于政府责任的全部内涵。

由于政府海洋管理部门是国家海域所有权权力行使的代表，因此承担了海洋领域机制体制建设、开发过程监督与管理、环境保护、生态文明建设等一系列工作职责，体现出政治责任、经济责任、环境责任、社会责任。

一是政治责任。海域资源管理的政治责任表现为，作为公共管理者，对国有海域资源的保值增值负责，不断完善涉海法律法规，协调海洋领域各方面关系，完成公民赋予的海域公共资源管理权力的责任和目标。

二是经济责任。海域资源管理的经济责任是指政府所承担的地方海洋经济进步和发展的责任。利用宏观、微观调控手段引导和规制海域资源开发行为，防范市场失灵风险，建立海域市场的公平竞争秩序，提高资源开发利用效率，促进海域资源高质量开发利用和海洋经济高质量发展。

三是社会责任。海域资源管理的社会责任是指政府公平、高效处理海洋社会各项公共事务，促进沿海居民就业，维护沿海地区社会公共秩序，宣传海洋文化，传承海洋文明，引导人们建立高层次海洋价值观。

四是生态责任。海域资源管理的生态责任是指海域资源开发利用过程中，政府对海洋生态的关注、治理和保护的责任。政府管理部门应通过完善海洋生态治理体系，提高海洋环境现代化治理能力，回应社会公众关于生态环境多层次的需求，建立海域资源代际开发模式，为子孙后代创造生态红利，确保海域资源开发利用的持续性。

由此可见，政府在代表国家行使所有权时既是政治实体，也是社会实体和经济实体，同时还是人类社会与自然界资源交换的协调者。政府在海洋领域中的责任担当极为重要，决定了制度层面、执行层面、监管层面运行机制建设和运行模式选择，主导着海洋经济、社会、环境的发展和变革方向，是海域资源开发利用质量和效率的关键驱动因素。

二 海域资源管理政府责任的逻辑归因

（一）海域所有权价值实现的经济需求

根据生产要素分配理论，生产要素为人类生产活动提供了必备资料和条件，是物资财富产生的基础，在生产要素产权清晰的条件下，所有相关主体共同遵守生产要素贡献原则，以获得生产活动产生的收益。生产要素是参与经济活动、产生经济利益的物质基础，社会经济活动主体拥有生产要素所有权，并通过支配生产要素创造价值和财富，也因此获得财富分配的权力。生产活动最终收益分配多少取决于生产要素贡献的大小，而生产要素贡献边界则由所有权边界决定。

海域蕴藏着大量丰富且有用的自然资源，无论是在人类生产生活还是自然界生态环境中，海域资源都具有不可替代的重要地位，对人类社会、经济和环境的发展有着巨大支持作用。海域资源在参与涉海产业生产经营过程中，提供了生产活动所需要的物资资料，是海洋经济重要的资源类投入要素。海洋产业的生产活动是海域、近岸土地、资本、劳动、技术等众多生产要素有机结合、共同作用下形成的综合生产经营成果，各种要素分别做出相应的利益贡献。利用柯布·道格拉斯（Cobb Douglas）的生产函数模型能够量化各要素的消耗和贡献，并剥离出海域贡献的纯收益。海域资源及具使用价值，海域使用者通过对海域资源的开发利用直接获取经济利益，国家是海域资源所有权人，具有海域开发利用后取得经济收益的分配权。

根据马克思的地租理论，排他性是土地所有权的前提，当所有者拥有因垄断获得超额利润的资源时，便会通过地租这种形式从资本那里索取超额利润。可见，地租是土地所有者对土地所有权获得收入的一种方式，地租或地价本质上是土地所有权在经济上的实现手段，地租是所有权经济价值的实现形式。依据地租理论，国家作为海域资源所有者，决定了海域资源地租的存在。从海域资源价值流形成过程看，海洋产业的产品或劳务价值是物化劳动和活劳动的最终结果。市场经济条件下海洋商品价值按照海洋活动参与主体贡献进行分配，海洋产业投资者从涉海项目中获得利润、海洋产业劳动者以工资形式获得回报、海域资源所有者以海域租金（即海域使用金）得到价值分配。

海域资源在我国属于全民共有财产，海域资源的特殊性为海洋产业提供了不可替代和稀缺的生产资料，为了公平、有效开发利用海域资源，所有权只能由国家垄断。国家对公共海域资源实施管理，以便自然资本保值增值，即通过出让或出租行为对海域使用者收取用海成本，从而实现海域所有权在经济上的货币化转换，政府作为国家权力代表，必然承担海域资源价值管理的重大责任。

（二）“公地悲剧”和“反公地悲剧”的干预需求

公共自然资源的非排他性使得人们开采过程中难免因为缺失竞争机制而产生负外部性，影响其他资源共有者的福利效应。尤其是当公共资源没有准入机制时，依靠个人理性、道德意识很难约束资源使用者为自身利益最大化采取的对资源过度占有和损害行为，产生哈丁“公地悲剧”，即过度开发造成资源破坏。但美国黑勒教授（Michael · A · Heller）在 *The Tragedy of Anti-Commons* 中提出，如果公共资源存在所有权分散，各个所有权人对公共资源使用具有排他性，又会由于权利人不能充分、有效行使权力，导致“反公地悲剧”，即公共资源被闲置甚至浪费。政府直接管制自然资源的准入和利用可以有效解决“共有资源悲剧”，而国家垄断所有权制度下的政府集中管理，才能防止“反公地悲剧”现象发生。

海域资源是有限的公共资源，能否被有效开发利用与政府干预机制密切相关。没有清晰的产权制度、资源利用非排他性、水体流动的干扰等等海域特有自然属性，决定了个体开发行为的负外部效应极大，容易导致海域资源无序、无度的恶意开发，损害海洋资源和海洋环境。无论是个人所有权还是集体所有权，都将使海域资源开发的权力和利益分配失衡。由政府行使唯一所有权权能，统一规划海域使用项目、统一管理海域资源，才能对海域开发领域的准入、使用以及海洋环境保护等用海行为形成有力约束，实现海域资源开发利用的公平性和有效性。

特别是在人类海洋活动不断增加、海洋生态安全日趋严峻的当今时代，开发海域资源、建设海洋强国已成为国家战略，需要国家海洋治理体系的支撑与保障。海洋治理体系承担海洋子系统的管理及运行，与其他领域的治理体系交互作用。海洋治理体系的建设和完善需要中央政府顶层设计，无论从海域自然属性看还是经济战略视角看，海域的开发和利用直接上升到国家战略高度，由国家政府来进行统筹治理和整体规划，是规避“公地悲剧”和“反公地悲剧”风险、发展国家海洋事业的唯一途径。

（三）全球海洋命运共同体时代国际海洋战略的需求

海洋资源开发利用与保护的矛盾是世界难题，现行国际海洋资源分配机制加剧了国家之间海洋权益竞争，特别是《联合国海洋法公约》生效后，“蓝色圈地运动”愈演愈烈。国际上海洋关系的处理无非是对抗抑或合作，很明显，在全球一体化的趋势下，合作是多方共赢的唯一出路。也就是说，海洋地缘关系以及海洋特殊属性决定了国际上海洋国家有合作需求。在此背景下，作为典型陆权国家，中国只有实行国家垄断的所有权制度，才能在国际海洋关系中提高战略地位和话语权。中国政府提出“全球海洋命运共同体”的国际海洋发展理念，已得到世界各海洋国家的广泛认同。

全球海洋命运共同体旨在全球范围内“通过调节人与人之间的海洋活动以及人与海洋之间的互动进行全球海洋治理，构建非单边主义、非霸权主义的新型关系，引导并最终实现人海和谐的海洋命运共同体”。[①] 与西方利己主义不同，“全球海洋命运共同体”发展理念从全球海洋视角出发，重新审视海缘世界观，主张各国海上互联互通、合作共赢，维护世界海洋和平、促进海洋文化交融、实现海洋资源共享，增进人类福祉。当今世界正面临着前所未有的海洋经济发展滞缓、海洋环境恶化、海洋事务争端突起的挑战，中国政府提出的“全球海洋命运共同体”发展理念，彰显了中国政府在世界大格局中的大国责任担当，也是中国海洋主权的体现。

三　海域资源管理中政府责任角色定位

（一）规则制定者

国家所有制下海域资源管理的政府首要责任体现在对海域资源开发管理的一系列规则制定方面，建立国家海洋管理体系，包括涉海法律的立法、司法体系建设、海域管理行政规章制度制定、海洋环境治理政策创新

---

① 兰岚、刁文青：《“一带一路”背景下全球海洋命运共同体建设路径研究》，《中国集体经济》2021 年第 9 期。

等。国家治理下政府作为海域管理责任主体，具备海洋战略格局的掌控能力，顶层设计的政策机制在权威性、强制性、规范性等方面是独一无二的，政府对制定海洋公共资源管理制度责无旁贷，理应做好海洋资源管理的法律法规、开发利用监督管理等综合体系建设。但随着近年来“民主、公平、公正”等核心价值理念的转变，在强调政府管理职能的同时，政府公共服务效能被广泛关注，海洋管理政策制定也开始更多地包容社会公众和其他非政府组织的意见和建议，共同协商、制定海洋管理规则。

（二）利益协调者

首先，政府承担着海洋公共资源管理的主体责任，由中央、地方海洋行政部门或单位具体负责海洋事务管理。这种纵横交错的管理机制容易导致海洋管理主体间政策及其执行冲突，特别是基层管理主体受地方利益驱动，缺乏区域间合作意识和大局观，需要从海域资源公共利益出发，破除地方保护主义，建立政府间协调合作机制；其次，由于海域管理的多元化参与机制，政府需考虑非政府组织、社会公众等其他相关主体的不同利益诉求，适时协调各方利益矛盾和冲突，确保各利益主体公平竞争的权利；最后，海域的开发利用不可避免地与各产业相互关联、相互影响，存在着复杂的管理关系，产业与海域资源的开发利用具有跨行业、跨部门、跨地区的系统性、综合性特征，政府需要通过政策进行宏观调控，对海域各产业间的矛盾和冲突进行调和，对海域资源合理开发进行规范，提高海洋治理水平。

（三）生态文明主导者

海洋生态文明建设是海洋经济发展的持续动力，政府顶层设计在宏观、微观各个层面承担观念引领、政策规制、实践指导、效果监督的责任。传统的政府生态责任往往强调海洋环境的监督和管理，但事实证明，生态环境遭受破坏后的事后监管收效甚微。政府对海洋生态环境的监管是政府履行生态责任必不可少的管理手段，但并非海洋管理的最终目的，更重要的是加强生态文明精神的宣传，培养海域使用人和社会公众海洋精神文明自主意识。因此，政府的生态责任是全方位、系统的理念建立和行为实践。一是权威性和话语权决定了政府对海洋生态文明理念的引导作用，倡导生态文明理念、传承海洋文化精神是海洋生态文明建设的长效基础；二是海洋生态文明机制体制建设对规范文明用海行为意义重大，海洋生态保护的法律法规、政策制度是生态文明建设的行动纲领；三是海洋生态社会管理实践中，政府承担海洋公共服务责任，指导和协调用海主体对项目海域环境的保护和修复，调动社会公众参与积极性，增强海洋社会管理力量，回应社会公众对海洋生态环境的诉求；四是政府海洋管理者严格履行海域环境监管职责，实现海洋环境监督信息化、常态化。政府的生态职能应当以监管为手段，最终成为生态文明主导者。

第三节　海域资源开发利益相关各方非均衡博弈

新时代生态环境优先理念下，海域资源必须坚持保护性开发原则。长期以来，海域资源开发利用受到海洋环境的制约，二者矛盾突出，各相关主体对抗博弈明显，合作博弈不足，海域开发活动对海洋环境的破坏并没有得到有效遏制。通过对目前政府政策和博弈关系分析可以看出，规制边界对其他主体决策的引导力度不够，海域生态效益作为博弈各方的共同利益还没有得到充分认识，各主体的博弈分歧尚需进一步调和。

一　环境约束下海域开发相关主体间博弈与协调①

海域资源管理长期以来一直处于开发与保护的矛盾中，海域开发利用活动也体现了相关行为主体政府、海域开发者和社会公众之间的博弈关系。环境约束下，政府作为海域资源管理者期望海域开发与环境保护相协调，并期望通过其他相关行为主体遵循海域资源规制政策来实现，而在特定条件下海域资源开发与环境保护协调合作最终取决于“权力—利益”博弈所能起到的作用。事实上，三方行为主体并非简单的规制与执行、执行与接受的关系，三方由于权力不对等、信息不对称以及利益目标不一致，在海域开发活动系统内，各自都期望自身利益最大化，因此产生了三方博弈的条件与基础。目前海域资源市场的开发力度及环境状况正是三方博弈的结果体现，海域规制政策的实施未达到预期效果，特别是环境保护效果

---

① 王晓慧:《环境约束下海域资源开发保护的思路与建议》,《宏观经济管理》2018 年第 6 期。

不佳，也说明三方博弈还未实现有效均衡。

（一）环境约束下相关主体的利益结构

政府作为行政主体，也是权力主体，负责海域资源配置、海域开发管理等一系列制度设计及运行监督，同时获得海域开发活动带来的直接或间接效益。政府行使管理和服务职能并获得行政效益、生态效益和经济效益，其中行政效益包括上级评价、公众满意、政府权威等方面；生态效益体现在海域开发活动带来了的环境外部性；经济效益的直接收益可以是海域出让金、海域使用金或违规罚没款项收入等，间接收益是海域项目开发活动上缴的经营税费等，直接和间接收益还需要支付海域环境修复、治理以及监督管理成本。

海域开发者作为市场主体，也是执行主体，通过依法受让海域使用权，对海域资源进行开发利用，从中获得经济效益和生态效益。经济效益中，海域开发者可能遵守政府规制，取得用海项目合理经营收入、发生合理成本；也可能因不遵守政府规制，取得不合理收入、发生不合理成本以及违规罚款等成本；生态效益是用海项目经营带来的外部性，可能是生态收益，更多的是生态损失。

社会公众作为社会主体，也是参与主体，被动接受海域开发活动带来的影响，从中获得生态效益和经济效益，其中生态效益是由于海域及周围生态环境变化产生的正外部性或负外部性效应；经济效益来源于受政府安排承担海域使用监督责任带来的收入，或者自发举报海域使用违法行为获得的奖励。这种经济效益对社会公众而言不显著，主要是因为目前现有的社会性规制涉及公众参与监督的制度安排不充分、实施时间较短，在实践中公众监督尚未形成主流，覆盖面也不充分，仅极少社会公众由于参与海域开发监督获得报酬性收入或奖励性收入。此外，偶尔也可能获得海域环境损害补偿。

（二）相关主体间博弈与协调的焦点变化

政府、海域开发者、社会公众在海域开发利用活动中均有收益产生，但三方利益关注点不同。政府以行政效益为第一关注点，对生态效益的关注大于经济效益，主要原因是在当前环境绩效考量越来越重要的趋势下，生态效益对行政效益的影响往往大于经济效益。海域开发者的利益关注重点在经济效益，这是社会资本逐利性的本质所决定，而对生态效益的考虑多数迫于政府规制抑或企业道德。社会公众则明显更关注生态效益，海域环境是沿海居民生产、生活质量的重要影响因素，经济效益对公众而言是偶然性收益，相对影响较小。三方行为主体利益目标不同，但各自主体利益之间又存在传导作用，在资源有限的情况下，每一方主体的决策都将导致三方利益结构发生变化。但由于海域资源配置权和管理权在政府，政府规制决定了其他行为主体博弈决策选择结果。

1. 规制边界对博弈决策的影响

从海域开发活动的历史演绎过程看，最早的海域开发行为产生于政府介入管制之前，属于无序竞争阶段，该阶段主要是海域开发者针对资源经济效益的争夺，生态效益无人关注，体现非合作下的协作博弈特征，竞争者决策时的囚徒困境明显，且行为者具有强烈的背叛动机。博弈导致海域市场“公地悲剧”，即便达成博弈均衡，也是次优结果。理论上讲，协作博弈的最终最佳解决方案是建立集中化的强势机构来平衡各方利益，但海域资源国有属性决定了海域开发领域不能完全市场化。博弈双方利益目标背离，资源争夺激烈，需要国家权力机构协调约束，来避免长期“公地悲剧”对海域资源的过度损害。在协调博弈中，政府开始介入干预，通过一系列制度安排来协调彼此的决策，在海域使用管理基本法律框架下，逐步完善相关配套制度，对我国海域开发利用和海域环境保护起到了规范作用。但由于政府规制并非针对某个体而是基于公共资源利用与生态环境安全的社会性规制，对整个海域开发群体行为具有普遍约束力，使得原来的竞争结构发生变化，博弈关系由开发者之间的博弈转换为开发群体与政府之间的博弈、开发者内部博弈、开发者与社会公众之间的博弈，即权力与利益、利益与利益的博弈。博弈焦点从经济利益资源掠夺向经济、生态、行政效益的博弈均衡过渡。

政府规制策略通常分为“严格”“不严格”、海域开发者决策分为“环境友好型”“环境破坏型”、社会公众参与监督策略分为“举报”“不举报”。对政府而言，严格有效的规制决策，虽然可能遏制社会资本对海域开发意愿而减少海域出让金，以及由于压缩企业利润而减少税收，同时规制成本高、经济效益低，但也可以促使现有开发者改进技术、遵守规则、使环境产生正效益，社会公众对政府给出满意的评价，当政府环境效益的增加能弥补政府经济效益的降低时，会获得行政正效益，反之行政效益为负，政府可能面临政策调整。对海域开发者而言，从环境约束的角度看，开发者采取环境友好型还是环境破坏型的开发策略，取决于政府规制管控的严格程度，比较项目环保技术提升成本与违规成本。严格规制下，海域环境补偿成本高于技改成本，开发者会考虑采用环境友好型开发策略，以避免隐蔽或公开违规行为带来的高昂成本；反之则可能采用过度开发策略，以破坏环境为代价换取短期经济效益的增长。对于社会公众而言，公众是海域开发行为外部性最直接的受益或受害者，有参与环境监督的权利，做出举报还是不举报的决策。但能否尽职监督，取决于政府导向性规制制度。

从目前海域开发市场的现状看，协调博弈基于立法规制的约束在一定程度上减少了博弈者的背叛意愿，但由于规制边界的约束力不强、违规成本不高，现有的规制政策对海域环境污染的遏制作用依然有限，这种建立在短期利益基础上的博弈关系难以保证均衡稳定性。

2. 长期利益共同体的博弈均衡

新古典经济学的学理基础是完全市场竞争下的经济均衡，“阿罗—德布鲁模型”就是在简化交易背景下的假设，但这种假设下市场机制不能充分发挥作用，也导致了非合作博弈受到主体选择权、信息不对称等因素限制，不能真正实现“帕累托最优”。真实的市场中非均衡现象不可避免，一系列的非均衡理论证明了这一点，并强调预期的不确定性要靠制度安排调节，但由于信息不畅、成本过高，使政府规制的效率打折。无论是市场调节失灵还是政府规制低效，根本原因在于参与主体的决策出发点格局狭隘，以短期利益最大化为目标，利益目标不统一、甚至背离，无法实现博弈均衡最优。

站在战略视角，海域资源是海洋经济发展的战略资源，高效、绿色、持续的开发利用不仅可以为开发者提供长期利润来源，使国家所有权货币化和国有资源保值增值，同时可以提供就业、增加税收、改善环境，利国利民，因此海域开发活动相关利益者的战略目标趋于一致，若要实现博弈多方共赢，就必须以多方共同利益为基础，建立长期利益共同体。如果各方主体博弈过程中的成本和风险过高且损害共同体的整体利益，所有博弈者的偏好将趋于寻求相互合作。事实上，无论是政府绩效还是百姓生存，都对良好生态环境有着越来越强烈的显性需求，而海域开发者的持续经营更离不开海域资源的持续供给，形成对海域生态环境的依赖，体现隐形需求。可见，环境因素是海域开发活动相关主体的共同需求因素，维护生态环境健康、确保生态效益提升，是三方利益主体的共同目标，有了这个一致性目标就有了合作基础。在利益共同体中，背叛不但无利可图的，而且对自身不利。通过信用联盟、契约联盟、道德联盟等形式维护相关主体的共同利益，形成基于合作关系的保证型博弈，可以遏制背叛动机，往往比协作博弈、协调博弈的均衡效果更持久、更稳定。

显然海域资源开发利用的相关主体并未在共同环境利益方面达成共识，或虽有一定认识但并未付诸行动，相互之间的关系仍然以博弈为主，缺乏合作、责任、信任精神，也是造成规制成本过高、规制效果较差的原因。

二　政府、海域使用者、社会公众三方博弈动因

市场经济秩序中公共资源分配结果的适当性有利于效率的提升。但由于公共资源利用活动的参与各方并非拥有平等地位，参与主体存在强弱之分，如果参与者中的主导方受益而另一方受损，无法实现帕累托最优，导致合作可能失败。海域资源开发利用活动实际上是对资源价值的利益再分配，政府、海域使用者、社会公众三方参与主体基于各自利益目标，从开始的对抗博弈过渡到合作博弈，其动因就是为了最大程度规避风险、获取收益。

（一）政府博弈动因

政府作为规则的制定者，在海域资源开发利用活动中处于主导地位，属于明显的强势主体。尽管政府的利益目标包括行政效益、生态效益和经济效益三个方面，但其核心利益来自于海洋管理政绩，海洋资源是政府绩效的间接来源。强主体可以利用自身权力机制、信息不对称向弱势主体如小企业或个人用海者施压，采取高压式强制政策。但在市场经济和民主善治的制度条件下，政府权威优势的过度发挥，更容易使海域管理有失公允，造成海域开发市场不公平和无效率。因此，即便是强主体政府，也同样存在海域资源市场管理失效、政绩下降的风险。政府既担心因施政过严发生海域开发者退出市场或成本过高而亏损，又担心施政懈怠导致部分参与主体掠夺资源带来负外部性、损害其他主体利益。为此，政府在合作博

弈过程中通常寻求“适度强权”对策，试图通过有效管理控制海洋活动的竞争秩序，平衡各方利益关系，制定相应的惩罚机制，规制海域开发。可见，政府参与海洋开发利用活动最大的动因就是控制管理失效的风险，降低政府仲裁和管理海域的成本，减少与海域使用者、社会公众的矛盾和冲突，最终获得长期政府绩效。

（二）海域使用者博弈动因

根据海域开发活动利益有关主体的不同分工，海域使用者直接依靠海域资源开发获得收益，而利益的商业化水平与海域资源的开发能力、利用程度直接相关，这其中分为弱势开发主体和强势开发主体，弱开发主体通常指小型企业和个人开发者、强开发主体通常指大型开发企业或国家指定专项开发项目主体。在政府政策规制下，弱开发主体相比强开发主体更明显受到以下限制：一是制度约束，海域使用者不但海域产权及使用权受制度约束，而且在用海项目选择上需要政府审批，同样受到规则约束，而海域的特殊性决定了利用海域资源实施工程项目相比陆地施工项目的限制条件更多；二是成本制约，海域资源的取得成本虽比土地低，但海域开发初期的基础设施建设消耗大量成本，海域空间位置增加了开发难度，延长了开发周期，未来商品市场缺乏稳定性加大了经营风险；三是此类主体对海域管理的政策法规和有关海域产权认知存在局限性，在政策强制执行时，会产生背道而驰的情况，致使这些弱小开发者无法保障其自身的基本利益。而规模较大的涉海企业就是典型的强势直接利益相关主体，其利益诉求源自对海洋资源的科学经营能力和资金优势，和弱势主体相比，其在基础设施、海洋产权及使用权方面的条件更好，因而能够更好地利用海域资源获取较高收入。另外，这些强势主体还能够借助自身优势对地区海域管理带来显著影响，在海域开发市场中拥有一定话语权。但大型用海企业往往涉及国家重大海洋项目，重视国家工程任务和经济利益，忽略生产经营对海域环境的负外部性作用，也会导致与其他相关主体的利益冲突，例如与相同类似的开发者争夺海域资源、与社会公众在环境质量上发生矛盾、与政府在管制制度上产生对抗等等。可见，无论是弱势开发主体还是强势开发主体都存在经营风险，只不过二者风险的侧重点不同，弱势开发主体的风险更多来源于海域开发利用成本，强势开发主体的风险更多来自于因产生负外部性而带来的政策性处罚。因此，海域使用者参与海洋开发利用活动最大的动因就是抵抗政策不确定性风险，降低经营管理成本，化解与政府、社会公众的矛盾和冲突，获取稳定的海域开发经济效益。

（三）社会公众博弈动因

社会公众在海域开发利用博弈中处于最弱势地位，没有明显或者说仅有很少的经济和行政利益诉求，因为生存环境质量被迫参与其中。海域使用者的用海行为以及政府对海域开发的管制政策改变了海洋生态环境，使社会公众的核心利益受到间接影响。社会公众的利益风险来自于生态环境变化的不确定性，只有当该弱势主体生存环境遭受严重威胁时，他们才可能采取对抗博弈策略，争取自身利益。因此，社会公众参与海洋开发利用活动最大的动因就是防止赖以生存的海洋环境恶化，获取长期、持续的生态效益。

根据以上的论述不难看出，海域开发利用中利益相关者博弈动因机制的核心因素是他们的风险规避预期。不管是弱势、强势还是间接的利益相关主体，都是因海域资源参与其中，不同主体参与方式和利益目标的侧重点不同、地位和管理责任不同，各自风险来源也不同，博弈动机的差异化也加剧了相关利益者之间的矛盾，直接影响到三方核心利益诉求的满足和实现。这种冲突和对抗的逻辑来自于参与者动机不一致、利益目标不统一、海域资源分配不均衡导致，需要为所有参与者提供一种利益均衡机制，使所有利益相关者都处于统一均衡规则之下，打破原有利益僵局，促使利益对抗博弈模式转化为协调博弈模式。

三　政府、海域使用者、社会公众三方博弈结果

（一）政府与海域使用者的合作、对抗博弈

海洋空间资源所有权的国有属性赋予政府作为主导者负责资源开发规划、市场化配置以及生态环境管控等系列责任、权利和义务。作为个体理性经济人，政府追求海洋资源开发生态效益、经济效益与行政效益三方协同最大化，其中，生态效益体现在生存环境的改善，经济效益是海洋开发经营项目上缴的相关税费，行政效益主要包括上级评价、公众满意方面的考量。海域使用者既是个体理性经济人，又是市场的执行者，资本的逐利性决定开发海洋追求的是经济效益最大化，生态效益水平主要受制于政府的管控策略。通常政府与海域使用者之间存在信息不对称，政府不清楚使

用者的运营情况。政府与资源使用者针对海洋开发的决策有先后次序：政府约束和管控政策在先，海域使用者在此框架下自主决策开发行为，制定行动决策，政府再根据观测到的海域使用者行动决策，选择自身行动调整决策，由此构成双方利益主体博弈决策循环。政府早期的管控政策会设法传递对自身最有利的信息，海域使用者采取合作或对抗的动态博弈，且二者的博弈策略决定于地方的产业结构。

一般而言，当地方政府财政税收主要来源于非海洋产业，海洋产业非地方主导产业时，政府对海域开发的关注度较低，通常采用“严格”的生态管控策略，上层评价和公众满意成为政府管控海洋开发的主要考虑因素，此时海域使用者只能遵守政府规制，选择“环境友好为主、经济效益为辅”的决策结果；由于开发支付成本中包括海洋污染防治费用，海域使用者取得用海项目的经济效益呈递减趋势，但用海项目经营能够带来正的外部性，产生生态收益；当经济效益低于资本的时间价值或者环境整治成本大于营运利润，海域使用者将采取对抗策略“用脚投票”放弃合作，例如沿海各地均出现海域使用者拒绝参与导致政府海洋空间资源“招、拍、挂”流拍事件。反之，当非海洋产业欠发达，地方财政主要依托海洋产业时，政府迫于财政压力对海洋开发高度关注，可能采用“不严格”生态管控策略，海域使用者随之采用“经济效益为主、环境友好为辅”的决策；由于开发支付成本中不包括或仅包括部分海洋污染防治费用，开发者取得用海项目的经济效益呈递增趋势，此时用海项目经营带来负的外部性，产生的是生态损害。由于生态补偿支付成本偏低促进经济效益明显提升，海域使用者必然会采用合作策略，积极参与开发活动。

（二）政府与社会公众的合作、对抗博弈

社会公众资本和行为的非集中、分散性导致其在这场博弈中处于明显弱势，只能是海洋资源开发活动的参与者和结果的被动承受者。社会公众一方面期望海洋开发带动经济发展、就业岗位增长，提升收入水平；另一方面又担忧粗放的海洋开发活动产生生态负外部性，将会对生存环境乃至生命健康产生不利影响。

理论上讲，政府通过推进并管控海洋开发活动取得行政效益、生态效益和经济效益，并且行政效益中的上级评价要素、公众满意要素与海洋开发活动产生的生态效益和经济效益水平密切相关。基于公众满意视角，政府是社会公众利益保护者和愿景代言人，采用“严格”的海洋资源开发生态管控策略，“环境友好与经济效益”兼顾的海洋开发活动可以增加税收、提供就业、改善环境，双方基于利益的趋同性采取合作策略。但同时还要看到，上级评价也是政府海洋开发管控策略选择的重要影响因素，当经济效益主导上级评价且海洋产业是地方财政的主要来源时，政府迫于经济发展速度和财政压力对海域开发环境管控采用“不严格”策略，海域开发活动可能带来负的环境外部性；当周围生态环境变化产生的负外部性效应超出社会公众的心理承受底限，社会公众采取对抗策略，甚至出现群体抗议事件。例如，沿海各地出现多起公众举报、联系媒体曝光涉海企业排污排废等违法行为；宁波发生社会公众集体抗议活动迫使政府放弃临港石化扩建项目等事件。由此可见，政府行政效益中上级评价要素和公众满意要素的重要度成为政府与社会公众双方博弈策略的平衡点。

（三）海域使用者与社会公众的合作、对抗博弈

海域使用者作为市场主体和执行主体，资本逐利性决定其关注重点是经济效益而非生态效益，开发活动能否对环境产生正的外部性主要取决于政府管控力度。社会公众既是海域开发活动的参与者，同时也是开发结果的被动接受者，获得的经济效益主要体现在就业岗位增加，生态效益来源于海域开发活动带来的环境外部性；由于经济效益受益主体以海域使用者为主，生态效益的影响则波及各类利益相关者，因此社会公众对生态效益的敏感度远超经济效益。

如果海域使用者迫于政府“严格”的生态管控策略，在追求经济效益的同时兼顾环境友好，社会公众获得的生态效益是正的环境外部性，双方采取合作策略。反之，政府的生态管控策略“不严格”，资源使用者必然以牺牲环境为代价追求经济效益最大化，生存环境的恶化迫使社会公众采取对抗策略。近年来海洋空间海域使用者在二者博弈中优势明显，海洋生态安全面临严峻挑战。

海域资源集约高效、可持续开发利用，既能够推进国有使用权货币化，也可以保障使用者的长期利益，还可以增加就业机会使社会公众获利，因此三方的长期目标有趋同性，在不损害生态环境的前提下三方合作共赢博弈是可以实现的。但是三方对生态环境的需求强度明显不同，打破博弈的均衡。社会公众在海域开发三方参与者中处于弱势地位，基于生存

条件的考虑，对生态环境的需求是显性的；海域使用者逐利性决定了其具有牺牲周边环境换取利润的动机，对生态环境的需求是隐性的；政府控制海域所有权和使用权，主导着三方博弈均衡，海域开发管控策略受产业结构、上级评价以及公众满意度影响，对生态环境的需求是弹性的。可见，政府是海域开发活动相关主体共同需求因素，政府实施生态管控的尺度是海域使用者与社会公众双方博弈策略的平衡点。

第四节 海域资源开发利用质量传导机理

海域开发利用质量产生于用海项目的全过程，质量链包括驱动、开发、输出、反馈四个关键环节。其中，政府海洋政策决定了海洋产业的用海导向和海域资源管理水平，是海域开发利用质量形成的驱动因素；海域资源配置方式、海域开发模式和监督体系是海域开发利用质量的形成和保障因素；最终创造的海域价值体现了开发利用质量结果。从政策引导、市场配置、项目开发与监督到最终价值输出，每一个环节都至关重要。

一 驱动与保障端：政府主导

（一）产权制度

产权是指“财产权利”，“产权是一组权能束的集合，在一定的技术条件下，自然资源资产的所有权、使用权、收益权和处置权等权利可以转化为资产和金融工具。”[①] 多种权能中最重要的是所有权和使用权。产权反映了资源、资本、技术等生产要素的交换关系，产权制度则是明确产权关系、制定产权规则，形成有效调节产权权能的制度安排。产权制度以激励机制为手段、驱动经济主体行为，是经济制度的核心和基础，任何市场经济活动都以明晰的产权制度为前提，产权制度最主要的功能在于降低交易成本，有效配置资源，对资本积累、配置效率、经济绩效都将产生重大影响。

① 张文明：《完善生态产品价值实现机制——基于福建森林生态银行的调研》，《宏观经济管理》2020 年第 3 期。

基于产权理论构建的自然资源产权制度，强调产权结构、产权管理以及权益分配与协调，逐步形成自然资源产权制度体系。海域资源是自然资源的重要组成部分，作为与土地性质类似的不动产资源，海域产权制度关系到国家自然资源的权利归属和高质量利用的重大问题，海域所有权与海域使用权是海域产权最重要的组成部分，海域产权制度安排是海域资源合理配置的关键。与其他公共资源性质相同，公共海域资源产权同样具有非排他性特征，如果没有明确、清晰的产权制度，海域资源无法高效率配置，更无法通过价格机制参与市场竞争，海域价值也就无法被人们利用和转化。我国自然资源有关法律明确规定，国家作为海域所有权人制定海域产权流转制度，海域使用者可以通过交易市场依法取得海域使用权。海域产权的清晰性、排他性、可转让性是确保海域资源高效率配置、海洋经济高效率运行的根本，也是政府主导海域资源高质量开发利用的源动力。

（二）管理制度

私有产权下公共资源配置效率可能会下降，利益分配也容易出现外部性，而公有制的公共资源政府管理会有效解决这一问题。政府管理具有经济性，对公共物品市场配置失灵具有调节作用，用这种方式管理公共资源，相当于政府利用专业优势代替公众进行公共决策，能减少公共资源管理成本，如信息数据成本、时间成本、商谈成本等，使资源配置和利用效率显著提升。因此，政府管理将对公共资源有效利用起着极为重要的作用。政府通过罚款或税负解决海域开发带来的负外部性，并建立公共资源供给制度、输送社会福利，避免市场搭便车、信息不完全和逆向选择等问题。

政府海洋管理伴随着人类海洋开发活动的发展日益成熟，是调节市场秩序的必备手段。在海洋领域，政府作为海域公共资源管理主体，通常以立法和制度形式对海洋活动加以约束。法律法规规范了涉海活动中相关利益主体、客体的法律关系，对海域开发利用的用海主体行为起到了最高层次、最严格的约束作用；管理制度是指海域开发主体共同遵守的规程或行动准则，也是政府管理者对海域资源开发利用活动进行决策、计划、组织、协调和控制的依据。政府通过对国家管辖海域资源配置、环境管制以及利益分配等规则的制定，协调和理顺海域市场的活动秩序，规范相关主体的用海行为。

海洋管理制度对海域开发利用质量有着直接重大影响。首先，海域资源是海洋产业的生产要素，是海洋经济的核心载体，海域资源开发利用是以沿海区域社会经济全面发展为目标的一项系统工程；其次，海域开发相比土地开发条件差、难度大，很多前期工程需要政府参与运作；再次，海陆经济的相依性决定了陆地很多相关产业与海洋产业存在依存关系，海洋产业结构需要协调与平衡。海洋经济系统性特征要求海域开发应当科学、合理、规范、高效，这就需要政府从管理制度层面进行统一引导、统一规范，使海域开发市场均衡有序发展。海域开发管理制度越完善，海域开发利用质量越高，才能促进海洋产业、海洋经济、海洋环境、海洋社会协调、持续发展。

（三）政策支持

众所周知，资源、资本、劳动力、技术是全要素生产率的重要投入要素，反映了投入产出效率模型中的投入规模，在一定程度上影响着经济效率水平。海洋领域效率研究无论是从海域资源视角、还是海洋产业、海洋经济视角，往往都近似地选择这些要素作为投入变量。可见，上述投入要素对海洋领域经济效率和发展质量有重大影响，其中资本、技术要素投入水平受政府相关政策支持程度影响；而劳动力对海域开发效率影响不仅体现在要素投入数量上，还体现在参与者质量上，通过政府制定的市场信用政策来约束和评价。

第一，资金政策支持。沿海地区经济增长依托海洋资本投入，资本要素是海洋经济持续发展的动力源泉，充足的海洋资本投资有助于推动海洋经济高质量发展。而沿海地区资本投入是否充足、是否能满足海域资源开发需求，一方面源于社会金融资本持有者基于海洋相关产业利润吸引力水平对海域开发投资回报的预判，另一方面受政府财政支持政策的影响。通常情况下，政府的政策引导、政策资金支持、税收优惠减免等政策将决定海域开发利用的活跃程度。

第二，科技政策支持。科技是第一生产力，在海域开发领域也不例外。技术作为全要素效率的重要投入要素决定了海洋经济产出效率，进而影响到海洋经济发展质量。可见，技术的先进性在一定程度上决定了海域开发效率和质量，而海域开发技术水平取决于科技创新政策的激励和支持。海洋科技政策以培育开发技术创新能力为核心，是海域资源高质量开发利用的核心动力。

第三，信用体系支持。除政府监管以外，海域资源使用权人的责任信用也是资源开发利用质量的另一个重要因素。政府对涉海活动无法达到实时监管，海域开发利用过程更多由海域使用者主导，即人为因素成为海域开发质量的重大影响因素，体现在海域资源开发过程中的参与者各负其责、遵守对海域资源开发和海洋环境保护的承诺，反映出参与者的基本诚信。对海域使用者的管理需要政府建立一系列诚信体系，从非法律层面建立参与者的质量约束机制，通过高质量的人才聚集能够加速提高海域开发利用质量。

二　质量形成链：开发过程与主体责任

（一）海域开发主体的权利义务

与商品质量产生于生产加工过程类似，海域开发利用质量形成于用海项目建设与经营过程。海域开发主体即海域使用权人是海域开发活动的责任主体，对用海项目全过程、全范围承担质量责任。

海域使用申请人依据《海域使用管理法》规定的法律程序和管理程序取得海域使用权证、成为海域使用权人，享有法律规定的权利义务，并依法使用海域，获得收益的权利以及依法转让、依法继承的权利受法律保护，这使得海域使用具有了合法性基础，海域使用权人可以依法占有和控制取得的海域资源、合法合理设定该海域用途、享有该海域开发收益分配权，并可依法处分或继承，各项权利得以保障。

海域使用权人拥有法定权利，也应当承担对等的法定义务。《海域使用管理法》要求海域使用人对海域使用的功能和用途、海域资源的自然状况、相关范围内的海洋环境污染等事项承担一定的法律责任，并履行相应的法律义务，其目的就是通过对海域使用人开发利用行为实施法律约束，来确保国家海域所有权保值增值。

（二）海域开发主体的质量责任

从上述法定权利义务可以看出，海域开发主体在进行用海项目决策时，不但要考虑项目的投资收益能力，还要兼顾项目施工、运营过程中对海洋环境的影响，对项目造成的环境破坏和污染支付修复成本，如果项目污染造成社会不良影响，还应当配合政府对周边居民的“邻避情绪”进行安抚和处理。也就是说，海域开发主体在海域使用过程中承担着经济责任、环境责任和社会责任，是海域开发利用质量形成的关键核心主体。海域开发主体是否关注海域开发全过程的质量，与其思维逻辑、行为逻辑有关，通常需要用海项目高层管理者具备高质量开发意识和生态伦理观，拥有一定的资本实力，更要有社会道德责任感，在提高开发利用经济效益的同时，顾全大局，主动维护自然环境和社会环境。无论海域使用权人出于投资目的还是实体经营目的，都应当遵守国家法律和政府制度要求，自觉承担海域开发利用质量责任。

三 输出与反馈端：红利价值与质量反馈

（一）输出端：三重红利

尽管学术界还没有专门关于海域开发红利效应的研究，但就经济对环境的影响效应已成为学者和政府关注的热点。Pigou 福利经济学奠定了环境规制问题最初的理论基础，由此逐渐发展出环境税政策干预下经济与环境的“双重红利”理论，大量文献对此进行了论证，并形成了无红利效应、双重红利效应、有条件红利效应、三重红利效应三种观点。“无红利效应”观点认为，过于苛刻的环境制度下企业不得不提高环境成本，阻碍产业生产能力和创新能力提高，对产业经济产生负面作用，即无红利；“双重红利效应”观点以著名波特假说为代表，打破了新古典静态分析的经济模型框架，认为技术改造或创新能缓解环境规制给产业造成的负担，对产业整体绩效有促进作用；“有条件红利效应”观点是国内学者结合国情验证波特假说，得到了“有条件”政策红利的结论，例如集聚性产业布局条件下可以提升环境规制的生产率，环境规制与就业关系曲线在拐点之前呈现负效应、拐点之后呈现正效应，即体现环境与就业的双重红利；“三重红利效应”观点中，国内外学者验证了政策作用下环境质量与经济的双赢机制、环境规制对就业的总效应为正，还证明了合理的环境政策对经济水平、社会收入和环境状况多系统起到改善作用，能够实现多方共赢。

海洋政策驱动下，海域资源、资本、技术、劳动力为海洋产业提供了重要投入要素，海洋经济价值和海洋生态价值是海域开发活动直接产出要素，其次是考虑开发活动对社会公众的影响，社会价值则是海域开发活动间接产出要素，海域开发活动的产出效应与价值相匹配。通常情况下，海洋经济产值的正负效应比较确定，海洋生态价值和社会价值的正负效应不确定，与政府海洋政策引导和规制、海域开发主体开发过程中对规则的遵守和执行有关。政府管控严格、开发主体环境责任履行到位，将提升海域开发后的生态环境价值，而生态良好，能够增加人类社会福祉，有利健康，最终获得正向社会价值。因此，海域开发利用活动的经济红利、生态红利、社会红利存在一定的联动效应。

（二）反馈端：监督、治理与预警

1. 海域资源监督管理

高质量开发利用海域资源离不开监督和治理。对海域开发利用项目建设、完工、运行的全过程进行质量监督，其目的是保证用海项目规范运作，达到三重红利目标。质量监督管理就是通过质量保证、质量监测、质量控制等技术手段与管理措施对海域开发环境质量实施全过程管理，及时发现和纠正影响海域环境的因素，为沿海经济建设和海洋开发利用提供质量保证。因此质量监督是以海洋环境质量监督为重心的管理活动。完善的监督机制、合理的监督流程、严格的监督执法将有效控制海洋环境质量水平。根据海洋领域的运行规律，海域资源开发质量监督一是对自然环境的监测，二是对海洋行政权力的监督。

海洋环境监测的目的是及时了解和掌握海洋环境状况，为海洋环境保护提供数据支持，既包括专业机构对海洋海水的监视、监测的技术环节，还包括海洋环境监测工作计划、监测站点选择、监测数据分析、评价结果利用等相关管理活动。海洋环境监测同时是海域开发质量监督的重要环节，尽管属于事后监督手段，但仍然对后续海洋政策调整提供了有价值的指导。海洋行政权力监督是政府权力运行过程中的自我约束。为防止政府作为海域资源管理主体在行政权力执行过程中出现偏差，有必要建立海洋督察制度，来规范行政权力的合法、合理使用。海洋督察通过海洋行政机关内部职能监督，包括上级对下级、所属单位以及委托机构之间，对其行政履职情况进行的监督和管理。海洋督察由督察主体按照规范的督察程序、通过适当的督察方式、对督察范围和对象履职行为进行调查监督，以防止海域开发活动中政府监管失灵，为海域资源高质量管理保驾护航。

2. 海域生态环境治理

当海洋环境面临持续污染和恶化的危机时，海域生态环境综合治理显得尤为重要。由于海洋生态环境陆海压力叠加、海域资源与生态环境本属同一自然系统等原因，将海域环境单独割裂开来进行治理不符合自然界生态系统一体化规律。建立海洋生态环境综合治理机制，将海域资源开发与海洋环境保护统筹协调，已迫在眉睫。海域生态环境治理需要建立治理机制、设置机构部门、明确组织功能、协调职责分工、创新治理路径，通过提高海洋环境治理效率、确保海域资源高质量开发与保护。

3. 海域开发利用质量预警

通过监督管理程序，发现制约海域开发质量的因素，对低质量环节进行修复和治理，是属于事后监管的手段，虽然能弥补海域开发的质量偏差，但在某种程度上已经造成了价值损耗、效率低下、环境污染等严重问题，纠偏补救也要发生大量的治理成本和监督成本。因此，在海域开发利用过程中更需要质量预警机制，在开发利用之前对可能出现的质量风险给与提示，包括评估海域价值、储备水平、用海结构、环境状态、社会影响等诸多因素，并进行海域开发质量等级评定，以为政府海域管理政策调整提供方向指引。

四　质量链驱动机理

（一）系统动力原理

系统性思维强调系统内部各要素之间的关系，通过要素联系和影响组成有序运行的整体，产生能量并与外界交换，体现特定功能的有机整体。系统具有开放性和自调节性特征，在维持物质、能量、信息的外参量条件下，大系统包含子系统，子系统内部蕴含各种层次和要素，各子系统相互影响和作用，在各自要素调节下形成协同、共振，共同完成系统功能。系统的运行起步于源动力，通过与外部进行能量交换，使系统逐渐从无序转变到有序、直至出现平衡稳定状态；当偏离平衡区域时，系统将会因其中一个参数突破临界值而自调节到新平衡区，推动系统从低级向高级不断发展。所有系统都是由多个基本要素所组成，各个要素之间既相互关联又彼此制约，在系统框架控制和约束下，遵循政治制度、经济规律，通过各要素间联动，体现系统综合功能。

系统的复杂性决定了资源管理的难度，需要微观子系统的单元和要素进行动态关联，才能使独立、分散、有限的资源发挥出整体效益。当系统中各子系统在要素聚合作用下最大效率运行时，可以实现输出价值最大化，这时的系统才是高质量运行的系统。

（二）海洋资源开发系统运行结构

从系统论视角看，海洋大系统是人与自然能量物质动态互换的开放系统，由资源、环境、经济、社会各子系统组成，在人类利用资源生产经营的过程中触发经济、环境和社会各要素流动，进而形成联动、复杂的运行系统。海域资源为海洋经济系统、环境系统、社会系统提供物质能量，海洋经济系统为环境系统、资源系统、社会系统提供发展动力。各部分之间维持在“量”和“质”上相对稳定的匹配关系时，各层次子系统才能共同实现海洋大系统良性循环。可见，海洋资源系统是海洋大系统运行最核心、最根本的基础条件，海域资源开发利用是海洋产业发展、海洋经济增长的根本源泉，为海洋大系统运行做出巨大贡献；海域资源开发利用质量也影响着海洋大系统的运行质量，直接关系到国家海洋战略目标能否实现。

海域开发是一项多层次、多要素聚合的系统工程，其质量产生于海域开发利用系统的各个环节。海域资源开发系统运行结构复杂，按着“动力—运行—输出—反馈”的循环机制不断往复参与海洋大系统的周转，海域资源开发质量在这一循环机制中产生，并受到政策驱动、开发活动实施、价值反馈及修正的影响。

（三）海域开发质量链各要素间驱动

在海域资源开发系统中，不是某一个环节在创造开发价值，也不是某一个因素决定开发质量，海域开发价值来自于系统内各个环节创造的价值总和，开发质量更是取决于各关键节点的要素质量以及要素驱动力。海域开发质量链是海域开发活动中形成的、连接影响开发质量各核心因素的全过程。影响海域资源开发质量的关键因素包括动力要素、执行要素以及输出与反馈要素。其中，动力要素中政府主导的政策、制度、机制等顶层设计是海域开发活动的根本驱动力，一切开发活动的程序、规则、秩序来源于此，并由此决定了海域开发活动的资源、资本、技术以及涉海劳动力等直接动力要素的投入质量和数量，对执行要素起到激励和约束作用；执行要素由用海项目所属海洋产业的盈利能力、海域使用主体质量责任理念和意识以及对政府规则的执行力决定，海域开发执行环节质量水平直接影响到海域开发价值输出；输出与反馈要素是海域开发活动的质量终端，包括价值输出和质量反馈。价值输出是海域开发利用的最终目的，从输出的海洋经济价值、海洋生态价值和海洋社会价值三重红利反映整体海域开发系统运行的质量结果；质量反馈是对海域开发过程和结果的监督、治理和预警，通过监督机制反馈海域资源开发利用存在的质量问题，及时对开发活动进行修复和治理，同时根据事后监督与治理还能够帮助海域开发系统建立预警防范机制，将海域开发利用质量管理环节前置。输出与反馈要素对海域开发活动初始端的动力要素具有调节作用，政府的制度政策根据海域开发质量反馈进行调整，规避风险、提高价值，引导海域开发系统向更高质量层次发展、完善。

值得注意的是，除上述海域开发系统输入端要素对开发质量的影响，输出端各种类型价值之间同样存在相互依存和驱动关系，即海洋经济价值的提高可能以损失生态价值为代价，但不排除因就业贡献提高海洋社会价值，且海洋生态价值降低导致海洋社会价值下降；若保有良好生态环境则可能因更大范围的海域资源保护而减少开发利用海域面积，降低海洋经济价值，海洋经济减速势必造成就业压力，导致社会价值不高等等，三重价值总和最大化是海域资源高质量开发利用的终极目标。因此，三重红利彼此冲突和依赖关系也将影响政府政策性动力要素的协整方向。

第三章　海域资源开发利用机制运行实践

海域资源开发利用是一项系统工程，其中涉及海洋资源、海洋产业、海洋经济、海洋环境等方方面面要素的规划、配置、约束和管控，需要政府海洋主管部门制定一系列海域管理和环境治理的相关法律、制度和政策，建立层级组织机构，明确职能分工和主体责任。“中国模式”下的国家治理时代，海洋资源与环境管理的复杂程度提升，全国性海洋开发与环境治理机制逐步建立，国家顶层设计的海洋政策逐步得到落实。我国现行海域资源开发利用机制包括制度动力机制、组织运行机制、监督保障机制，支持海域资源开发与海洋生态保护活动的正常运行。

第一节　海域资源开发利用机制建设现状

海域开发活动历经了无管理、有序管理和综合治理阶段，不同阶段的管理水平不同，机制运行效果也不同。机制要素和功能等内部结构、运行模式决定了机制的基本架构，现行的海域资源开发利用管理机制是以往管理认知和经验的反馈，具有有效机制特征，但与高效机制相比还有一定差距，随着海洋资源开发利用实践的发展，相应的管理机制也将不断完善。

一　海域资源开发利用机制的演化

我国对海洋资源的利用历史悠久，管理机构、管理模式、管理政策和管理主体都在不断变化，海域资源开发利用机制也是一个动态演化过程，体现了“机制”的自适应性。

一是海洋开发政策和管理制度的演化。从中华人民共和国成立初期到改革开放，再到新常态经济周期，海洋资源对国家战略的贡献和地位不断提升，国家层面对海洋资源的政策关注侧重点也从海洋资源开发为主转向海洋生态保护为主。

二是海洋管理组织机构和部门的演化。海洋资源经历了无序开发到有序管理，国家海洋局的成立是海洋资源规范管理的标志，也是海洋资源管理机制有效运作的开始。海洋开发涉及多机构、多部门，管理相对分散，组建自然资源部以来，实施自然资源的统一规划、统一管理，改善了分散、多规管理的弊端。

三是海洋开发与管理模式的演化。随着海洋经济与海洋环境的矛盾不断显现，海洋开发利用活动由简单到复杂，开发利用价值由单一到综合，对海洋开发利用机制运行有效性的要求增高，以往简单粗暴的管理手段和模式已经无法适应复杂的管理环境，全面、多元、系统的海洋资源治理模式应运而生。

四是海洋治理主体的演化。由于海洋开发管理机制的升级，海洋治理主体由早期的政府海洋主管部门发展到涉海企业、第三方监督机构、社会公众等，海洋治理主体的单一化向多元化转变，预示着海洋开发管理机制的有效性正在逐步提高。

二 海域资源开发利用管理模式特点

一是层级管理。由于海洋资源在海洋经济、国民经济中具有重要战略地位，国家对海洋领域资源的开发管理实行“中央全面管制、地方适度分权”的层级管理模式。1964 年成立国家海洋局，改变了原来陆地相应职能部门延伸到海洋领域的分散管理局面，由国家海洋局统一制定海洋资源开发、管理、保护的各类规范制度和文件，海洋资源开始了中央集权管理模式。随着国家机关的机构分权、精简和转变职能等改革进一步深入，省、市、县各级政府建立专职海洋机构，在国家海洋局授权和指导下，地方政府承担了本辖区海洋事务管理职责，出现“分权”治理模式。

中央集权管理模式发生变化，中央权力适度向地方分置。一方面是国家政治体制改革的总体需要，另一方面也是海洋经济战略发展需要。中央级高度统一的行政管理组织拥有海洋开发管理最高决策权，有利于实施海洋经济战略和政治战略、统筹开发利用海洋资源、实现海洋资源所有权价值。地方政府拥有海洋事务管理和裁量权限，有利于沿海地区政府根据本地海洋经济和产业特色，自由安排海域使用类型，提高海域开发利用效率。

中国海洋事务管理体制历经多次变革，海洋资源治理能力也逐步提升。2018 年国务院自然资源部的组建，改变了海洋事务的业务分工和整合，但统一管理与分层管理相结合的垂直层级体系依然存在。

二是综合治理。海洋资源开发利用过程中涉及众多海洋事务，包括海域资源调查、登记、配置等管理事务，还包括海域功能划分、海域使用论证、海域使用金征收等开发利用事务，更涉及海洋环境和海洋生态的监测、治理、修复等环保事务。各类海洋事务并非独立运行，而是存在一定部门、行业关联，体现了海洋事务管理的复杂性、综合性。2018 年国务院部委改革以前，我国海洋管理实行纵向综合管理、横向职能部门以及行业管理交叉管理体制，各层级海洋事务以海洋管理部门为核心主管部门，国土、环境、科技、发改、财政职能部门作为延伸部门，农业、交通、旅游等行业参与，共同进行海洋资源开发利用的管理和监督。

2018 年为了统一行使自然资源全民所有权，国家部委进行机构改革，组建自然资源部，负责统筹规划国土资源，但为了处理国际海洋事务，国家海洋局的牌子依然保留。至此，包括海洋资源在内的所有自然资源将由自然资源部统筹进行调查登记、测绘勘察和规划利用，实现了“多规合一”的综合治理模式。由于自然资源部整合了土地、森林、矿山、水资源和海洋资源等众多国土资源，便于统一规划、统一开发，大大提高了资源利用效率，也使得海洋资源开发管理的权限边界更加清晰，优化了海洋治理结构，改善了海洋资源综合治理水平。

三　现行海域资源开发利用机制基本框架

通过梳理海域开发管理发展历程可知，现行海域资源开发利用机制由动力机制、运行机制以及监督与保障机制构成，并在三种机制共同作用下维持海域资源开发利用活动的秩序。

动力机制由权力机构制定的一系列海域开发利用的法律、制度要素构成，主要包括涉海法律体系、海域资源管理制度、海域资源配置和有偿使用制度以及海域资源规划和保护制度等，对海域开发行为起到规范、引导、约束的作用；运行机制主要体现在海洋管理机构依据层级、地位、权限，通过履行各自职责完成海域开发管理制度执行、政策落实，推动海域资源开发活动有序进行，从现有运行状况看，海洋管理机构分为中央、省、市、县级管理层级，每一层级均设有海洋管理部门；监督保障机制是为提高海域开发利用效率、质量、价值，从手段、模式、措施上进行的监督保障安排，以促进海域资源开发活动持续进行，包括海洋环境质量监督、海洋环境治理机制以及资金、技术、服务等支持性政策。海域资源开发利用机制框架见图 3－1。

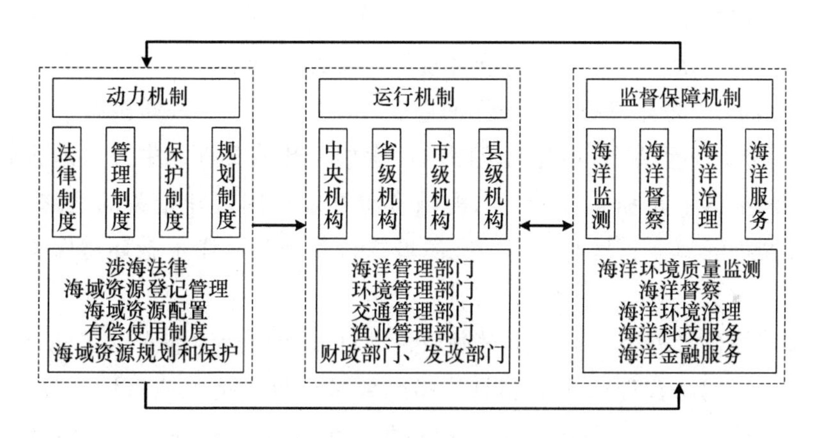

图 3－1　海域资源开发利用机制框架

第二节　动力机制：制度与政策

海域资源所有权的国有性质决定了其开发利用活动由政府主导，海域管理的相关法律和制度以国家所有权为前提、以海域使用权为载体，由政府及其主管部门进行海洋政策体系建设，通过行政制度安排引导海域利用方向、规范海域使用行为，体现政府海洋资源所有者的管理意图。我国海洋领域管理制度历经近四十年建设过程，政策体系由单一到整体、由分散到统一，逐步完善，为海域开发利用活动提供了强大的政策驱动。

一 海域资源管理政策变迁

（一）海域资源开发利用主要政策类型

随着《中华人民共和国海洋环境保护法》（简称《海洋环境保护法》）、《海域使用管理法》的颁布和实施，国家海洋行政主管部门制定并发布了各种海域使用管理文件，建立了法律配套政策和制度体系，结束了海域资源开发长期无序、无度、无偿的“三无”局面，海域管理政策缺失、建设滞缓以及海域市场管理无法可依等问题得以解决，海域资源市场秩序逐步规范。

为了保证政策样本的统一性、减少样本收集口径误差，本研究所用政策文本数据均来源于“北大法宝”系统及国家海洋局官网，搜索“海洋”“海洋资源”“海洋开发”“海洋环境”“倾倒”“倾废”“海洋保护”“海域”“海岛”“海洋经济”“海洋渔业”“海上交通”“海洋旅游”等关键词，在 1982 年至 2020 年时间范围内检索相关政策文件，中央与地方政府在此期间陆续发布和实施的、与海域资源开发利用管理相关的法律法规、规范性文件等海洋管理制度集中在海域综合管理和海洋生态环境保护两大方面。

海域综合管理类政策是指对海域资源开发利用活动准入、实施、监督等全程进行用海管理的步骤和具体措施要求，目的是规范海域开发秩序。海域综合管理涉及：海域使用申请审批、海域使用权登记、海域使用测量、海域勘界、海图编绘、海籍调查、海域使用论证、海洋功能区划、海域管理信息化、海域市场化管理、海域使用金征收、海域价格评估、用海规划、用海管理、海域使用动态监测、海域权属核查、围填海生态、填海验收、违规查处等，可归纳为审批与登记、勘测与调查、海域论证、功能区划、信息系统、有偿使用与市场化、规划与保护、规范与监管 8 个系列。

海洋生态环境保护类政策是指为了有序开展海洋污染防治工作制定的一系列科学合理的方针政策。我国目前海洋生态环境保护主要包括：海洋倾废管理、海洋保护区建设、海洋工程项目环保、海洋综合生态保护、海洋生态文明建设、专项用海环境评估管理、专项海洋工程环境评估技术、海洋工程环境评估综合管理、公众参与环境评估、海水水质评价技术、污染物入海监测、专门海区监测、海水污染物监测、海洋整体生态环境监测、海洋生态损害赔偿等，可归纳为海洋倾废管理、保护区建设、用海环境保护、用海工程环评、生态损害赔偿、海洋环境监测、生态文明建设、公众参与环评 8 个系列。

（二）海域资源开发利用政策分布

不同时期海域综合管理类政策分布。由海域综合管理政策分布可知（图 3－2），政策在 3 个时段出现密集期。第一个政策密集Ⅰ期出现在 2002—2004 年，配套政策内容以审批与登记、勘测与调查为主，年均文件发布数量 10.5 项，2002 年 15 项为单年最多。第二个政策密集Ⅱ期出现在 2006—2014 年，出台的政策内容以审批与登记、海域论证、功能区划、信息系统化、有偿使用与市场化、规划与保护、规范与监管为主，年均文件发布数量 9.2 项，2006 年和 2008 年各 14 项。第三个政策密集Ⅲ期出现在 2016—2020 年，出台的政策内容以海域论证、规划与保护、规范与监管为主，年均文件发布数量 9 项，2017 年 11 项。从Ⅰ期到Ⅲ期，海域综合管理政策经历了由海域使用登记审批、基础调查到使用论证、功能区划再向规划保护、规范监督的演变过程。海域论证类文件基本贯穿整个期间，登记审批、勘测调查及功能区划类的文件呈现前重后轻的分布规律，信息系统、市场化管理类文件集中在中间阶段；规划和监管类文件呈现前轻后重的分布规律，管理的重心从程序管理明显向规划管理、控制管理过渡和转移。

不同时期海洋生态环境保护类政策分布。海洋生态保护的配套政策在 2002 年后陆续密集推出。由海域环境保护制度分布图（见图 3－3）可见，2002—2008 年，配套制度建设以海洋倾废管理、保护区建设、用海环境保护、用海工程环评为主；2009—2013 年期间，配套制度依然以保护区建设、用海环境保护为主，并开始海洋环境监测和海洋生态文明建设，海洋生态文明制度体系和能力建设全面展开；2014—2020 年，在继续完善保护区建设、用海环境保护和用海工程环评制度的同时，加大了海洋环境监测管理力度，并推出海洋生态损害赔偿和海洋工程项目环评公众参与等相关管理制度。海洋生态环境的监管的范围从专项、专区的“点”监测向全域海域整体的“面”监测过渡，管理的价值导向海洋保护区建设提升到海洋生态文明建设，而用海环境保护、用海工程环评两类政策贯穿始终。

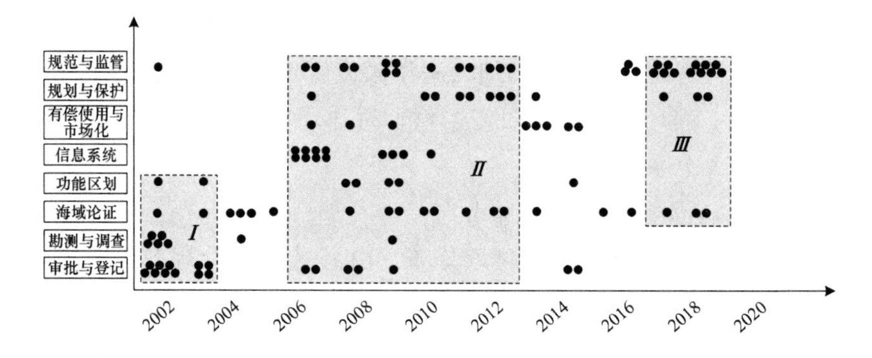

图 3-2　海域综合管理制度分布

资料来源：作者根据“北大法宝官网（www. pkulaw. com）”“中国海洋信息网（http://www. nmdis. org. cn/hygb/hysyglgb/）”信息搜集整理。

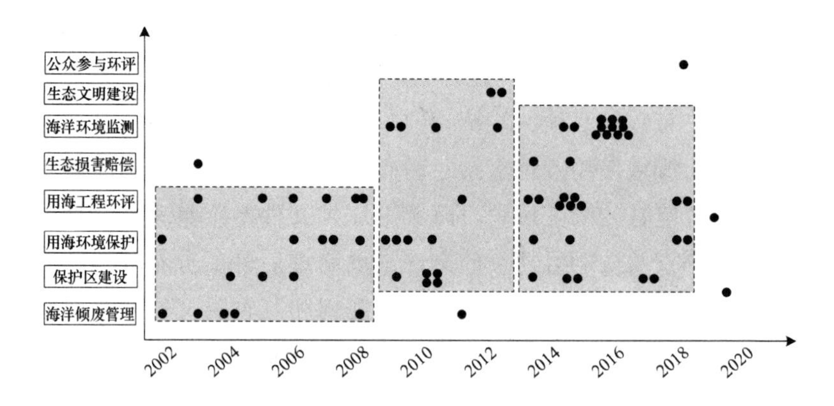

图 3-3　海域环境保护制度分布

资料来源：作者根据“北大法宝官网（www. pkulaw. com）”“中国海洋信息网（http://www. nmdis. org. cn/hygb/hysyglgb/）”信息搜集整理。

（三）海域资源开发利用政策工具结构

根据政策工具类型的划分方法——词频分析法，结合海洋政策的特点和实践经验，海域开发利用政策按着工具类型可分为：控制型工具、激励型工具、参与型工具。控制型工具是指国家海洋主管部门和海洋事务协管部门依据法规和行业标准，对海域开发行为进行直接管理和强制监督的政策类型，主要包括海域资源登记、许可、审批、论证等海域开发管理类政策，应急污染物排放标准、倾废要求、限期治理、海上应急处理、海洋环境监测等环境管制类政策；激励型工具是指对海域使用过程中收费、补贴、补偿、基金等多种经济激励方式做出规定，由企业根据自身用海成本和收益的平衡点进行决策，主要包括生态补偿、倾倒费和排污费征收、海域有偿使用、海上油污损害基金等政策手段；参与型工具是指鼓励海域开发利用相关主体自愿而非强制参与海洋治理的相关政策，例如海洋工程建设项目环境影响评价报告书公众参与、公众检举和控告、对海洋环境保护的宣传教育等制度。

现有的海域开发管理政策工具类型中，数量由多至少的政策工具类型是控制型工具——激励型工具——参与型工具，反映出政府海洋管理部门倾向于采用强制、命令手段规制海域开发行为，以便实现海域开发活动的统一布局、统一管理，但也因其他政策工具类型的缺失，导致政策力度不均衡。

（四）海域资源开发管理政策注意力变迁

根据中国政策供给特点，当法律法规发生变革以后，各级政府对应的规章制度等相关政策势必进行调整、修正或者弥补。因此，中国海洋政策周期与相关法律变革同步。《海洋环境保护法》（1982）、《海域使用管理法》（2001）两部法律对海洋政策影响最大。由于《海洋环境保护法》覆盖政策研究周期，因此选择该法律的立法、修订时间作为划分海洋政策周期的依据，即四个政策变革周期（表3－1）。

表3－1 **海洋政策周期划分**

法律节点	形式	核心内容	政策周期
1982.08	立法	主管部门；责任人；责任；涉海活动；海洋污染。	1982—1999
1999.12	修订	管理分工；限期治理；环境监测；国际条约。	2000—2013
2013.12	修订	海岸工程环境影响报告；审查；溢油应急；报备。	2014—2017
2016.11	修正	生态红线；生态补偿；功能区规划；污染处罚。	2018—2020

资料来源：作者根据“北大法宝官网（www.pkulaw.com）”信息搜集整理。

20世纪80年代之前，各地政府注重陆地经济中的土地资源开发，海洋资源利用不明显。80年代以后，中央政府开始对海洋资源开发利用和保护活动逐渐重视，颁布相关法律政策来规制涉海行为。通过政策主题编码分析，得到政策注意力的变迁特征（表3－2）。

表3-2　　中央海洋政策主题语义、政策注意力变迁

政策周期	重要政策引导（现行有效）	发布部门	主题话语	政策注意力
1982—1999	《国务院办公厅关于成立国务院海洋资源研究开发保护领导小组的通知》（1986）	国务院办公厅	海洋资源开发	高速发展
2000—2013	《国务院关于进一步加强海洋管理工作若干问题的通知》（2004） 《国务院关于印发全国海洋经济发展“十二五”规划的通知》（2012）	国务院	海洋资源管理；海洋经济发展；	科学发展
2014—2017	《全国海洋主体功能区规划》（2015）	国务院	陆海统筹；资源环境管控	统筹发展
2018—2020	《关于构建现代环境治理体系的指导意见》（2020）	中共中央办公厅；国务院办公厅	海洋环境治理；全球海洋命运共同体	高质量发展

资料来源：作者根据“北大法宝官网（www. pkulaw. com）”“中国海洋信息网（http：//www. nmdis. org. cn/hygb/hysyglgb/）”信息搜集整理。

（1）高速发展主导期（1982—1999年）。改革开放以来，中国经济体制逐步从计划经济向市场经济过渡，以经济建设为中心的国家战略将经济发展推向了快车道。陆地资源日益消耗，海洋资源开发利用在沿海地区引起关注，近岸海域占用急剧上升，围填海行为普遍存在。但早期政策体系建设远滞后于用海实践，导致海洋资源快速且过度消耗，为海洋环境埋下了隐患。90年代后期，政府开始加强海洋资源管理，海洋开发的审批与登记、勘测与调查、海域论证等制度开始颁布，逐渐规范了海域资源的开发利用行为。

（2）科学发展观主导期（2000—2013年）。中国经济在此阶段依然高速增长，但中央层面已经意识到经济发展的持续性问题，海域资源开发利用和海洋环境保护的矛盾已逐步显现，在中央政府提出“以人为本”科学发展观的背景下，科学合理利用海洋资源成为共识，海洋政策

在关注海洋经济的同时，更强调海洋资源管理，政策表现出规划性、科学性。

（3）统筹发展主导期（2014—2017 年）。在中国经济放缓的大背景下，前期高速发展积累的大量环境问题明显显现，海洋环境保护得到重视。由于海洋环境污染 80% 是陆域污染源排放造成，政府开始关注陆地与海洋的联合治理。在陆海产业统一规划、生态环境统筹治理等方面进行政策引导。同时加大了海洋资源环境管控力度，停止了围填海的审批，海洋资源管理政策体现出明显的限制性、强制性。

（4）高质量发展主导期（2018 年至今）。中国宏观经济大背景已发生根本变化，特别是"内卷化"状态下，经济质量远比经济速度更加重要。海洋领域高质量发展的目标是在海洋生态安全前提下高效率发展海洋经济。中央生态文明建设全面布局，为海洋环境政策的制定和发展提供了范式指引。这期间，对海洋环境治理已从资源管控、生态修复等专项管理升级到对海洋生态综合治理体系的建设和完善，政策视角从国内扩展到全球，主张全球海洋命运共同体，海洋生态环境政策具有前瞻性。

二　涉海法律制度

（一）海域资源权属的法律体系

立法体系中涉及海域资源权属包括所有权及其派生权利，其中《宪法》、《民法典——物权》确立了海域国家权属，《海域使用管理法》再次明确了海域所有权和使用权。

《宪法》规定了自然资源的国家所有权，尽管条文中没有直接列举"海域"，但提及的"自然资源"中包括海域资源。2007 年《中华人民共和国物权法》（以下简称《物权法》）创立了海域物权制度，2021 年 1 月 1 日开始实施的《中华人民共和国民法典》"物权"中第二分编"所有权"的第五章第二百四十七条规定"矿藏、水流、海域属于国家所有"，明确了以海域为客体的资源所有权属于国家所有，即全民所有；第二百四十二条"法律规定专属于国家所有的不动产和动产，任何组织或者个人不能取得所有权"，反映了海域所有权的唯一性和排他性。海域所有权专属国家，一是可以为私人取得海域使用权提供理论支持；二是可以行使国家权力对遭受侵害的海域实施救助，保护国家领土完整；三是可以提高海域管理的权威性，更好地保护与利用海域资源。

海域所有权的特点有以下两点：第一，海域所有权是海域资源最高位次的权利，具有全面支配权，而其他权利如海域使用权、租赁权、承包经营权的行使受制于所有权制度约束范围；第二，海域所有权具有永续性。只要海域资源在自然界存在，其所有权就具备永久支配特征，而其他权利的时效有限。作为海域所有权人的国家，通常以立法的方式将海域使用、收益的权利确认给海域使用权人。

《海域使用管理法》同样确定了海域所有权的国家权属，且对使用权有偿使用进行了规范要求。国家将海域所有权作为其他权利的“母权”，在“母权”基础上，实行有偿流转，通过海域使用权人对依法取得的海域资源进行开发利用，实现国家海域所有权经济价值的货币化转换。作为海域所有权主体的国家属于政治实体，需要通过使用权分离实现所有权价值，目的是为了规范海域使用行为，维护国家海域所有权人的权威，保障海域使用权人的权益，促进海域资源科学利用。海域使用者获取海域使用权的主要途径既有国家初始出让的一级市场，也包括供海域流转交易的二级市场，依法取得海域使用权后进行开发和利用、并获取开发收益。海域使用权的本质是市场化流转、所有权价值转换的前提条件。

（二）海域使用管理的法律体系

《海域使用管理法》是最重要的海域管理立法，是我国首次将海域的内涵和外延进行了法律界定，确立了海域所有权和使用权相互分离机制，提出海洋功能区划、海域资源配置、海域有偿使用三大基本制度，进一步明确海域使用权登记制度，建立了海域使用统计制度，规范了海域使用权的申请和审批程序、权限、使用年限，明确了国务院和沿海县级以上的政府海洋行政主管部门作为监督主体，对海域使用实施监督管控。

《海域使用管理法》为海域资源开发利用提供了合法性依据，从根本上扭转了海域使用实践中的无序、无偿、无度的混乱局面，理顺了用海秩序，规范了用海行为，保障了国有资源的保值增值，标志着我国海域资源管理的法治化进程实现了重大飞跃。

（三）海洋环境保护的法律体系

涉及海洋环境保护的立法较多，主要包括《海洋环境保护法》、《海岛保护法》以及《中华人民共和国海洋倾废管理条例》等各种法律法规。《海洋环境保护法》作为统领其他海洋环境立法的法律，处于首要地位。

《海洋环境保护法》1982 年颁布，是海洋生态环境保护的基础性法律，目的是为了规范海洋环境保护行为，预防和治理海洋环境，降低海洋污染程度，维护海洋生态平衡，推动海洋经济高质量发展。至 2017 年历经三次修订（修正），已成为约束各类用海行为的核心法律，凡是从事生产经营、教学科研等活动影响到海洋环境，需自觉遵守该法律。

《海洋环境保护法》首次提出划定海域生态保护红线、对重点海域实施排污总量控制制度，并对主要污染源分配排放控制数量；对海洋资源保护的种类和环境范围进行了界定；对造成海洋污染的各类工程作业提出了防治要求，如岸线工程、倾倒废弃物、船舶作业等项目；强调了海洋环境保护的各政府部门管理权限，明确了环境保护行政主管部门、海洋行政主管部门和其他相关部门的权限边界。《海洋环境保护法》的实施对我国的海洋生态保护与污染防治起到了至关重要的作用。

三　海域管理基本制度

（一）功能管理——海洋功能区划制度

海洋功能区划是对海域资源基本条件和适用性科学论证的结果，是根据海域所处区位、周围环境和本身自然属性特征，结合海洋产业用海需求，将海域资源的使用功能分为多种不同类型，即为海洋功能区，对不同海洋功能区提出差异化环境质量管控要求，确保海域使用的科学性和海洋环境质量的可控性。海洋功能区划的划分体现了资源的自然属性和社会属性，现行《全国海洋功能区划（2011—2020 年）》由国务院于 2012 年批复，同时批复十一个省级海洋功能区划。

《海域使用管理法》规定了海洋功能区划编制原则、编制范围、编制权限、审批要求。以遵循海域自然属性、统筹行业用海、保护海洋生态环境、保障海上交通安全和军事用海需求为编制原则，要求渔业、工业、交通业以及旅游业等不同行业用海依照海洋功能区划进行合理规划，并对各级政府、部门海洋功能区划编制、审核、审批、备案流程和权限进行了规定（图 3－4）。

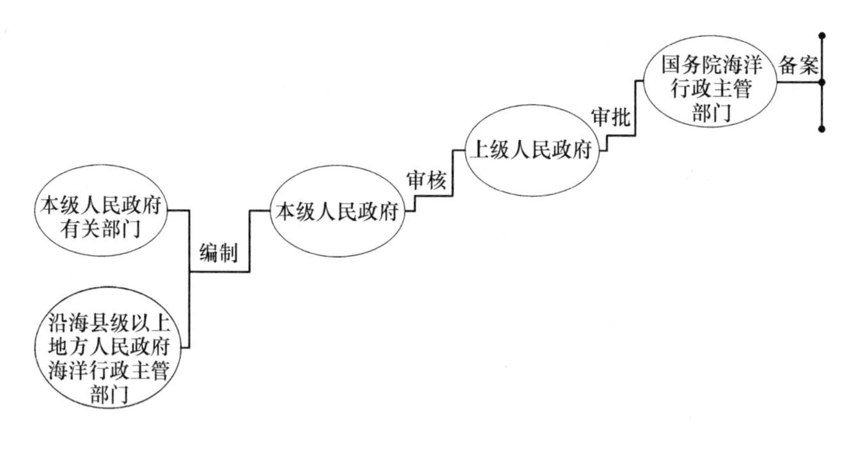

图 3－4 海洋功能区划管理流程

为规范海洋功能区划技术方法和具体要求，国家海洋局 1997 年制订了《海洋功能区划技术导则》（GB/T 17108—1997），2006 年重新修订了该标准，并将该标准由国家强制性标准修改为国家推荐性标准，明确提出海洋功能区划原则和环保要求、规范了海洋功能分类指标体系，并对海洋功能区划的工作程序、方法和成果提出了技术规范，用来指导全国以及沿海省（自治区、直辖市）、市、县（区）海洋功能区划的编制和修编。

海域按着不同的特征和使用功能分为不同的用海类型，每个用海类型作为适宜的海洋产业生产要素供给，与其他生产要素共同创造海洋产业产值，推动海洋经济发展。不同的海洋产业对海域使用存在不同要求，只有适度匹配的海域才能为相应的海洋产业提供用海需求。海洋功能区划对协调海洋产业用海需求冲突、选择最合理利用方式以及界定海洋保护区边界具有重大意义。

（二）权属管理——海域资源配置制度

由于海域资源全民所有权性质，在开发利用过程中海域使用人必须按照法律规定程序取得海域使用权，才能对海域资源合法开发利用。单位或个人取得海域使用权的过程也是国家对海域使用权的配置过程。海域使用权的有效规划和配置是海域资源有偿流转的关键，涉及用海权力的产生与利益分配的公平，影响到海域开发利用的效率与质量。《海域使用管理法》规定海域使用权可通过审批方式取得，也可以通过招标或者拍卖的方式取得，即海域使用权包括行政配置和市场配置两种方式。

行政配置是海域资源在计划经济体制时期的唯一配置方式，以公共产权为前提，政府通过计划手段对海域资源的使用进行宏观调控。行政审批是海域资源配置的主要手段和方式，海域资源使用者通过行政审批获得海域使用权，保障了国家重大项目用海需求。但随着市场经济的发展，用海主体由政府、公益性社会组织向外资、国企、民企等多元化经营性主体过渡，海域使用权市场化配置的呼声越来越高，直到 2002 年《海域使用管理法》颁布实施，确立了海域使用权市场化配置的法律地位。市场配置方式是通过供求关系、市场价格等竞争机制对海域资源要素的流动和分配进行调整，只有具备低成本、高效率竞争优势的海域使用者才能获得海域使用权，实现海域资源的市场配置功能。

从配置途径看，海域资源交易有一级市场和二级市场两种途径。国家通过一级市场规划海域资源的使用规模、流程、方式和期限，并分配给海域使用者，通过对海域资源的管控达到集约节约用海的管理目标；海域使用者通过二级市场的交易和流转，实现海域资源最佳配置效益。从海域资源交易的实质出发，在产权清晰的前提下，以海域国有制为基础，实现海域资源流转，使用权人自由支配、使用及处置海域。海域使用权流转和让渡模式的构建是海域资源配置制度的核心内容，海域有偿交易机制为海域资源市场化配置提供了最佳途径。

沿海各地政府自 2010 年以来陆续开始建立地方海域市场化配置制度，出台市场化配置方案，例如山东、广东、浙江、福建、江苏等各省份建立海域使用权“直通车”制度、发布本地区海域使用权“招标、拍卖、挂牌”出让管理办法等，运用市场化手段合理配置海域资源。全国 2005 年各省份市场化招标、拍卖确定海域使用权 65 宗，海域确权面积共计 6239 公顷；2015 年市场化“招标、拍卖、挂牌”方式颁发海域使用权证书 422 本，海域确权面积 25177 公顷，海域资源市场化配置程度大幅提高。

（三）价值管理——海域有偿使用制度

海域资源有偿使用是海域资源配置市场化的必要前提。一方面，通过市场调节手段提高海域使用成本代价，遏制了盲目、过度的用海行为，保护了国有资源，提高了海域资源利用效率和质量；另一方面，实现了自然资源所有权的货币化价值转换，从经济角度避免了资源性国有资产流失，确保国有资源保值增值，为海域资源价值管理提供了法律依据。同时，促进了海域资源的合理配置，改变了我国海域资源管理和利用方式，是我国海域开发管理领域标志性的里程碑。

国家海洋局联合财政部于1993年通过发布实施《国家海域使用管理暂行规定》，对转移海域使用权行为、海域使用金种类及征收、海域使用证制度进行了规范。《海域使用管理法》以立法方式进一步确立了海域有偿使用制度，规定海域使用人应依法缴纳足额的海域使用金，且收缴的使用金纳入国家财政。2007年财政部、国家海洋局首次联合发布《关于加强海域使用金征收管理的通知》，制定了不同类型、不同等别的海域使用金征收标准，对海域使用金缴库程序进行了明确规定，推进了海域使用权配置市场化进程。2018年财政部、国家海洋局对海域、无居民海岛使用金进行了重新核定，以适应近年来资源价格上升趋势。

国家规定了海域使用金最低标准，并要求各地区在制定本辖区海域有偿使用制度时需考虑本地情况、实际海域使用金征收金额不应低于国家规定的最低标准。以审批方式出让海域使用权的，执行地方标准；以招标、拍卖、挂牌方式出让海域使用权的，出让底价不得低于按照地方标准计算的海域使用金金额。最终海域使用权出让价格需要参照海洋行业推荐性标准《海域价格评估技术规范》（HY/T 0288—2020）进行科学评估。海域使用金是政府按照征收标准向海域使用权人收取的用海权利金，是海域使用权价格的一部分。目前我国海域使用金征收制度相对比较成熟，但海域使用权价格评估体系尚未完全建立。

海域资源有偿使用制度是海域使用金征收的法律保障，同时还明确了海域资源具有所有权价值，使海域资源的内在品质有了外在的价值表现形式，高品质的海域资源无论在一级市场还是二级市场，都表现出较高的使用权价格。我国海域等级管理制度中最高等别是一等海域、最低是六等海域，在相同用海方式下，一等海域的使用金价格要远远高于六等海域使用金价格，以工业、交通运输、渔业基础设施等填海为例，一等填海造地海域使用金300万元/公顷，六等填海造地海域使用金60万元/公顷，一等海域价格是六等的五倍，充分体现了海域品质的内在价值。

四　海域开发与保护制度

（一）综合管理——海域开发过程管理制度

海域综合管理以海域开发利用活动的规范性为核心，注重开发程序管理，从制度层面对海域使用权的准入资格和利用过程提出要求。《海域使用管理法》的正式实施标志着我国海域公共资源管理进入法制阶段，基于海域资源公有财产属性所做出的有关海域开发利用的一系列制度基本明确，最主要的包括海洋调查规范、海域使用权登记与审批、海域论证以及海洋环境影响评价、海洋倾倒与倾废等海域资源管理制度。

海洋调查规范。海洋调查主要包括海域勘测与调查规范，如自然资源部发布的《海洋调查标准体系》（HY/T 244—2018），规范了海洋领域的资源调查技术和方法。海洋调查是海域开发活动过程中海域勘界、海图编绘、海籍调查、海权登记以及海洋大数据管理的基础。海洋调查标准体系划分 3 个层次和 35 个门类，界定了海洋调查标准化对象、明确了适用范围，“是现有、应有和预计制定标准的蓝图，将指导未来一个时期内我国海洋调查标准化工作”①。

海域使用权登记与审批制度。海域资源日常管理最重要的是海域使用权登记与审批管理。国务院办公厅、原国土资源部、国家海洋局就项目用海审批、海域使用登记以及海域使用权管理等事项制定了一系列制度文件，对项目用海的权属、位置、面积、用途、使用期限等情况的登记提出基本要求，包括初始登记、变更与注销登记等海域使用权取得、变更、终止过程中的登记规则；对用海项目审批权限、审批流程和方式做出明确规定，尽管其中部分文件已失效，但在当时对海域使用申请审批工作的规范管理起到了重要作用。

海域论证制度。为提高海域使用的科学性，国家加强海域开发的可行性论证，在海域使用项目审批程序中进一步强调海域使用论证管理制度建设，对海域使用可行性论证的条件、时间、权限以及监督管理做了明确规定，并发布《海域使用论证技术导则》（2010 年修订）对海域论证中的相关概念界定、技术方法选择进行了统一规范。

---

① 自然资源部：《海洋调查标准体系》（HY/T 244—2018）。

海洋环境影响评价制度。由于各类海洋工程项目的建设实施将严重影响周边海洋环境质量，因此，项目实施前需要对海洋工程对环境的影响进行科学评价。国家海洋局制定了海洋工程环境影响评价管理办法，并印发油气勘探、海砂开采以及海上风电等各种海洋工程项目的环境影响评价技术规范，明确了海洋工程项目工程的选址、建设、运行过程中的环境要求，完善了海洋工程环境影响评价制度。

海洋倾倒与倾废制度。在倾废管理中，科学选划和严格监控海洋倾倒区对于保护海洋环境尤为重要。早在1985年，我国加入《防止倾倒废物及其他物质污染海洋的公约》，此后国家海洋局陆续颁布《疏浚物海洋倾倒分类和评价程序》和《疏浚物海洋倾倒生物学检验技术规程》、《倾倒区管理暂行规定》、《海洋倾倒区选划技术导则》（HY/T 122—2009）以及环境部门发布的各类海洋倾废管理规定，一系列海洋倾倒、倾废制度规定了倾倒与倾废的物质种类、数量、场所、方式及申请、许可程序，控制了海区环境的污染程度。

（二）专项管理——围填海管理制度

海域类型不同，其开发利用方式就不同，对海域资源开发质量的影响也不同，其中填海造地这种利用方式对海域及其周边环境影响最大，国家对围填海格外关注，制定了相关管理制度。填海造地是指将自然海域空间通过围填完全改造成陆地空间的一种彻底改变海洋空间属性的人类活动。①大规模围填海一方面缓解了沿海地区用地紧张局面、拓展了地方经济发展空间，另一方面改变了水动力环境、破坏了海岸带自然资源和生态环境。为加强围填海管理，国家海洋局先后出台了大量围填海项目过程及其管理的政策文件（表3－3）。

表3－3 **围填海管控政策**

相关政策	发文字号	发布部门	发布时间	时效
《填海项目竣工海域使用验收管理办法》	国海发［2007］16号	国家海洋局	2007.06	失效
	国海规范［2016］3号		2016.05	有效

① 黄杰、索安宁、孙家文、尹晶：《中国大规模围填海造地的驱动机制及需求预测模型》，《大连海事大学学报》（社会科学版）2016年第2期。

续表

相关政策	发文字号	发布部门	发布时间	时效
《关于改进围填海造地工程平面设计的若干意见》	国海管字［2008］37号	国家海洋局	2008.01	有效
《关于加强围填海规划计划管理的通知》	发改［2009］2976号	国家发改委、国家海洋局（原）	2009.11	有效
《围填海计划管理办法》	发改［2001］2929号	国家发改委、国家海洋局（原）	2011.12	有效
《围填海管控办法》	国海发［2017］9号	国家海洋局、国家发改委、国土资源部	2017.07	有效
《围填海工程生态建设技术指南（试行）》	国海规范［2017］13号	国家海洋局	2017.13	有效
《围填海项目生态评估技术指南（试行）》	自然资办发［2018］36号	自然资源部办公厅	2018.11	有效
《关于加强滨海湿地保护严格管控围填海的通知》	国发［2018］24号	国务院	2018.07	有效

资料来源：作者根据“北大法宝官网（www.pkulaw.com）”“中国海洋信息网（http://www.nmdis.org.cn/hygb/hysyglgb/）”信息搜集整理。

从表3-3可以看出，国家对围填海政策从开发建设为主逐渐转向计划管理、严格管控为主，管控级别从海洋局到国务院，管控手段由模糊管理到标准化管控，管控方式由宏观管理到专项管控，反映了国家对围填海的重视程度和管控力度在不断上升，严格控制围填海审批已成为未来较长时期的围填海政策趋势。

（三）环境管理——海域资源规划与保护制度

1. 海域资源规划

海域资源规划是政府以海洋经济布局、海域功能管制、海洋环境保护为目的的空间规划政策工具，有利于优化海域资源配置的合理性，确保海域资源科学、有效地开发利用。海域资源规划体系以海洋功能区划为基础、由总体规划、区域规划、专项规划构成，包括海洋主体功能区规划、区域建设用海规划、近岸海域防治污染规划、海岸带保护与修复规划等近海空间规划为框架的海洋空间规划体系。

总体规划是从海洋及其相关领域全局出发，基于用海战略需求对海洋主体功能进行的长期规划。海洋主体功能区规划作为国家海域资源开发利用的宏观管控手段，在海域规划体系中占有极及重要的地位，对其他规划具有方向引领作用。现行《全国海洋主体功能区规划》（国发〔2015〕42号）由国务院于2015年发布，该规划综合考虑各地区海洋产业、资源状况、人文社会等因素，将海域空间规划为“优化开发区域、重点开发区域、限制开发区域和禁止开发区域”[①] 四类区域，体现了海洋经济与自然环境协调发展的宗旨，是制定海洋发展战略、编制其他海洋规划的重要依据，在国家统一总体规划框架下，地方政府编制本地规划，首次实现了海域资源有序开发、科学管理，改变了原有规模至上、过度盲目的开发模式。

区域建设用海规划是地方政府考虑本辖区海洋经济用海需求，对特定海域实施的整体规划和布局，涉及工业用海、港口用海、旅游用海等各产业用海规划。区域建设用海规划更注重不同归口规划的定位和衔接，强调陆海产业统筹布局，优先保护海洋生态环境，为科学用海、集约用海和高效用海提供制度支持。

专项规划是在海域开发利用过程中，针对特定问题、重大问题制定专门的规划制度，包括国家海洋局2012年印发的《全国海岛保护规划》，各地方政府及相关海洋部门2013年以来负责编制近岸海域污染防治、海岸带修复等专项规划。浙江省、江苏省、福建省、河北省等各省编制近岸海域修复整治规划，使海域资源和岸线资源的修复和治理常态化、规范化。

2. 海洋资源保护制度

海洋资源保护制度是通过海洋功能划分和主体功能规划等一系列综合管理措施，对海洋资源实施有效保护，使其得以持续开发和利用。

我国海洋保护工作的系统部署起始于21世纪初，以渔业资源养护为

---

① 国务院：《全国海洋主体功能区规划》（国发〔2015〕42号）。

最初的切入点，相关理念在政策序列中逐渐明晰。《海洋自然保护区管理办法》、《海洋特别保护区管理办法》对海洋保护区提出规划和管理要求，相关制度现行有效。《全国海洋功能区划（2011—2020年）》对海洋保护区和保留区进一步做出专门规定，将海洋保护区界定为“专供海洋资源、环境和生态保护的海域”，保护区内用海活动受到严格限制、甚至禁止开发；保留区被界定为“保留海域后备空间资源”的海域，严禁随意开发。[①] 2014年2月国务院批准《全国生态保护与建设规划（2013—2020年）》首次将海洋纳入国家生态保护与建设总体格局，海洋保护控制指标与《全国海洋功能区划（2011—2020年）》实现有效衔接。

由于海洋保护区和保留区功能、划分依据以及对海洋资源保护的意义不同，各自具有独立的实施、监控体系，为了海洋生态格局的整体谋划，国家开始从海洋自然地理格局、资源环境特征和区域生态视角出发，由单个、独立海洋保护区管理向综合、整体的海洋生态系统管理转化，综合考虑海洋资源的物理、生态、地理特征，推行海洋生态红线制度，一定程度上遏制了人为活动造成的海洋生态退化，增强了生态脆弱区的抗干扰能力。我国2016年发布《关于全面建立实施海洋生态红线制度的意见》和《海洋生态红线划定技术指南》，适时启动了海洋生态红线保护战略，明确了海洋生态红线划定工作的基本原则、组织形式、管控指标和措施等内容；对红线划定原则、范围、方法、流程以及红线标准等内容提出了详细要求。面对海洋生态环境的持续恶化现状，海洋资源保护制度体系从海洋保护区建设逐步向海洋生态红线制度过渡已成为必然趋势。尽管目前仍处于探索和初试阶段，但随着配套制度的不断完善，海洋生态红线制度管控将越来越严格。

第三节　运行机制：组织与实施

《海域使用管理法》赋予了沿海县级以上地方人民政府海洋行政部门对海域使用申请审核、监督的权力并界定了责任。海洋管理是一个循序渐进的过程，不同政策周期，政策主体安排、组织机构设置、政策管理方式

---

① 国家海洋局：《全国海洋功能区划（2011—2020年）》。

选择存在较大变化，上下级之间、同级别不同职能部门之间、区域之间政策权交叉迭代的频次和过程也会不同。这些因素引起地方政府政策响应差异，影响海洋政策传导效果。中国海洋管理机构、政策权限以及政策实施网络等运行机制特征是沿海地区海洋政策响应不均衡的关键影响因素。

一 国家海洋管理组织机构设立与变革

（一）我国海洋领域管理体制

一方面，从中国海洋政策变迁的历程来看，存在稳定的周期性震荡，海洋政策数量越来越丰富，政策内容从海洋资源综合管理到海洋生态环境保护等等，政策规制范围也反映出时间轴线上政策演变规律。即便如此，是否通过海洋政策体系扩张来满足国家治理成效仍然值得思考。另一方面，地方政府对上一级海洋政策的有效响应是国家高效治理的关键。国家权力集中度、海洋发展阶段、海洋管理体制的不同，政策运行机制也不同，导致地方政府对中央政策的响应水平与执行力度发生变化，这是因为政体类型与治理模式存在相关性，这一观点已被众多学者认可。近年来，海洋战略被各海洋国家重视，从管理模式看，无论是分散型的英国模式，还是半集中型的美国模式，都有向战略性、综合性和集中式管理演变的趋势。

中国海洋治理具有中央集权、地方分权、政府主导特征，从中央到地方纵向指引成为海洋政策最主要的传导形式，也是超大型社会解决海洋治理问题的典型模式。值得注意的是，在国家治理体制下，尽管海洋政策纵向传导具有权威性，但政策主体多元化，海洋资源所有者、使用者以及上下级之间、区域之间存在复杂利益关系，单纯依靠中央行政命令很难对复杂多变的海洋事务实现有效管理，犹如“科尔曼难题”，必然存在宏观政策与微观事务衔接所面临的困难，尤其是海洋政策传播网络中上下级关系的处理、链接和理顺等问题对海洋治理效果影响极大。

（二）中央海洋管理机构变迁

中央政府海洋政策权限和管理机构设置是政策机制的起点。利用相应政策资源高效促进本区域的社会发展、减少政府政策的试错成本，是政策机制的内因所在。中国政治体制决定，最小试错成本的政策管理体制是中央统一制度，这有利于政策管理、执行和监督。中国海洋管理体制复杂，不同政策时期对应的海洋资源管理模式有所区别，而差异化的治理模式往往表现为不同的海洋管理机构、政策发布机构等政策主体的设计和安排（表3－4）。

表3－4 **不同政策时期中央海洋政策管理机构**

项目	组织机构名称			1982—1999年	2000—2013年	2014—2017年	2018—2020年
国家管理机构	自然资源部						√
	生态环境部						√
	农业农村部						√
	国家环境保护部				√	√	
	国家海洋局			√	√	√	
	交通部海事局			√	√	√	√
国家管理机构	农业部渔政局			√	√	√	
	军队环境保护部门			√	√	√	√
发布机构	全国人大常委会	法律	效力级别	0.11*	0.43	1.00	0
	国务院	行政法规		11.00	2.71	1.5	1.33
	最高人民法院	司法解释		0	0.07	1.25	0
	国务院各机构	部门规章		4.56	8.79	16.75	57.7
	其他机构	行业规定		2.56	19.4	38.0	4.00
	中央军事委员会	军事法规		0.11	0.07	0	1.00

注：＊表中数字代表年均政策数量

资料来源：作者根据“北大法宝官方网站（www. pkulaw. com）”信息搜集整理。

2018年以前中央级别海洋管理机构处于分散状态。《海洋环境保护法》、《海域使用管理法》、《海岛保护法》等法律明确了海洋资源环境管理机构和机构职责，包括国家海洋局、国家环境保护部、交通部下属的海事局、农业部下属的渔政局、军队环境保护部门，并成立了国家海洋委员会，相关工作由国家海洋局承担，各机构管理职责也不断调整和细化，这期间国家海洋局承担了主要的海洋资源开发和环境管理职能。2018年中国行政机构大部制改革后，将原有海洋管理相关职能整合到自然资源部、生态环境部、农业农村部，分别承担海洋资源开发管理、海洋环境保护、渔业资源管理等相关职能。

不同的海洋政策发布机构代表着不同的效力级别。中央海洋政策发布机构通常包括全国人大常委会、国务院、最高人民法院、国务院各机构及其他机构和中央军事委员会，涉及法律法规、部门规章、行业规定、军事法规规章等效力等级。从各级别机构发布的政策文件年均数量看，人大、国务院、最高人民法院的法律法规数量在四个政策周期中逐期递减，在2010年之前涉海法律建设基本完成，2010年后不断修订、更新。国务院各机构及其他机构发布的部门规章、行业规定等级别的政策文件最多，并且逐期递增，说明海洋管理趋向细化。

（三）国家海洋管理模式演变

纵观我国海洋经济、社会、政治目标的更新与发展，海洋管理模式也在不断演绎，从碎片化管理到全面治理，体现了我国海洋资源开发利用与海洋环境综合治理逐步走向完善。从管理模式看，早期海洋制度制定权由中央一级政府高度垄断、权力主体单一、海洋管理制度以基础管理为主、管理内容比较分散。随着海洋开发利用活动不断推进，海洋管理经历了制度逐步系统化和综合化、权力机构垂直分级并平行交叉延伸、管理主体多元化和全员化、专项环境整治和全面生态管控等系统管理、区域治理、全面治理阶段，国家海洋管理模式日渐成熟（表3－5）。

表3－5　我国海洋管理模式演变

海洋管理阶段	管理模式特征	催化剂
碎片管理阶段	制度松散、权力高度垄断、单一主体、基础管理	
系统管理阶段	制度系统、权力垂直分级延伸、多元主体、综合管理	
区域治理阶段	制度综合、权力垂直分级并平行交叉延伸、多元主体、专项整治修复	
全面治理阶段	制度综合、权力垂直分级并平行交叉延伸、全员主体、全面治理	

资料来源：作者根据“北大法宝官方网站（www. pkulaw. com）”信息搜集整理。

二　地方海洋管理机构的政策响应

（一）政策响应研究方法与资料来源

沿海地区政府对中央政策的响应态度是衡量政策执行力度的重要标

志，与辖区政策发布数量相关，同时与中央政策密集度有关。政策发布数量反映中央政府和当地政府对海洋政策的关注程度，某个类型发布政策数量越多，说明政府越注重这类海洋事务的管理，而将地方与中央政策发布数量进行比较，则可以反映沿海地区政府对中央政策的敏感程度和跟进程度，即响应水平。响应水平越高，说明沿海地区政府对中央政策的反应越敏感，对政策执行越有利。

政策响应程度通过观察地方政府对应上级同类型海洋政策的发布数量来反映。中国海洋领域政策体系比较清晰，对上述海域综合管理和海洋生态环境保护两大方面海洋制度进一步细化，运用文本内容分析法进行主题分型处理，得出主流政策包括海洋开发、资源管理、海洋经济与环境保护四个类型；样本政策空间范围，按照《中国海洋统计年鉴》的口径，中国海域由北向南可分为北部、东部、东南、西南四个海区，其中北部沿海主要区域涉及天津市、河北省、辽宁省、山东省，东部沿海主要区域涉及上海市、江苏省、浙江省，东南沿海主要区域涉及福建省、广东省，西南沿海主要区域涉及广西壮族自治区、海南省；样本政策时间范围选择1982—2020年时段，分为四个政策变革周期；样本数量包括海洋资源环境相关法律、法规和政策2257条研究样本，其中中央法规政策1017条，地方法规政策1240条（表3-6）。

表3-6 **海洋政策样本数据**

海洋政策周期	海洋政策数量		海洋政策类型	样本区域	
	中央政策数量	地方政策数量		海区	省份（直辖市、自治区）
1982—1999	150	30	海洋开发 资源管理 海洋经济 环境保护	北部海区	天津市、山东省、辽宁省、河北省
2000—2013	441	528		东部海区	浙江省、江苏省、上海市
2014—2017	234	437		东南海区	福建省、广东省
2018—2020	192	245		西南海区	广西壮族自治区、海南省

资料来源：作者根据“北大法宝官网（www. pkulaw. com）”“中国海洋信息网（http://www. nmdis. org. cn/hygb/hysyglgb/）”信息搜集整理。

（二）地方政府对上级海洋政策响应水平

不同地区的响应水平。从政策的空间维度看（图3－5），四大海区在观察期内海洋政策发布数量（每省均值）由大到小排序为东南沿海、东部沿海、北部沿海、西南沿海，其中福建省、浙江省的政策发布数量远远超过其他地区。与中央发布海洋政策的数量相比，各海区的海洋政策响应水平有差异，其中福建省、浙江省响应水平较高，山东、广东、江苏、辽宁、上海等地区的政策响应水平处于水平中等；河北、广西、海南、天津等地区的政策响应水平偏低。

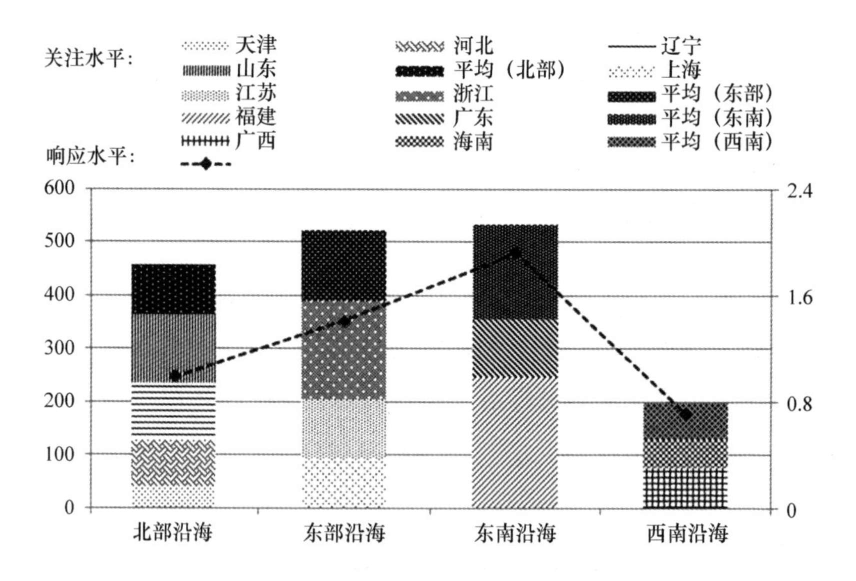

图3－5 不同地区海洋政策响应敏感度

不同周期的响应水平。从政策的时间维度看（图3－6），四个政策周期内地方政府海洋政策发布数量呈现前低后高现象，2000年开始明显增加。不同政策周期内地方政府海洋政策响应水平有显著差异，早期1982—1999年期间地方政府对上级政策响应存在延迟，2000—2013年期间及2014—2017年期间两个周期内，地方政府对海洋政策响应水平大幅提高，政策传导趋势明显；2018—2020年政策周期内，响应有所回落，这与中央和地方海洋行政管理机构调整有关。

不同类型海洋政策的响应水平。从政策类型维度看（图3－7），观察期内四个类型政策数量由大到小排序为环境保护、资源管理、海洋经济、

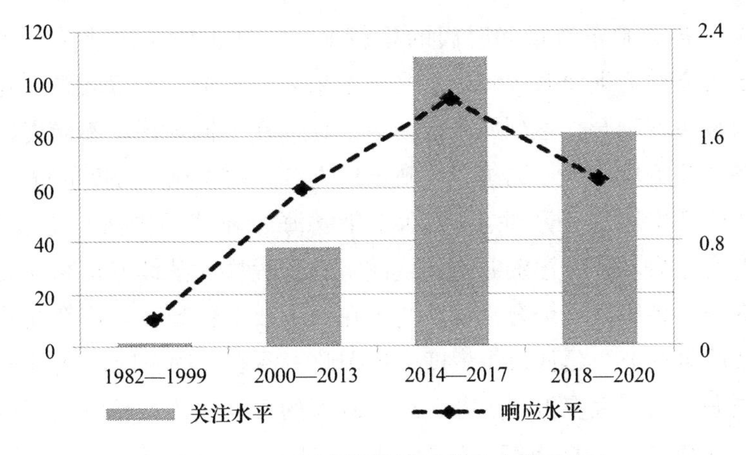

图 3－6 不同周期海洋政策响应敏感度

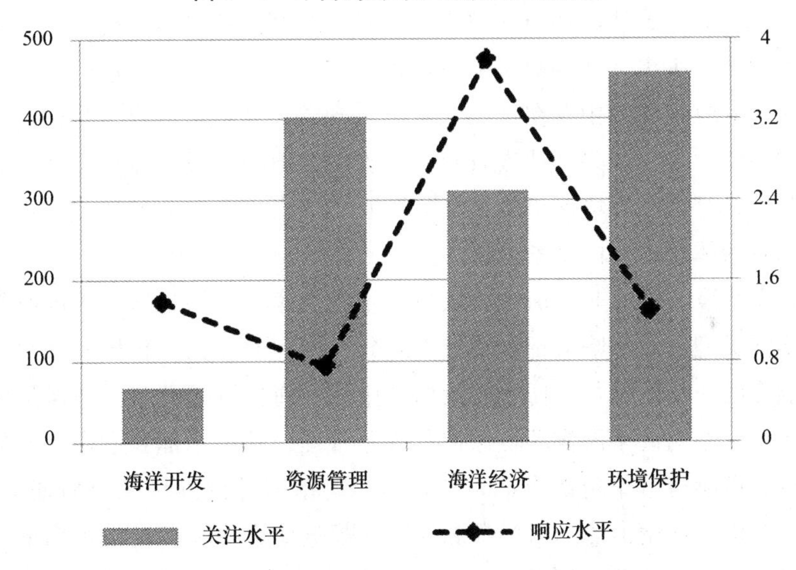

图 3－7 不同类型海洋政策响应敏感度

海洋开发，说明各沿海省市对海洋环境保护的关注度远远大于海域资源开发利用，符合中央对海洋资源“保护性开发”的政策导向。但与中央发布的各类型海洋政策相比，地方政府对四类政策响应水平由大到小的排序为海洋经济、海洋开发、环境保护、资源管理，说明尽管地方海洋环境保护和资源管理政策发布数量最多，但响应水平依然偏低。

（三）地方政府对上级海洋政策响应特征

通过对海洋政策文本运用聚类和内容分析方法，剖析中央和地方政府政策文本内容、颁布数量和时间的相似度，统计不同层次政策主题倾向性，得出地方政府涉海政策响应水平。结果表明：地方涉海政策主题方向与中央政策主题吻合，达到同步推动效果，但在不同地区、不同周期内的不同类型政策响应水平不均衡，反映出地方海洋政策执行力度的偏差。

海洋政策主题的一致性。从 1982 年《海洋环境保护法》立法开始，中央政府有序启动了海洋资源与环境政策管理程序，陆续发出相应政策指引，沿海地区各级政府结合本辖区情况在中央政策框架下开展海洋管理工作，落实政策细节、延伸政策广度、挖掘政策深度。国务院（大部委）制定的各类海洋政策大多得到了各级地方政府的贯彻实施。地方政府海洋政策类型统计结果与中央相符，政策主题类型一致，基本集中在海洋开发、资源管理、海洋经济、环境保护四个类型，而海洋环境污染的预防与治理方面表现尤为突出，此类政策是海洋政策核心内容，具有强制性，甚至在自上而下的政策体系中存在“二元政府”现象，即地方政府直接引用中央政策。整体而言，中央和地方政府海洋政策类型的一致性体现了我国海洋资源开发、管理和环境保护工作全国上下“一盘棋”的施政特点，这也符合我国政治体制构建的基本逻辑。

海洋政策响应的非均衡性。从单一维度观察，不同地区、不同政策周期和不同类型的政策响应都存在较大差异，多因素交叉分析同样得出海洋政策响应的非均衡特征。四个政策周期中，各海区资源开发、海洋经济政策响应水平普遍高于海洋环境保护和资源管理，其中东部和东南沿海的海洋经济政策响应水平持续升高，特别是东南沿海地区连续三个周期上升；北部、东南、西南沿海的海洋资源开发政策响应水平在四个政策周期均较高，海洋资源管理政策则基本处于低水平响应状态；环境保护政策方面，东部和东南沿海存在两个周期的高水平响应，北部和西南沿海响应水平适中，但四个海区的环境保护政策在最后一个周期的响应水平有所回落。

地方与中央对海洋政策关注的渐进性。将政策周期与政策类型两个要素进行交叉分析，可以发现，不同周期中央与地方政府发布的各类型海洋政策数量不匹配，但匹配程度存在逐渐收敛趋势，这是由于地方与中央对海洋政策关注程度的变化造成。第一个政策周期各类型政策均处于传导初期，地方政府对海洋政策的关注度明显不足；第二个政策周期内海洋开发、海洋经济与海洋环保政策关注度匹配良好，但地方政府对资源管理类政策的关注远低于中央；第三个政策周期期间海洋经济政策的地方关注远超过中央，导致海洋经济政策响应水平过高，局部区域出现过度响应；第四个政策周期海洋开发、资源管理、环境保护政策关注度与中央政策基本匹配，海洋经济政策关注度趋势逐步收敛，但依然略显过度。雷达图（图3－8）更清晰地显示，中央政策关注点由资源开发、资源管理向海洋环境保护转移，地方政策注意力由海洋经济向海洋环境保护转移，在2018—2020周期实现一致匹配。

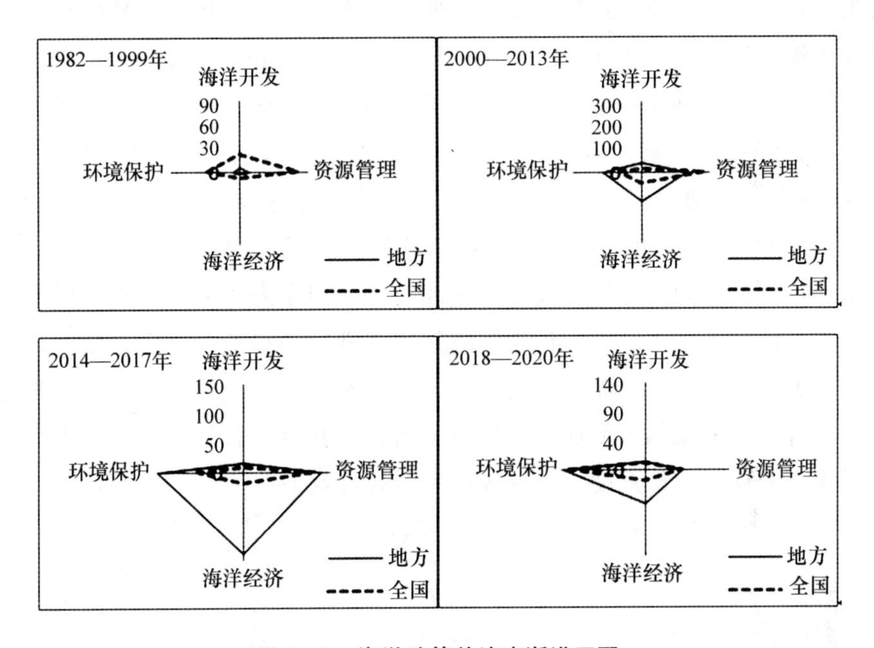

图3－8　海洋政策关注度渐进匹配

各地区在各政策周期对各类型政策响应水平差异原因主要包括两点，一是地方海洋经济发展水平不均衡，二是中央政策关注点不均衡。东部、东南沿海海洋经济活动活跃，当地政府需要大量政策推动海洋经济发展，而同期中央海洋经济类政策发布数量较少，导致这些地区海洋经济政策过度响应明显；除山东省以外的北部、西南沿海地区海洋经济欠发达，更热衷于海洋资源开发，而中央在早期基本完成了海洋开发的政策建设，相关政策持续减少，导致这些地区海洋开发政策响应程度较高。而中央海洋资源管理政策稳定居高、环保政策持续增多，地方政府在政策周期内不断提供同类政策，但还不能满足中央政策的导向需求。此外，地方政策的出台与中央政策存在时间的滞后性，这种现象符合政策传导的基本逻辑。

三 海洋管理运行机制特征及其对政策响应水平的影响

（一）中央海洋管理的组织机构集中化

在中国强制型组织运行机制主导下，中央政策主体担负着全国海洋资源环境政策顶层设计任务，是政策指引的起点。根据表3—4提供的海洋政策管理机构，观察1982—2020年期间政策机构发布频次，整理出中央海洋政策主体结构（图3－9）。从中可以看出，随着政策周期变化，政策主体规模呈现“初建—上升—下降—再下降”的趋势，2018年国务院机构改革后，将原“国家海洋局”“国土资源部”“国家测绘地理信息局”、“环境部”、“农业部”整合为“自然资源部”、“生态环境部”、“农业农村部”，中央局级层面政策主体被划归部级，使得海洋政策权力更趋于集中化；特别是作为海洋资源核心管理部门的“国家海洋局”机构调整和业务归并，使自然资源部统筹各类资源整体规划成为可能，也使得生态环境部对各类环境问题统一监管成为现实。海洋资源和环境管理的政策权限提升，符合海洋领域国家治理体系建设的初衷，其目的就是加大海洋资源与环境管理的顶层设计强度、确保政策强制运行效果。

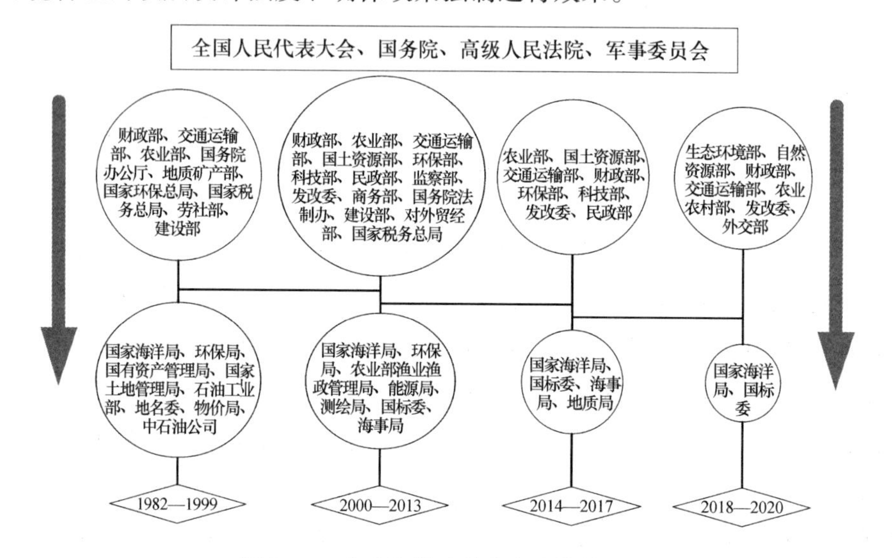

图3－9 中央海洋政策发布主体的结构

（二）地方政府组织运行机制的承袭与创新

地方政府承袭中央海洋管理的体制模式，不同行政层级省、市、县（区）同步建立海洋资源规划、环保、经济、科技、交通、财政等方方面面海洋管理职能机构，形成地方海洋政策主体体系，承担政策运行职责。研究结果表明，地方海洋管理机构设置、变革受制于上级政府安排，特别是在2018年的国务院机构改革期间，中央政府提出“政府组成部门及其职能配置要与国家机关相对应”的要求，地方政府与中央同步组建相应机构、原海洋部门的业务与中央同步进行调整，但仍然存在差异。就地方机构设置一致性而言，高级别政府机构设置一致性高于低级别权力层，即省级海洋政策权力主流机构设置与中央高度相似（图3－10），仅原“海洋与渔业局”的独立性安排各地有所不同而已，但地市级的海洋管理机构和部门设置相对个性化。

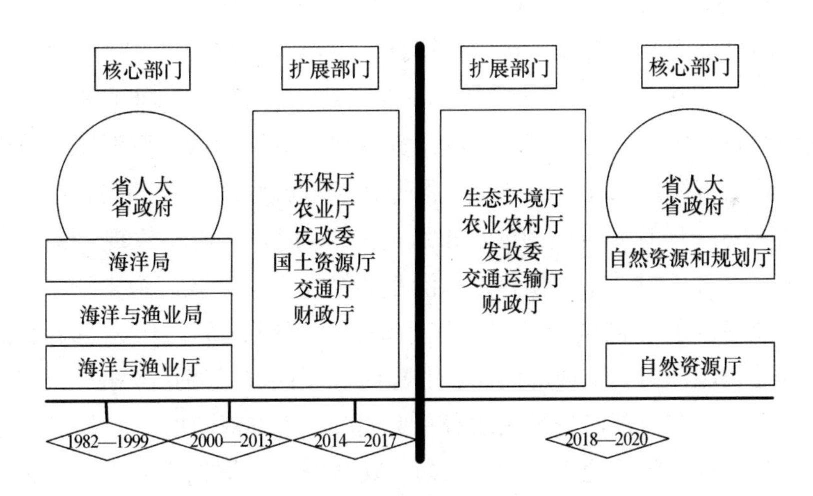

图3－10　省级海洋政策主体结构

市、县（区）海洋政策权力机构设置差异较大（图3－11）。就政策运行推动力而言，东部、东南沿海市（县）的海洋政策执行以“市人大、市委、市政府”为主要推动力，行政主导力量强、机构数量多、关联性集中，且政策发布密度较高，政策敏感度较强；北部、西南沿海市（县）海洋政策执行以“市政府”为主要推动力，行政主导力量相对较弱，更多依靠职能部门主导，除山东省下辖市以外，其他沿海城市的机构设置数量偏

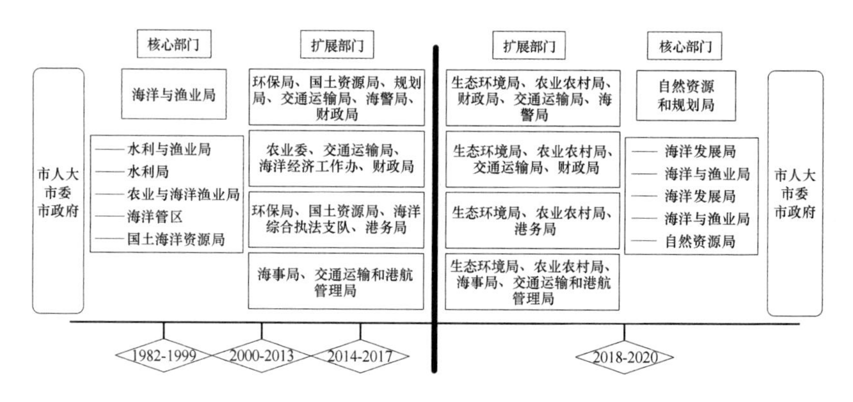

图 3－11　地市级海洋政策主体结构

少、关联性分散，且政策发布密度偏低，政策敏感度较弱。这些运行机制特征与响应水平结果分析相符。

（三）海洋管理自上而下形成“条块”运行逻辑

中国自上而下的政策运行体系符合条块结构逻辑。“条”体现“中央—地方”即“中央—省（直辖市）—市（县、区）”的职能垂直模式，以各级海洋行政主管部门为核心，海洋资源和环境管理按着资源属性分散到海洋、国土资源、农业、交通、环保等各领域各级的职能部门，纵向从国家级的部委（局）到省级的厅、市级的局（办）。“块”体现“地方政府—同级部门”的行政水平模式，以沿海县级以上地方政府为责任主体，领导本行政辖区的海洋资源环境管理活动，海洋管理部门作为主要职能部门，其他职能部门如交通部门、农业部门、环保部门等业务拓展至海洋领域。地方海洋职能部门受同级政府和上级海洋主管部门的“双权威领导”，属明显条块双行的属地责任管理体制。观察的政策周期内一直沿用这种运行机制，但在不同周期政策主体、机构设置、业务分工有所调整（图 3－12）。

（四）运行机制对地方政府海洋政策响应水平的影响

中国政治体制遵从自上而下的权威性，中央政府积极调控和均衡各方利益，力争全国上下共同发展。由图 3－9 至图 3－11 可知，运行机制对地方政府响应水平的影响体现在三个方面：一是海洋政策起点往往来自于中央政府及其相关部门，并通过强制型运行机制和自上而下执行路径取得政策执行成效，确保了各地政策主题类型与中央主导方向同频、

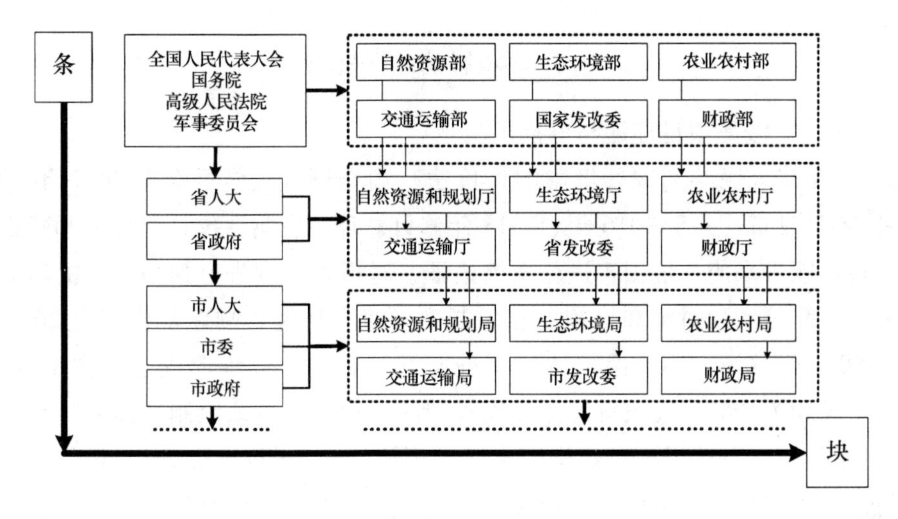

图3－12　海洋政策“条块”运行网络

运行节奏基本一致，这是一种适合大规模、复杂体制海洋治理的政策执行模式；二是沿海地区海洋政策管理机构设置虽然相似，但行政主导力量有强弱之分，地方海洋产业布局也各有侧重，海洋政策的关注点各不相同，使得不同地区对中央不同类型政策的响应水平出现差异；三是国家治理格局下，中央层面顶层设计起到了海洋政策的总体引导和控制作用，尽管各地方政府政策关注度分散、响应水平不均衡，但随着时间推移和管控力度增加，地方政府对关键海洋政策的关注程度与中央主基调逐渐趋向一致。

第四节　监督保障机制：监测、治理与服务

优质的海洋环境是海域资源高质量开发利用的第一重要环节，是海洋经济持续发展的前提，国家对海洋环境管理的立法早于海域资源开发管理的立法，资源开发利用应遵循环境保护优先的原则，注重生态环境保护已成为国际、国内海洋管理的共识，海洋环境监管的法治建设、制度建设日渐成熟，海洋资源开发利用过程中的环境监管体系包括海洋工程环境影响评价机制、海洋环境监督机制、海洋环境治理机制以及政策服务体系。

一 环境影响评价机制

（一）涉海项目环评与审批机制

《中华人民共和国环境影响评价法》由全国人大常委会于2002年10月28日发布，并于2016年、2018年修订。环境影响评价是对规划和建设项目可能带来的环境损害进行系统论证，对损害程度进行预估，并提出监测、预防等系列对策和措施的相关制度。海洋环境影响评价机制自20世纪80年代《海洋环境保护法》实施起开始建立，逐步形成了海洋工程、海岸工程等涉海建设项目海洋环境管理的法律法规、政策制度体系，其中《防治海岸工程建设项目污染损害海洋环境管理条例》就海岸工程的范围做出权威解释并提出环境保护要求；《防治海洋工程建设项目污染损害海洋环境管理条例》同样对海洋工程及其环保要求提出法定解释和要求。

2008年发布实施的《海洋工程环境影响评价管理规定》（以下简称《管理规定》）（已于2017年修订）则是根据海洋生态文明建设要求、针对涉海工程环境制定的评价规则，对海洋工程施工的环境责任主体、环境评价审批部门应当履行的审批程序进行了规范，对环境评价单位的资质、评价标准、技术规范提出要求。根据《管理规定》，相关部门陆续制定了海洋工程环境影响评价技术规范，不断加强评价中介管理，实施评价公示程序，建立环境评价公众参与制度，同时将环境影响评价领域从海洋工程、海岸工程扩大到区域建设用海规划、养殖用海等其他涉海项目，优先考虑生态要素、注重管控与服务相结合等多个方面完善涉海项目环评机制，涉海项目环评制度已从项目规划阶段“事前”环境控制向事中、事后控制转移。

涉海项目环评审批部门包括海洋部门、环保部门、海事部门、渔业部门、军事环保部门等，执行机构由中央和地方两个核心层次以及地方政府的省、市、县三个基础层次构成，形成分级、分类组织架构。不同层级海洋行政主管部门依据管理权限，审批相应的海洋工程环境影响评价文件；海洋工程可能造成跨区域环境影响并且存在评价结论争议的，应上报共同上级海洋主管部门进行审批。环境评价报告审批的实施流程包括收取申请资料、前期审查、意见反馈、再次审查、征求意见、听证审查、核准决定等步骤，通过一系列的监督审查程序，确保环境评价报告的可靠性和可行性。

（二）海洋工程环评公众参与机制

环境治理中的公众参与议题于20世纪60年代末期由美国在《国家环境政策法》中首次提出，强调在环境评价过程中应当尊重环境被动影响群体的感受，听取社会公众意见，维护环境正义原则。2002年《中华人民共和国环境影响评价法》第一次从法律层面提出公众参与制度，并于2006年专门出台《环境影响评价公众参与暂行办法》对环境影响评价公众参与制度提出具体要求，直至2018年《环境影响评价公众参与办法》的实施，公众参与环境影响评价机制得以完善。

海洋工程环境影响评价公众参与制度起步于国家环境评价立法和涉海工程项目环境评价立法，并延伸至《海洋督察方案》《中国21世纪议程》等相关制度、政策，各类法律条例、政策文件中都提出通过社会公众参与解决实现可持续发展目标的要求和主张。其中《海洋工程环境影响评价管理规定》要求建设单位作为责任主体，承担为公众参与调查提供真实信息的义务，以便保证公众参与评价结果的可靠性。可见，海洋环境管理主体的多元化已经渐成趋势，涉及分散的沿海居民个人、家庭以及一定组织形式的社会团体，如环保NGO、环保组织，既有政府发起的官方组织、也有民间环保组织，既有国内大学生社团组织、也有跨境国际环保驻大陆的组织等等。公众参与环境影响评价通常以参加听证会、座谈会或通过特定渠道举报等途径，来行使海洋环境权，保障沿海地区公民对海洋环境外部性的知情权、参与权、表达权和监督权。

二 海洋环境质量监督机制

（一）海洋环境监测

海域资源开发利用不得以损害环境为代价，必须对海洋环境进行实时和定期监测是及时掌握海洋环境质量、分析污染来源和污染程度，为防治海洋环境污染、制定海洋环境保护政策提供数据信息支持，在海域资源利用活动中海洋环境监测体系的建设尤为重要。法治建设、制度建设、技术规范以及机构设置等要素构成了海洋环境监测与评价业务体系。

法治层面，《海洋环境保护法》对海洋环境的监测和调查提出要求，明确了国家海洋管理部门的相关责任，并在后期的修订过程中提出分级监测、部门协作、分工负责的管理模式，监测的内容包括常规性监测、污染事故监测、调查性监测、研究性监测等；制度层面，国家海洋部门通过监测站基础设施建设、监测设备、监测流程、监测资质等方面管理，完善了海洋环境监测制度体系，提高了海洋环境监测质量；技术层面，为加强海洋环境监测评价工作，国家海洋部门制定了《海水质量状况评价技术规程》，针对海洋倾倒区、陆源污染物入海排放及邻近海域、增养殖区、海滨浴场等特定海域以及海洋垃圾、海洋沉积物等特定物质制定了环境监测与评价技术规程，提高了海洋环境监测技术的规范性和统一性。机构层面，自 1964 年国家海洋局成立初期，北海、东海和南海海域设立海洋监测站，承担着海洋环境监测的主要责任，直到 1984 年建立了全国海洋环境监测网，成立国家级检测中心作为近岸海洋环境监测的执行主体，形成国家和省级两级海洋环境监测组织。目前海洋环境监测是由国家海洋行政主管部门综合协调，与环保、渔业、海事和能源等部门相结合的管理模式。

随着数字技术发展，国家海洋管理、环境管理部门将近岸海域生态环境纳入“全国一张网”，实行在线实时监控，提高海洋环境监测能力和效果，在一定程度上遏制了海洋生态环境恶化趋势。

（二）海洋督察

伴随着海洋生态文明建设不断推进，面对海洋环境治理政府管制失灵的局面，监管者自身履职过程亟需反思，海洋督察机制应运而生。海洋督察借助行政级别权威压力，由上级海洋管理部门发起对下级部门、本级海洋主管部门对从属或委托机构的职责履行过程、效果进行监督。

海洋督察针对海洋行政管理制度建设、制度实施进行监督检查，目的是提高海洋行政管理效率、保障海洋综合管理效果。2011 年起，国家海洋局陆续建立了海洋督察制度体系，核心制度包括《关于实施海洋督察制度的若干意见》、《海洋督察工作管理规定》《海洋督察工作规范》《海洋督察方案》等等，对海洋督察的指导思想、遵循原则、督察对象和内容、部门设置、实施程序等提出系统要求，使海洋督察工作有序推进。实践环节中，国家 2017 年开始启动海洋督察，对沿海地区海洋行政管理部门的海洋制度执行情况进行督察，已经取得较好成效。

国家海洋督察运用府际监督模式，通过拟定督察方式、进行督察准备、督察人员进驻、形成报告意见、督察结果反馈、被督察对象整改落实、处理移交移送等关键流程，实现对地方政府海洋生态环境治理职责履行过程的监督，确保国家顶层设计的海洋政策有效落实。海洋督察由国务院授权的国家海洋局负责组织实施，从北海、东海、南海分局抽调临时工作人员组成海洋督察组，监督检查沿海地区人民政府及其所属海洋部门的海洋事务管理行为。这种下沉式监督模式打破了海洋管理政策“科层制”的层层传导和落实机制，回避了垂直冗长的层级环节，构筑了中央直达地方各级政府的监督通道，形成海洋督察机制。

海洋督察机制一方面强化了海洋政策管理的权威性和严肃性；另一方面解决了海洋政策“最后一公里”执行末端的慵懒、偏离、失效弊病；同时，严厉的问责制督促基层海洋管理部门和相关执政、执法人员更加尽职尽责。

三 海洋环境治理机制

（一）治理体系

海洋生态环境治理已经成为国家海洋生态文明战略的重要内容，陆海统筹背景下的陆地、海洋环境治理体制机制构建在 2018 年国家机构改革中进一步明确，海洋生态环境治理体系和治理能力建设受到广泛重视。海洋生态环境治理体系是国家海洋战略运行的制度载体和机制保障，体现海洋生态环境治理理论与实践在海洋治理规则框架认知上的统一，凝聚着海洋生态环境治理方略共识。海洋生态环境治理体系需要在主客体明晰、程序合理、规则明确的机制下得以运行，需要法律制度、运行管理、保障政策多个组成部分之间有机结合、相互协调、相互制约，形成完整、稳定、协同的治理格局，支撑和推动海洋环境治理和保护活动。2020 年 3 月《关于构建现代环境治理体系的指导意见》为推动生态文明建设、促进生态环境根本好转提出总体决策部署，海洋领域治理体系在自然资源部的统筹规划下有序进行。

现行海洋生态环境治理体系中，法律制度层面，国家从立法、司法等法律体系入手，不断加强政策、规章等配套制度的建设，形成相对比较成熟的海洋生态环境规制和指导；运行机制层面，经历了从“海洋统治”、到“海洋管理”再到“海洋治理”的三个阶段，“统治”模式体现为海洋事务公权力高度集中，“管理”模式强调政府以规范的制度对海洋环境保护活动进行“决策、指挥、控制和协调”，“治理”模式则是将海洋生态环境的治权配置到社会各个层面，由国家顶层设置中央海洋管理组织机构，地方政府同步建立相应海洋管理职能部门，治理主体以政府行政管理为主导、市场主体与社会公众共同参与，形成多层次、多主体的海洋生态治理体系结构。

尽管我国海洋环境治理体系经过长期建设已经基本建立，但与现代化治理体系的要求相比还存在一定差距，海洋环境现代化治理理念需要统一，多元治理主体责任、参与机制细则尚未制定，海洋生态环境治理效能有待进一步提高。在国家治理格局下，在海洋领域实现生态环境治理体系现代转型，是推进海洋生态文明建设、促进国家海洋事业健康发展的重要途径。

（二）治理能力

海洋生态环境治理能力是在完善治理体系基础上，通过构建组织机构、职能部门和运行机制，实施海洋生态治理政策、确保海洋生态治理质量、实现海洋生态治理目标的能力。目前海洋生态环境治理能力主要包括环境治理决策能力、环境政策执行能力、区域协调能力。

海洋生态环境治理决策能力是治理效能的核心动力，海洋管理各级政府根据海洋战略规划、海洋经济发展、海洋民生项目建设需求，紧跟国家宏观发展趋势，制定环境治理方案。2018 年国家部委改制后，海洋生态环境治理总体方向由国家自然资源部统一决策，地方政府和相关部门针对地方海洋生态环境状况对治水、治污、治排放等一系列环境保护活动提出综合决策，随着海洋资源开发和环境治理的不断推进，各级政府海洋治理综合决策能力逐步提高。

环境政策执行能力体现在海洋环境政策执行效果，即海洋环境保护监督责任的落实状况。省级各有关部门通过制定本部门海洋生态环境保护工作方案和责任清单，督促海洋环保政策有效执行，构建海洋生态环境保护大格局。沿海地区海洋环境治理责任机制对海洋环境政策落实效果有促进和提升作用，但目前尚未建立政策效果量化评价规范。

区域协调能力强调政府部门横向联动，现有的协调机制以中央、省、市、县四级纵向管理为基础，统筹协调、督促落实海洋环境治理政策。作为高层协调机构的国家海洋委员会于2013年3月成立，主要承担高层海洋事务协调，对各涉海职能部门之间以及基层组织海洋职能部门而言，发挥的调度、指挥和协调作用有限。

四 服务体系

（一）科技服务体系

科技创新能力贯穿海洋资源开发利用与环境保护活动的全过程，海洋资源绿色开发技术可以从源头确保海洋生态环境安全性，而海洋生态修复和治理技术用于开发活动后期对海洋环境的整治和维护。2016年《全国科技兴海规划（2016—2020）》提出“立体、绿色、高技术化”海洋技术创新思路，为海洋科技管理体制机制建设搭建了相对比较完善的制度框架，包括海洋科技管理体制与职能机构建设、海洋科技发展政策与人才激励制度、海洋科技发展模式与成果转化平台等，已经渐成体系。

现行的海洋科技管理体制从管理职能角度考虑，建立了以国家发改委及科技部为领导、国家海洋局海洋研究所及海洋院校为技术研发核心、国家自然科学基金委员会及财政部为资金支持的多元化、联合管理制度体系，国家、地方级别海洋工程实验室建设水平日益提高，多层次海洋科技管理模式、创新机制不断完善。这种海洋科技管理机制可以满足海洋科技发展的基本需要，但多头管理、人才不足、科技成果转化率低下等弊端也不容忽视，这些问题不解决，将严重影响海洋领域的科技创新和成果转化，制约海洋资源开发利用质量的提升。

（二）金融服务体系

海洋金融是海洋经济重要的资本投入要素，金融服务能力决定了海洋科技、海洋开发项目投资、海洋环境治理的资金实力，强大的金融支持是海洋开发利用活动方案顺利实施的关键。从海洋金融服务体系看，系统化的海洋金融机制尚未建立，缺少国家级专门海洋金融管理机构，缺乏从全局角度对海洋领域金融需求和供给的统筹规划和制度安排，现有重大海洋项目由投资方出资为主、海洋环境整治和修复中的金融支持以国家专项治理资金为主，银行信贷、海洋保险等商业金融以及资本市场对海洋开发项目及海洋环境治理的支持有限。

海洋金融体现产业特征、项目特征，不同海洋产业用海方式不同、金融渠道各异，不同海洋项目的性质不同、金融供给也不同，而信贷和财税调节特征不显著，海洋财税激励机制和海洋生态补偿机制还有待完善。尤其是随着海洋新兴产业不断涌现，海洋金融需求日益旺盛，传统的海洋金融供给明显滞后，新型海洋金融服务模式创新、海洋金融服务体系建立健全已势在必行。

第四章　环境质量收敛下海域资源开发利用现状

海域资源开发的直接目标是针对特定功能的海域、运用适当的开发技术和方法，通过对资源的利用创造经济收益。海域资源开发过程中除了要实现海域资源保值增值的经济利益最大化，还要最大程度地实现国家海域资源综合权益，如国家海洋安全、海洋公益、政府责任、生态供给等等，最终实现海域资源开发利用价值最大化目标。但海洋环境现实污染的严重状况阻碍了海域资源开发利用，尽管政府采取高强度的环境管控措施，海洋环境质量依然出现负向收敛趋势，且海域资源对海洋经济的“尾效”影响显著，给海域资源持续高质量开发利用带来严峻挑战。

第一节　海域资源对海洋产业的贡献

我国海洋空间资源开发利用已有较长的历史，作为海洋产业的基础性投入要素，投入规模和质量影响到海洋产业效率，具有不可替代的重要作用。随着管理体制逐步建立健全，海洋空间资源开发利用活动也从无序向有序转变，特别是经过近 20 年大规模综合开发利用，各地区海洋产业得以快速发展，海洋经济对国民经济的贡献不断加大。

一　海洋经济与海洋产业发展水平

（一）海洋经济总体发展水平

国家海洋战略背景下，海洋经济在政策、资源和资本的推动下得以迅速发展，成为国民经济体系中极为重要的增长点。我国 2019 年海洋生产总值 8.9 万亿元左右，占国内生产总值的 9.0%，占沿海地区生产总值的 17.1%，海洋第一产业增加值与第二产业、第三产业的比值约为 1∶9∶14，海洋第三产业增加值远远超过第一产业。但从 2002—2019 年长期趋势看（图 4－1），在海洋生产总值不断攀升的同时，年增长幅度出现逐期下降趋势，海洋经济占国内生产总值的比重长期稳定在 9%—10% 左右，但近年来比重下降到偏下限水平，主要原因是近年来政府对海域资源的管控力度加大，海域供给有所减少，影响到海洋经济的增速和比重。

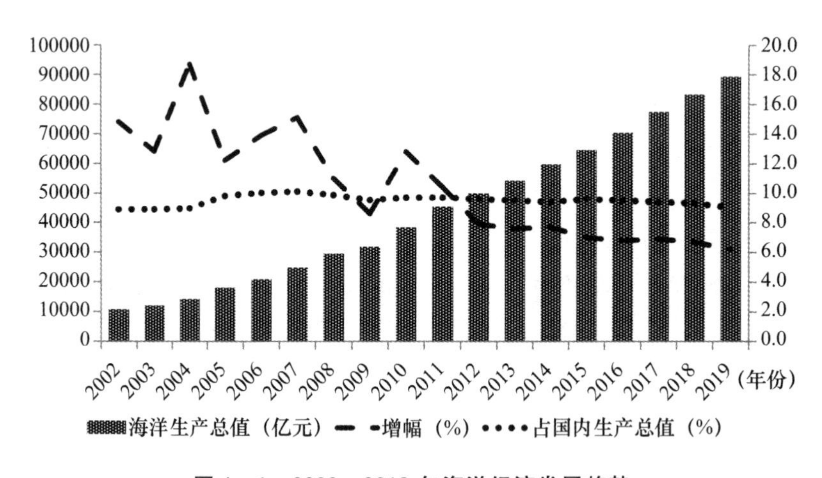

图 4－1　2002—2019 年海洋经济发展趋势

资料来源：《中国海洋经济统计公报（2002—2019）》。

（二）海洋产业布局与发展

海洋产业结构比例反映出（图 4－2），2019 年主要海洋产业增加值 3.57 万亿元，与上年相比增幅为 7.5%，呈稳步增长态势。海洋产业增加值占比排名前三位的行业依次为滨海旅游业、海洋交通运输业和海洋渔业，依然占据海洋经济支柱产业地位。

海洋三次产业结构在 2002—2019 年长期发展中发生较大变化（图 4－3），其中海洋第一产业在海洋经济中所占比重逐期下降，由 6% 下降到 4% 左右；海洋第二产业在 2015 年之前占比平稳，2015 年后出现明显下降趋势，从 45% 下降到 35% 左右；海洋第三产业 2014 年之前维持在 48% 左右，2014 年开始由 50% 上升到 2019 年的 60% 左右。可见海洋产业结构调

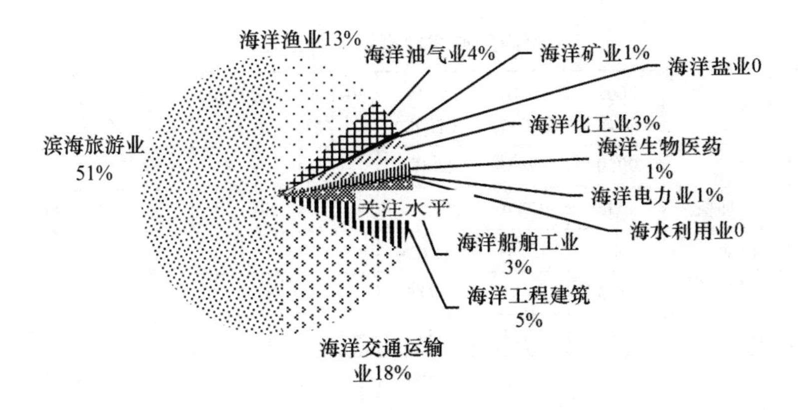

图4－2　2019年主要海洋产业增加值构成

资料来源：《中国海洋经济统计公报》（2019）。

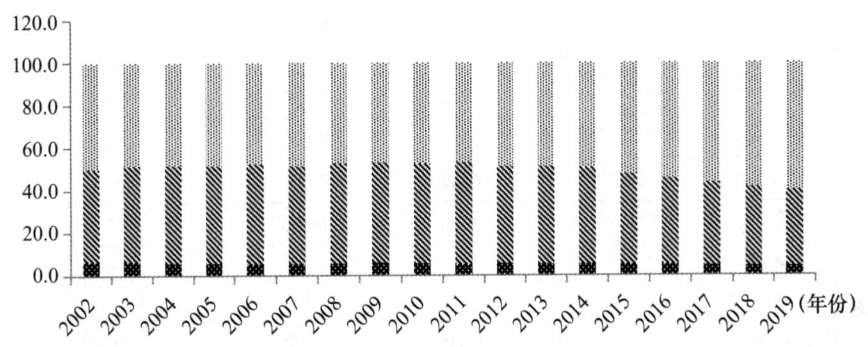

图4－3　2002—2019年海洋三次产业增加值相对海洋生产总值占比

资料来源：《中国海洋经济统计公报（2002—2019）》。

整中第三产业比重逐步扩大、第一产业和第二产业占比逐步缩小。

将海洋产业增加值阶段性对比（表4－1），2010年主要海洋产业增加值增幅达333.83%，其中滨海旅游、海洋交通运输、海洋渔业、海洋油气、船舶工业等五个海洋产业产值超过1000亿元；2019年相比2010年主要海洋产业增加值增幅达130.02%，其中滨海旅游业、海洋交通运输、海洋渔业、海洋工程建筑以及海洋油气、船舶、化工等七个海洋产业产值超过1000亿元，但是后十年的增长速度有明显放缓趋势。

表 4－1　　海洋产业增加值及增长速度

指标	2002（亿元）	2010（亿元）	2019（亿元）	2010 年比 2002 年增速（%）	2019 年比 2010 年增速（%）
海洋生产总值	9050	38439	89415	324. 73	132. 62
海洋产业增加值	4042	22370	57315	453. 50	156. 21
主要海洋产业	3580	15531	35725	333. 83	130. 02
海洋渔业	1173	2813	4715	139. 81	67. 61
海洋油气业	261	1302	1541	398. 47	18. 36
海洋矿业	2	49	194	2452. 08	295. 92
海洋盐业	35	53	31	51. 43	－41. 51
海洋化工业	30	565	1157	1783. 33	104. 78
海洋生物医药业	14	67	443	378. 57	561. 19
海洋电力业	3	28	199	976. 92	610. 71
海水利用业	3	10	18	222. 58	80. 00
海洋船舶工业	80	1182	1182	1377. 50	0. 00
海洋工程建筑业	25	808	1732	3132. 00	114. 36
海洋交通运输业	430	3816	6427	787. 44	68. 42
滨海旅游业	1524	4838	18086	217. 45	273. 83
海洋科研教育管理服务业	18	6839	21591	37894. 44	215. 70
海洋相关产业	185	16069	32100	8585. 95	99. 76

资料来源：《中国海洋经济统计公报》（2002—2019）。

（三）海洋经济圈发展状况

按照海洋经济圈格局，北部、东部、南部三个经济圈 2019 海洋生产总值分别为：2. 64 万亿元、2. 66 万亿元、3. 65 万亿元；在全国海洋生产总值中占比分别为：29. 5%、29. 7%、40. 8%，可见，南部海洋经济圈具有明显海洋经济优势。

从发展趋势看（图 4－4），三个海洋经济圈的海洋生产总值在 2002—2019 年期间均实现了持续增长，但增长速度明显放缓，北部海洋经济圈从 2007 年峰值增速 58. 6%下降到 2019 年的 8. 1%，东部海洋经济圈从 2005 年峰值增速 40. 6%下降到 2019 年的 8. 6%，南部海洋经济圈从 2006 年峰值增速 38. 2%下降到 2019 年的 10. 4%；从结构上看，2002—2018 年北部经济圈、东部经济圈和南部经济圈的海洋生产总值占比基本稳定在34%、31%、21%左右，2018—2019年北部和东部海洋经济圈占比下降到29%左右，南部海洋经济圈占比上升到40%。

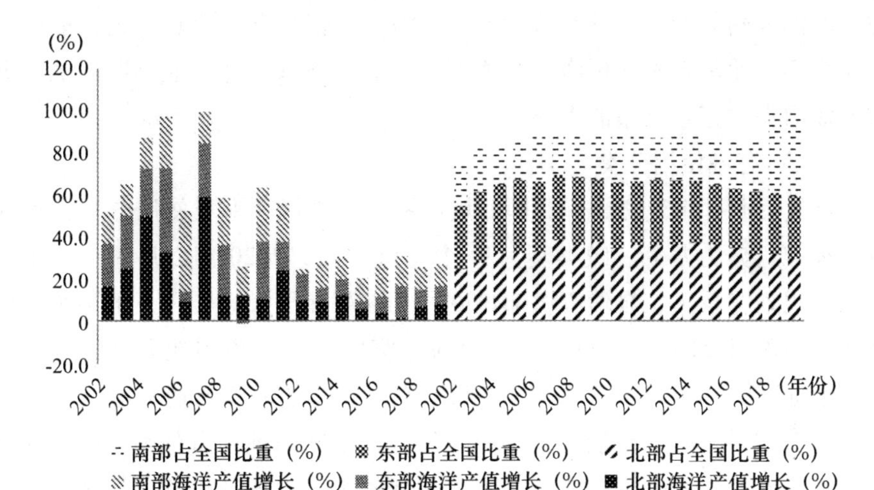

图4－4　海洋经济圈海洋生产总值增幅和占比

资料来源：《中国海洋经济统计公报（2002—2019）》。

二　海洋产业的用海需求

（一）我国海洋产业分类

为了明晰海洋产业分类结构，实现与国家经济行业分类衔接，并与国际相关标准接轨，国家标准化管理委员会发布《海洋及相关产业分类》（GB/T 20794—2006），详细规定了我国海洋及相关产业的分类结构与代码，对各产业的内涵与范畴进行了明确界定，是我国海洋经济领域重要的基础性标准，在海洋资源调查、海洋环境监测以及海洋经济统计、核算、评估等工作中具有重要指导意义。

根据海洋产业分类标准，我国海洋产业结构中包括12个主要产业，即：海洋渔业、海洋矿业、海洋油气业、海洋船舶工业、海洋盐业、海洋化工业、海洋工程建筑业、海洋生物医药业、海洋电力业、海水利用业、海洋交通运输业、滨海旅游业。①

---

①　国家海洋信息中心：《海洋及相关产业分类》（GB/T 20794—2006）。

从部门海洋产业发展态势看，海洋交通运输行业、海洋油气业、滨海旅游业等产业多年来发展趋势良好，是海洋经济增长的主要贡献产业；传统海洋产业如海洋渔业、盐业等产业发展平稳，新兴海洋产业如海洋能源、海洋医药等产业尽管具备一定发展潜力，但目前产值总量还未能成为主流海洋产业。随着我国海洋经济不断发展，新兴海洋产业不断增加，海洋产业门类也存在调整的需要。

（二）海域使用分类

自然资源部组建之前，我国海域使用分类执行《海域使用分类》海洋行业标准，分为九个一级类型、30 个二级类型。2020 年以后，在国土资源统筹规划背景下，自然资源部将原国土资源部国家标准《土地利用现状分类》（GB/T 21010—2007）、住建部国家标准《城市用地分类与规划建设用地标准》（GB 50137—2011）和国家海洋局的海洋行业标准《海域使用分类》归并整合，编制了全国统一的国土空间用地用海分类指南。新指南中将海域分为六个一级类型、16 个二级类型。对比新旧两种海域使用类型分类，新指南根据多年以来的海域使用实践，对原有海域类型进行了归并整合，更精准反映了海域类型的使用功能和产业需求，分类更合理，与海洋产业的对接目标更明确。

（三）海洋产业对应的用海需求

我国沿海城市众多，海洋产业结构完整，尤其是近年来沿海地区海洋战略升级，海洋产业对海域资源的需求越来越旺盛，海洋产业、部门海洋产业体系分类与海域使用类型的对应关系如表 4－2。

表 4－2 **海洋产业、部门海洋产业体系分类与海域使用类型的对应关系**

海洋产业	部门海洋产业	主要用海类型	
		海域使用类型（一级）	海域使用类型（二级）
第一产业	海洋渔业	渔业用海	渔业基础设施用海、增养殖用海、捕捞海域

续表

海洋产业	部门海洋产业	主要用海类型	
		海域使用类型（一级）	海域使用类型（二级）
第二产业	海洋矿业	工矿通信用海	固体矿产用海
	海洋油气业		油气用海
	海洋船舶工业		工业用海
	海洋盐业		盐田用海
	海洋化工业		工业用海
	海洋工程建筑业		工业用海
	海洋生物医药业		工业用海
	海洋电力业		海底电缆管道用海
	海水利用业		可再生资源用海
	海洋交通运输业	交通运输用海	港口用海、航运用海、路桥隧道用海
第三产业	滨海旅游业	游憩用海	风景旅游用海、文体休闲娱乐用海
	海洋科研教育管理服务业	特殊用海	其他特殊用海

与全国海洋经济同步，我国区域海洋经济在较长时间内保持高速增长，不同的海洋经济圈海洋产业特色不同，对海域使用类型的需求也各具特色。

北部海洋经济圈由环渤海经济圈和蓝色半岛经济区组成，包括辽宁省、山东省、天津市、河北省四个沿海地区。其中，辽宁省和河北省海洋渔业、国际港口、滨海旅游等海洋产业发达，对渔业用海、交通运输用海、游憩用海需求较大；天津市海洋产业中渔业及其深加工、化工、勘探等工程、工矿通信用海、交通运输用海需求较大；山东省对海洋旅游、临港工业、海洋电力等主导产业实施集约用海，对渔业用海、工矿通信用海需求较大。

东部海洋经济圈位于长三角经济区，包括上海市、江苏省、浙江省三个沿海省市地区。江苏省大力发展临港工业，对工矿通信用海需求较大，同时用于海洋保护区的特殊用海规划较为富足；上海的海洋船舶和港口运输产业是主导海洋产业，其他海洋油气工程、海洋医药、海底工程、海洋渔业等产业格局也具有较大规模，工矿通信用海、交通运输用海需求更旺盛；浙江省海洋产业体系更完整，海洋渔业、港口运输、船舶临港工业、工矿开发、滨海旅游等产业均衡发展，对各类功能海域均有较大需求。

南部海洋经济圈覆盖福建省、广东省、广西壮族自治区和海南省四个沿海地区。福建省临港工业、渔港产业、海洋旅游、交通运输等产业发达，产业用海集中在海洋一产渔业、海洋二产的工矿通信和海洋三产交通运输、游憩用海等类型；广东省海洋渔业、海洋油气和化工业、海洋交通等产业发展良好，同类用海需求旺盛；广西近年来以临海工业、港口运输和滨海旅游为海洋产业发展重点，交通运输用海、工矿通信用海、游憩用海等用海类型需求较大；海南省旅游产业最为发达，其次海洋渔业、油气开采、海洋交通发展态势良好，对游憩用海、渔业用海、工矿通信用海、交通运输用海需求稳定增加。

三　海域资源对海洋产业贡献

（一）海域资源对海洋产业供给水平

从产业用海情况看（表 4 - 3），不同产业用海结构差异较大，2002—2019 年期间，海洋第一产业使用的确权海域面积占比平均值 86.3%，尽管占比有下降趋势，但依然远远大于其他两个产业用海面积；海洋第二产业历年平均占用确权海域面积的 8.6%，海洋第三产业历年平均占用确权海域面积的 5.1%。单位海域面积的产业贡献与用海结构排序相反，每万公顷的海洋产业增加值由大到小的排序为：海洋三产、二产、一产，说明海洋第三产业的海域利用经济效益最高。

（二）海域资源对区域海洋产业贡献

从区域海域使用情况看，2002—2019 年期间各沿海省（市、自治区）年均海域确权面积与年均征收海域使用金的排列顺序不同（见表 4 - 4）。年均海域确权面积最大的是辽宁省 73141 公顷/年，最小的是上海市 411 公顷/年，平均值 20944 公顷/年，各省海域确权面积差距较大；此期间沿海地区征收海域使用金最高的是天津 86230 万元/年，最低的是上海市 2622 万元/年，平均值 51621 万元/年，各省海域使用金征收水平差距较大。说明辽宁省、山东省、浙江省、天津市用海需求和海域使用效益总体处于前列，海域确权面积与海域使用金缴库规模排序的差别与各沿海地区

表 4－3　　海域资源供给结构与强度

年份	各海洋产业用海结构（%）			单位海域面积的产业贡献（亿元/万公顷）		
	海洋第一产业用海	海洋第二产业用海	海洋第三产业用海	海洋第一产业用海	海洋第二产业用海	海洋第三产业用海
2002	0.896	0.075	0.029	79.55	670.55	824.62
2003	0.837	0.093	0.070			
2004	0.761	0.177	0.062			
2005	0.876	0.081	0.043			
2006	0.826	0.112	0.062			
2007	0.842	0.104	0.054			
2008	0.879	0.076	0.045			
2009	0.829	0.105	0.066			
2010	0.833	0.119	0.047			
2011	0.859	0.077	0.064			
2012	0.927	0.045	0.027			
2013	0.912	0.052	0.036			
2014	0.934	0.039	0.027			
2015	0.895	0.063	0.042			
2016	0.846	0.090	0.064			
2017	0.852	0.085	0.063			
2018	0.858	0.080	0.062			
2019	0.864	0.075	0.061			
均值	0.863	0.086	0.051			

资料来源：《中国海洋经济统计公报》（2002—2019）、《中国海洋经济统计年鉴》（2003—2020）。

表 4－4　　**各沿海地区海域确权面积及海域使用金（2002—2019 年）**

年均海域确权面积（公顷/年）		年均海域使用金（万元/年）	
辽宁省	73141	天津市	86230
山东省	59815	浙江省	82287
江苏省	45771	辽宁省	78606
福建省	12052	山东省	78449
河北省	11940	广东省	64090
浙江省	11060	福建省	51715

续表

年均海域确权面积（公顷/年）		年均海域使用金（万元/年）	
广东省	8567	江苏省	40498
广西壮族自治区	3816	河北省	34073
天津市	2588	广西	26354
海南省	1219	海南	22908
上海市	411	上海市	2622
每省平均值	20944	每省平均值	51621

资料来源：根据《中国海洋经济统计年鉴》（2003—2020）、《海域使用公报》（2002—2015）计算编制。

产业结构、用海结构以及海域资源使用效率有关。

上述海域使用及使用金征收的变化趋势反映了我国不同历史阶段的海域开发利用状况，同时反映出海洋产业对海域资源需求和消耗总量。不同产业用海需求的类型和规模有所不同，总体需求的变化趋势与国家政策、重大工程项目周期、海洋产业结构调整等因素密切相关。由于海域资源有限性和稀缺，海域资源开发利用规模并非持续增长，而是在政府调控状态下波动运行。

（三）海域资源对部门海洋产业贡献率

海域开发利用促进了沿海地区海洋经济的高速发展，也体现了海域资源在海洋经济中的重要作用。根据国家和地方的海洋功能区划，不同类型海域服务于不同的海洋产业，采用非参数估计的生产函数分析方法，以各功能海域资源、相关海洋产业投入资本以及相关海洋产业劳动力作为投入要素，以与海域类型相对应的海洋产业增加值衡量海洋经济总量，利用DEA中BCC模型对全国不同类型海域对海洋产业增长的促进作用进行实证研究，以期量化海域资源要素对海洋经济的贡献程度。

1. 要素产出弹性

对于独立运行的子部门p，BCC模型可能的生产集为：

$$T_{BCC} = \{(X,Y) \mid \sum_{j=0}^{n} \lambda_j X_{ij} \leq X, \sum_{j=0}^{n} \lambda_j Y_{ij} \geq Y, \sum_{j=0}^{n} \lambda_j = 1, j = 1,2,\cdots,n\}$$

考虑投入产出权重，其数学规划式为：

$$
\begin{aligned}
&\max \mu Y - \mu_0 \\
&s.t.\ \mu Y - \omega X - \mu_0 \leq 0, \\
&\omega X = 1 \\
&\omega \geq 0, \mu \geq 0 \\
&j = 1, 2, \cdots, n
\end{aligned}
$$

根据生产要素产出弹性定义，即当某要素增加1%、其他生产投入要素固定不变时，所导致产出变量的变化率，则生产函数 $F(X,Y)$ 中投入要素 i 的产出弹性 OE_i 为：

$$
OE_i = \frac{\omega x_i \frac{\partial F}{\partial X}}{\mu \sum_{r=1}^{q} \frac{\partial F}{\partial y_r} y_r} \tag{4-1}
$$

2. 要素增长率

投入要素增长率按照年平均复合增长率（$CAGR$）计算，年均复合增长率是指以当前水平占基期水平百分比的 n 次方根测算一项投资的年度增长率，n 为投资期间期数。设 k_i 为第 i 种投入要素增长率，具体公式如下：

$$
k_i = \left(\frac{\text{当前水平值}}{\text{基期水平值}}\right)^{1/n} - 1 \tag{4-2}
$$

3. 要素贡献率

贡献率通过产出效益与消耗资源之间的比较，分析成果效益中的有效要素。若 k_i 为第 i 种投入要素增长率，y_r 为第 i 种产出要素增长率，根据贡献率的含义，则要素贡献率 GR_i 计算公式为：

$$
GR_i = OE_i \frac{k_i}{y_r} \times 100\% \tag{4-3}
$$

利用2002—2017年全国沿海11省市海洋渔业、海洋工业、海洋交通运输业、海洋旅游产业海域面积、海洋产业资本、劳动力的投入量和对应的海洋产业增加值，根据构建线性规划矩阵BCC模型，通过运行LINDO软件，得出各类用海的海域资源、资金、劳动力等投入、产出要素权重和产出弹性；根据要素增长率、要素贡献率计算公式得出不同类型海域投入要素增长率和贡献率，见表4－5。

表4-5 不同类型海域的产业贡献率

投入要素	指标	用海类型				均值	标准回归系数	相关系数（R^2）
		渔业用海	工业用海	交通运输用海	旅游娱乐用海			
海域面积	贡献率	0.2152	0.0835	0.1972	0.1645	0.1651	—	0.967
	产出弹性	0.3831	0.1184	0.2451	0.2125	0.2398	1.104	
	增长率	0.0577	0.0840	0.1149	0.1299	0.1266	0.443	
海洋产业投资额	贡献率	0.2812	0.5750	0.4631	0.4278	0.4368	—	0.936
	产出弹性	0.1574	0.5533	0.4989	0.4338	0.4109	0.656	
	增长率	0.1835	0.1238	0.1326	0.1655	0.2738	-0.332	
海洋产业劳动力	贡献率	0.3295	0.2703	0.2433	0.2779	0.2803	—	0.996
	产出弹性	0.4998	0.3546	0.3033	0.3738	0.3829	1.009	
	增长率	0.0677	0.0908	0.1146	0.1248	0.1294	0.014	

计算结果表明：

（1）海域资源对海洋经济的增长有重要贡献。各种类型海域贡献率在0.0835—0.2152之间，平均贡献率为0.1651；海域资源要素产出弹性在0.1184—0.3831之间，平均产出弹性为0.2398；增长率在0.0577—0.1299之间，平均增长率0.1266。可见，海域作为海洋产业系统运行必不可少的一项生产要素，对海洋经济增长起着重要的推动作用。

（2）不同类型的海域资源对海洋产业的贡献率不同。贡献率由大到小的排序为：渔业用海>交通运输用海>游憩用海>工矿通信用海；产出弹性由大到小的排序为：渔业用海>交通运输用海>游憩用海>工矿通信用海；增长率由大到小的排序为：游憩用海>交通运输用海>工矿通信用海>渔业用海。说明渔业用海对渔业产业的贡献最大，同时也反映出渔业经济对海域的依赖性最强，其次是交通运输用海。

（3）海域资源对海洋产业的贡献主要依赖于产出弹性。以各类型用海“海域面积”贡献率为因变量、以产出弹性、增长率为自变量，对上述结果进行相关性检验，得到相关系数为0.967，产出弹性和增长率的回归系数分别为：1.104、0.443；产出弹性和增长率的权重分别为71.4%、28.6%。说明虽然海域要素贡献率由产出弹性、投入要素增长率、产出要素增长率等因素决定，但海域要素的产出弹性起了关键作用。

第二节　海域资源开发利用与保护现状

我国海域资源开发利用已有近四十年的历史，随着沿海地区经济高速发展，各地海洋产业对海域资源需求急剧升温，海域开发利用也经历了初级开发、深度利用、精致发展等不同的用海阶段，开发规模、开发强度得到有效控制，对海域资源的保护意识日益强烈，海洋保护区建设也渐成规模。

一　海域资源开发模式变迁

开发利用的模式不同，对海域资源质量及后续影响有很大差别。从我国不同时期海域开发利用特征分析，开发模式包括粗放型、集约型、发展型开发模式。

（一）粗放式开发模式（1980—1999 年）

尽管我国于 1982 年通过并开始实施《海洋环境保护法》，但在 2000 年之前，我国海域资源开发利用仍然很少考虑开发活动对海洋环境的影响，海域使用以获取经济效益为主要目的。早期资源开发有以下特点：一是地方政府过多关注财政税收以及就业的短期拉动效应，导致海洋空间资源大多数采用农、牧、渔的单一模式，即渔业用海需求比较旺盛，对其他类型海域未能开发利用，开发技术落后，综合开发、立体开发技术普遍缺乏；二是部分沿海地区超速发展、仅考虑开发规模，滩涂资源的利用“冲动”、“盲目”，超范围围圈滩涂区域，并出现只占用、不围填等延迟开发现象。这不仅导致囤积、闲置成本不断升高，同时影响到国家重大优质海洋工程的项目引进，导致整体海域开发利用效率降低；三是因受技术力量、资金保障等条件制约，基础调查及数据应用水平相对落后，港、渔、景、油、涂、能及海底矿产、海底文物等资源家底尚不完全清楚，海域环境的检测技术落后，无法实施开发过程中的环境监管，存在盲目性、趋利性和随意性。20 世纪 90 年代开始，伴随整个国民经济增长和对海洋经济发展的重视，沿海地区的海洋综合开发利用方式变化显著，用海类型多样化特征明显，新型产业用海快速涌现，加剧了各种功能海域资源的竞争，海域消耗速度加快。因此 1980—1999 年二十年海域开发活动体现出在海域开发利用过程中注重海洋经济效益产出、轻视环境保护问题、海域开发技术层次低下、开发效率不足等明显的粗放式开发模式特征。由于粗放式开发模式下，海域空间资源如岸线、滩涂、水域等利用率较低，可利用海域投入使用面积分散，用途单一，海洋经济产出相对于分散的海域资源投入仍然处于无效率状态，粗放式模式开发阶段也是海域资源消耗最快、产出效率最低、海洋环境破坏性最强的阶段，特别是早期缺乏管理，无偿用海现象严重，加速了海域资源数量和质量上衰竭。同时，海域的初级供给方式使得海域开发利用缺乏统筹的时空布局，开发项目差异化不足，海洋产业布局集中度低，这种用海结构不合理、各地区海域开发水平不均衡、用海周期与经济周期不匹配的粗放式开发模式，将使本来稀缺的海域资源遭到更严重破坏，难以承载重大涉海项目的用海需求。

此外，对项目围填用海评估缺乏体系完整性，围填海对海洋环境产生的复杂影响尚需充分考虑，海洋生态价值补偿问题有待进一步研究。

（二）集约化开发模式（2000—2017 年）

由于前期海域使用管理缺失，造成海域开发市场的无序过度开发乱象，严重影响了国家海洋事业的发展，引起政府高度重视，海域有偿使用制度和市场化配置制度也伴随海域法的实施逐渐走向正轨，海域使用权从取得、登记、环境评估到开发利用以及后续转让有了法律规定和制度约束，海域资源在政府规划下逐步向集约、合理的开发模式转换。

集约用海是指一片海区内用海项目集中审批和开发，以实现用海项目布局的聚焦性、提高项目单元的用海强度。集约用海综合多种资源集中连片开发，在一片海域内统一规划和安排多个海洋工程项目，单位用海面积海洋产业投资额越大，海域集约化开发利用效益越高，体现了海域使用的科学性和适宜性。集约用海改变了传统分散围填海的海域使用布局，集约用海的开发效率远远高于单一项目用海模式。

在 2000 年至 2017 年期间国家和地方政府提倡集约用海方式开发利用海域资源。在集约用海的实践方面，往往大型工程项目用海的集约化程度较高，如港口工程用海项目将填海规模、水深条件、岸线资源、滩涂资源综合规划、利用，进行码头泊位、堆场、道路建设，实现集约用海，提高用海效率；船舶工业项目用海可将港池用海、码头透水和非透水构筑物用海以及其他设施用海的海域水体经过统一规划、匹配开发，提高了船舶工业用海的集约程度；海洋电力工业中滨海煤电厂用海方式通过对泊位、防波堤等多种海域资源集中开发利用提高集约化开发效率。

我国目前海域开发利用集约化程度还没有统一的测度标准，从现有的定性、定量研究看，总体上工业和交通运输用海的集约化程度高于渔业和旅游用海，特别是小型用海项目以及个体海域使用者用海项目的集约开发程度较低。以渔业用海为例，区域养殖用海集约利用水平参差不齐，福建养殖用海集约水平最高，广西、天津、山东处于中等水平，广东、浙江、河北、江苏、辽宁处于较低水平，全国养殖用海集约利用程度较低。

由于围填海方式用海的集约化效果明显，集约化模式开发通常以填海造地方式展开，但由于围填海改变了海域自然属性，势必导致海洋生态失衡，并带来一系列生态环境负面效应，产生了海域开发与环境损害的严重冲突。集约化开发阶段也是海域使用中围填海用海方式快速发展阶段，海域资源的有限性和用海需求持续增长的矛盾异常突出。2010 年开始计划定额使用围填海用海指标，围填海用海方式受到限制，2014 年以后海域使用规模开始下降。

（三）高质量开发模式（2018 年至今）

集约式开发模式下，用海效率提升的同时影响到海洋生态系统，因此，受制于生态环境约束，海域开发模式再次发生了变化，高质量、精致开发成为政府管理目标。高质量开发模式强调的是保护优先兼顾开发利用的原则，关注环境承载力、重视海洋生态、大力提高海域资源开发利用效率，是今后主流开发模式。2018 年国家机构改革以来，自然资源部加强了国土资源的统一规划和管理，特别是对围填海的严格管控，要求谨慎处理围填海申请，根据不同情况解决海域历史问题，除国家战略性用海，其他项目的围填海用海申请一律停止，违法围填海从 70 处降低到两处、涉及海域从 187. 48 公顷下降到 0. 44 公顷，违法围填海得到有效遏制。在此基础上，自然资源部启动对国土资源统一规划、统一布局的开发利用战略，试图从根本上解决陆海统筹问题。

海域资源的开发利用从“规模扩张”转向“结构升级”，以海洋产业结构调整带动用海结构调整，降低海洋第一产业用海比重，提升海洋第三产业用海比重；增加海洋保护区用海面积，调整海域存量资源储备，提高优质海域资源供给效率。

高质量开发模式的转变意味着海域资源开发利用从“要素驱动”转向“创新驱动”，以海洋科技创新的“乘数效应”推动海域资源开发质量的提升。海洋科技创新拓展了新的海洋开发空间，如海洋远海深水资源探查、海水立体空间资源综合开发利用、先进尖端海洋装备制造、海洋能源的深度开发和利用、海洋矿产勘探开采以及海洋环境综合治理和修复等等，海洋科技的发展和进步在资源要素节约的前提下，确保海域开发效率，保护海洋环境。

海域资源高质量的开发模式是海洋经济高质量发展的基础，是今后较长时期应采用的开发模式，与国家海洋战略相匹配，从资源、生态、经济、效率多视角构建海域资源开发模式，是提高海域开发利用质量的最佳途径，也是促进海洋经济可持续发展的重要途径。

二 海域资源开发利用规模与强度

（一）海域使用规模及趋势

海域资源作为海洋产业基本生产要素、以不同的方式贡献海洋产值。按照最新的海域使用分类标准，分为渔业基础设施用海、工业用海、港口用海、风景旅游用海等 14 种经营性用海方式，为海洋渔业、海洋工业、海洋交通业和海洋旅游业等主要海洋产业提供生产资源。

从海域资源使用情况看，2002—2019 年期间，累计确权海域面积达 407.9 万公顷，填海造地确权面积 15.8 万公顷，征收海域使用金 972.6 亿元，年均颁发海域使用权证书 5389 本（表 4 –6），重点保障国家海洋强国建设、海洋安全等重大项目用海需求，以及地方重点海洋建设项目用海需求，推动了海洋经济持续发展。

表 4 –6 海域资源开发利用规模

年限	海域资源利用指标				
	海域确权面积（万公顷）	填海造地确权面积（万公顷）	围填海计划指标（万公顷）	海域使用金（亿元）	海域使用权证书（本）
2002	22.0	0.20	—	1.20	5295
2003	20.5	0.21	—	4.10	7686

续表

年限	海域资源利用指标				
	海域确权面积（万公顷）	填海造地确权面积（万公顷）	围填海计划指标（万公顷）	海域使用金（亿元）	海域使用权证书（本）
2004	16.9	0.54	—	4.30	5145
2005	27.3	1.17	—	10.50	6887
2006	22.7	1.13	—	15.70	8759
2007	24.5	1.34	—	29.59	6037
2008	22.5	1.10	—	58.90	9120
2009	17.8	1.79	—	78.63	5327
2010	19.4	1.36	1.56	90.74	2481
2011	18.6	1.40	1.94	96.40	3874
2012	28.3	0.86	2.09	96.80	3901
2013	35.5	1.32	1.90	108.92	7315
2014	37.4	0.98	1.48	85.02	8669
2015	25.4	1.11	1.18	82.06	8480
2016	29.1	0.74	—	65.40	3413
2017	16.8	0.58	—	64.9	1831
2018	10.5	—	—	49.4	1237
2019	12.7	—	—	30	1543
合计	407.9	15.8		972.6	97000
年均	22.7	0.99		54	5389

资料来源：《中国海洋经济统计年鉴》（2003—2020）、《海域使用公报》（2002—2015）。

从表4-6中海域资源利用指标可知，虽然2002至2019年各项指标变化各有差别，但总体上均呈现∩趋势，即先低—后高—再低的变化格局（图4-5）。其中，海域确权证书2002—2010年持续波动，2011—2015年开始增加，2016—2019年持续减少。海域确权面积“窄幅波动—上升—下降”趋势，海域使用金呈现先上升后下降趋势，在2002—2011年期间二者趋势不吻合，这是由于地方财政部门和海洋管理部门加强了海域使用金征收管理，海域资源有偿使用越来越规范；2012—2017年海域确权面积与海域使用金同步上升，于2013年达到峰值，2015—2017 年同步出现下降趋势，但 2018—2019 年用海规模出现小幅上升。

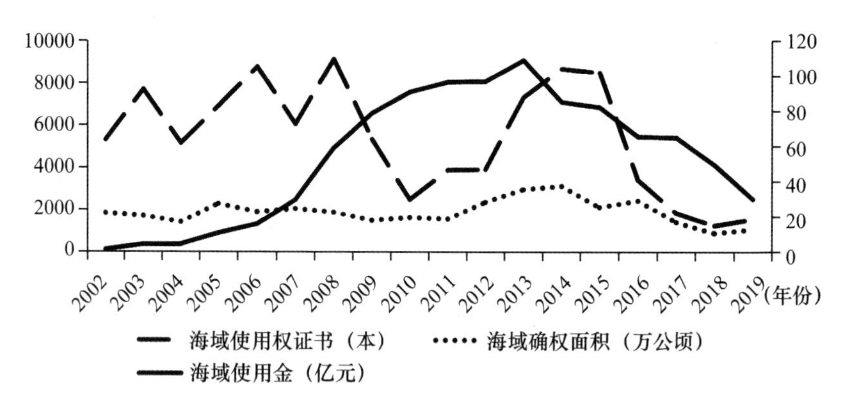

图 4-5 海域确权面积与海域使用金规模变化趋势

资料来源：《中国海洋经济统计年鉴》（2003—2020）、《海域使用公报》（2002—2015）。

（二）海域开发强度与趋势

考虑到填海造地是对海域资源损害最大的、不可逆的一种用海方式，因此用填海造地确权面积占海域确权面积比重反映海域开发强度。总体上看（图 4-6），填海造地面积及其在海域确权面积中所占比重的变化趋势基本一致，2002—2009 年持续上升；2009 年达到峰值，高峰期填海造地面积占海域确权面积比重高达 10.03%；2009 年以后处于下降周期。但由于 2015 年后海域确权面积大幅下降，使得填海造地面积快速下降时，其占比反而出现上下波动。

由于自 2010 年起，国家实行围填海计划指标管理，有效控制了填海造地用海规模，体现了政府对海域资源开发规模和强度的控制力度。2017 年以来，地方围填海计划指标冻结，全国新增确权海域面积同比减少约 40%；2018 年停止审批一般性填海项目，年度围填海指标主要用于保障中央重大建设项目、公共基础设施、公益事业和国防建设等四类用海，因此海域开发规模和强度整体上呈现下降趋势。①

① 彭勃、王晓慧：《基于生态优先的海洋空间资源高质量开发利用对策研究》，《海洋开发与管理》2021 年第 3 期。

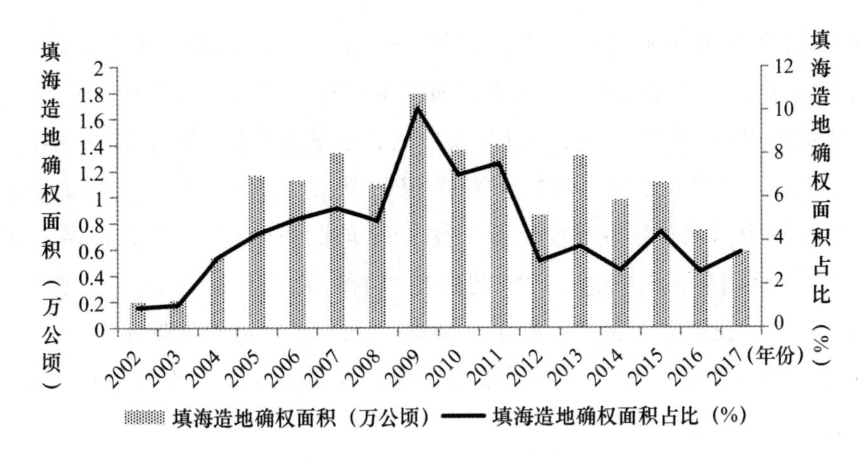

图 4－6　填海造地规模及强度

资料来源：根据《中国海洋经济统计年鉴》（2003—2020）计算编制。

（三）人工岸线开发现状

海岸线的开发利用与用海需求相关，特别是沿海地区大规模填海造地，改变了海岸带的地表景观和自然属性，对自然岸线的消耗巨大。根据国家测绘地理信息局发布的监测数据可知，全国海陆分界线（不含港澳台）长度约 18550 千米，已开发利用长度约为 12281 千米，占比超过 66.2%。其中，岸线资源较丰富的是养殖开发岸线，其次是防护工程岸线，其他是临海建设岸线、港口码头岸线以及其他岸线。

从人工岸线变化趋势看，1990 年、2010 年、2016 年、2018 年我国大陆人工岸线占比分别为 18.27%、55.25%、66.2%、75%，海岸线开发强度变化速度持续增长，已开发利用类型中重度开发岸线和中度开发岸线比重较大。为了改善过度开发导致的岸线恶化状况，加大了岸线修复力度，2015—2016 年修复岸线长度为 19.21 公里，2016—2017 年修复岸线约 70 公里。随着 2017 年公布实施《海岸线保护与利用管理办法》，人工岸线增速有所控制，修复岸线速度有所提高，但自然岸线保有率难以在 2020 年恢复到 35%。

三　海域资源保护与生态修复现状

（一）海洋保护区及保留区规模

1. 海洋保护区规模变化趋势

自海洋保护制度建立以来，各级政府加强了海洋生物保护的力度，尤其对珍稀和濒危物种实施了重点保护，通过人为干预调节海洋生物多样性、维护海洋生态系统平衡。《中国海洋保护行业报告》（2020年）显示：自20世纪80年代以来，我国海洋保护区数量迅速增长。截至2019年近海基本完成约1240公顷、271个海洋保护区的建设，约占管辖海域的4.1%。从国内保护区规模变化看，我国海洋保护区近年来得到长足发展，但尚未达到国际CBD公约10%的保护目标。从海洋保护区建设趋势看（表4-7），我国海洋保护区数量从2003年的62个已经发展到2019年的271个，海洋保护区数量呈持续递增趋势，说明国家海洋资源保护意愿日益强烈。

表4-7 **海洋保护区数量**

时间	国家级海洋保护区（个）	地方级海洋保护区（个）	合计（个）
2003	20	42	62
2004	20	72	92
2005	24	73	97
2006	29	121	150
2007	31	119	150
2008	35	159	194
2009	32	125	157
2010	28	97	125
2011	33	96	129
2012	33	102	135
2013	30	103	133
2014	32	115	147
2015	43	140	183
2016	108	137	245
2017	93	91	184
2018	—	—	—
2019	106	165	271

资料来源：《中国海洋经济统计年鉴》（2003—2020）。

2. 海洋保留区现状

海洋保留区的性质和作用与保护区有所不同，保护区通常具有明确的保护目的、区内禁止开发，保留区则侧重于使用功能暂不明确的海洋区域，待未来探明海域用途和功能再行开发或基于长远考虑、为后续资源使用保有一定存量。为避免海域资源无度开发和消耗，在2012年《全国海洋功能区划（2011—2020年）》中对海洋保留区的分布范围和保有量做了规范要求，并提出海域保留“不低于10%”、海岸线自然岸线保有率“不低于35%”。[①] 截至2012年11月，我国11个沿海地区共设置海洋保留区184个（表4－8），保留区数量、面积最大的是辽宁省，数量最少的是河北省和天津市，面积最小的是天津市。

表4－8　**沿海省市海洋保留区**

省份	海洋保留区数量	面积/km²	岸线长度/km
辽宁	32	11471.4	359.9
河北	2	190.25	1.59
天津	2	108.96	8.93
山东	24	4821.77	213.7
江苏	2	3138.2	0
上海	16	1261.7	102.5
浙江	24	4482.07	289
福建	21	3778.75	415.19
广东	22	6741.02	493.39
广西	16	819.98	261.84
海南	21	5967.20	149.75
总计	184	42781.3	2295.79

资料来源：徐伟、孟雪：《海洋功能区划保留区管控要求解析及政策建议》，《海洋环境科学》2017年第1期。

海洋保留区内有极少小规模的渔业养殖活动，绝大多数海洋保留区均未进行海域使用，对海洋资源提供有效保护，为海域资源灵活开发利用提供了协调空间。

（二）海洋生态红线保护现状

自2016—2017年全面执行海洋生态红线制度以来，全国11个沿海省

① 《全国海洋功能区划（2011—2020年）》。

市、30%的近岸管理海域（共计约9.5万平方公里）、37%的大陆岸线（共计约6843公里）纳入海洋生态保护红线。由于海洋生态红线制度的约束力强于以往的局部保护区的监管，海洋生态红线划定对规范海域使用界限和保护海洋环境起到了重要作用。以渤海为例，完成海洋生态保护红线划定后，红线内确权海域数量和面积自2015年起出现明显下降，相比2014年，2018年红线区内新增海域确权数量下降1105宗，降幅达到96.4%；新增确权面积下降312.2平方公里，降幅达到94.5%，其中，开放式用海面积降幅达到92%，围海方式用海面积下降69%，2018年已无新增填海造地和围海项目。[①] 由此可见，渤海海洋生态保护红线在约束各类开发性、建设性活动方面起到了明显的作用。

但由于各地海洋生态保护红线与以往单独海洋保护区、保留区衔接的问题，红线划定方案还存在中央与地方的偏差，十一个沿海省市大多数海洋生态红线设定目标基本合理、合规，却在执行过程中因诸多实际问题尚难解决而无法落实，计划落实中有八个省市超过国家红线标准；在各地海域资源开发利用活动中，海洋生态红线内约有7828hm^2确权海域存在越界开发现象，其中95%为养殖用海，与国家强制保护目标还有一定距离。

（三）海洋生态修复现状

海洋环境治理过程中海洋生态修复十分重要，近十年中央层面对海洋生态修复的支持力度明显加大。2010—2017年中央已累计投入财政专项资金137亿元，[②] 用于岸线、海岛、海域等资源修复、整治，通过一系列专项工程，实施海洋环境治理、提高海洋生态环境保护效果。

以渤海海洋生态修复为例，山东省青岛市蓝色海湾行动使“三湾”——胶州湾、灵山湾、鳌山湾的岸线、近海海域环境得到改善，沿岸设施开放后，本地居民生存环境明显优化，并丰富了当地旅游资源，沿岸海洋经济效益和社会环境效益明显提高。辽宁渤海综合治理攻坚战生态修复项目针对辽宁省锦州沿岸、营口团山国家级海洋公园、鲅鱼圈海湾以及盘锦、葫芦岛、大连等沿海部分港湾，进行受损滨海岸线、湿地、滩涂等

① 曾容、刘捷、许艳、杨璐：《海洋生态保护红线存在问题及评估调整建议》，《海洋环境学》2021年第4期。

② 陈克亮、吴侃侃、黄海萍、姜玉环：《我国海洋生态修复政策现状、问题及建议》，《应用海洋学学报》2021年第1期。

资源修复，恢复海洋生态功能，确保海洋生态安全，遵循自然规律，实现海洋资源保护目标。

但由于海洋生态环境问题形成已久，海洋生态系统复杂，修复经验不足，修复难度极大。主要表现在：一是海洋生态修复工程规模大、修复周期长，消耗资金大，政府投资相比国外发达国家依然偏低，企业投入修复资金不足，生态损害补偿资金极其有限，海洋生态修复资金融资模式尚不完善，给修复工作带来巨大资金压力；二是海洋生态结构特殊，海域、岸线、海岛等海洋空间资源生态极其脆弱，相当多的环境工程修复技术处于低水平发展阶段，兼顾阶段性目标和最终目标的难度加大，加之面临生态修复效率和速率的问题，也需要修复技术进一步提升。

第三节　质量收敛与增长“尾效”下海域资源的响应状态

无论是陆地经济发展还是海洋资源开发，都引发了大自然环境状态的巨大改变，海洋生态系统的脆弱性更是使得海域资源环境不容乐观，在总体环境较差的情况下，海域资源环境呈现质和量的负收敛响应状态，政府的调控和治理减缓了海洋生态的下滑趋势，但也给海洋资源持续利用带来制约。

一　海洋生态环境质量收敛现状

（一）近岸海域环境质量状况

我国海洋生态环境质量由各级监测站每季定期监测，全年监测结果以公报形式对外公开报告。以 2019 年为例，当年监测结果显示近岸海域海水质量一般，部分指标超标，优良（一、二类）水质面积比例平均为 76.6%，劣四类水质面积比例平均为 11.7%。沿海各省（自治区、直辖市）近岸海域中，河北、广西和海南为优质水质，辽宁、山东、江苏和广东水质良好，天津和福建水质一般，上海和浙江的水质最差。与上年相比，天津、江苏和广东近岸海城水质状况有所改善，福建水质状况有所下降。

从每年的海洋环境公报可以看出，近岸海域污染仍然十分严重。我国沿海地区是工业与经济的活动中心，频繁且密集的海域开发活动对海洋环境负面影响极大，特别是东部海域既是长江入海口、又是经济活动最为密集的海区，内地和本区域排污严重影响东海近岸海水质量。东海未达到第一类海水水质标准的海域面积为52610平方千米，同比增加8250平方千米；劣四类水质海城面积为22240平方千米，同比增加130平方千米，主要分布在浙江沿岸的长江入海口等海域。

与此同时，由于早期对海洋的频繁、过度开发利用，海洋生态灾害频繁发生。赤潮、绿潮、浒苔等生态灾害给海洋经济带来了巨大损失；过度排污、过度捕捞、栖息地被破坏等问题导致海洋生物数量锐减，海洋濒危鱼类物种增多。尽管我国海洋保护区建设规模越来越大，但与国际主要沿海国家相比（表4-9），我国海洋保护区占领海比重依然偏低，濒危鱼类种类数量排名偏高，仅次于美国。随着海洋环境污染严重引发的边际负效应不断增加，严重阻碍了正常的经济活动与社会活动。①

表4-9 海洋保护区面积占领海比重（2019年）

国家	海洋保护区面积占领海比重（%）	鱼类濒危物类
中国	5.4	136
日本	8.2	77
美国	41.1	251
新西兰	30.4	38
英国	28.9	48
法国	45.1	53
德国	45.4	24
俄罗斯	3.0	39
波兰	22.6	8
荷兰	26.7	15
澳大利亚	40.6	125

资料来源：《中国海洋经济统计年鉴》（2020）。

① 钟鸣：《新时代中国海洋经济高质量发展问题》，《山西财经大学学报》2021年第S2期。

（二）海域环境质量收敛趋势

海域开发利用前期、中期阶段，海洋经济规模扩大明显。然而在海域环境监管措施日渐严厉的发展时期，海域开发规模有所下降，海洋生产总值增速开始减缓，且在国内生产总值中占比几乎稳定不变。整体上看，海域资源开发规模处于收敛趋势中。

1. 海域开发规制周期节点

海域使用需要经过海洋行政管理部门依法审批并办理登记手续，海域使用权才得以确立。历年海域确权面积可以反映海域开发程度及变化趋势（图4－7）。2002—2019年期间，海域开发规模在2002—2011年基本平稳，高峰期出现在2012—2014年，从规范和监管类政策看，这一阶段对应政策空档期；2015—2017年严格的规制政策密集出台，由于大面积的填海活动导致海洋生态系统遭到破坏，在环保高压下，暂停下达2017年地方围填海计划指标、暂停受理和审批区域用海规划，海域确权面积快速回落。规制政策的密集度、严格度对海域开发规模影响较大；2018—2019年处于政策相对平稳期。

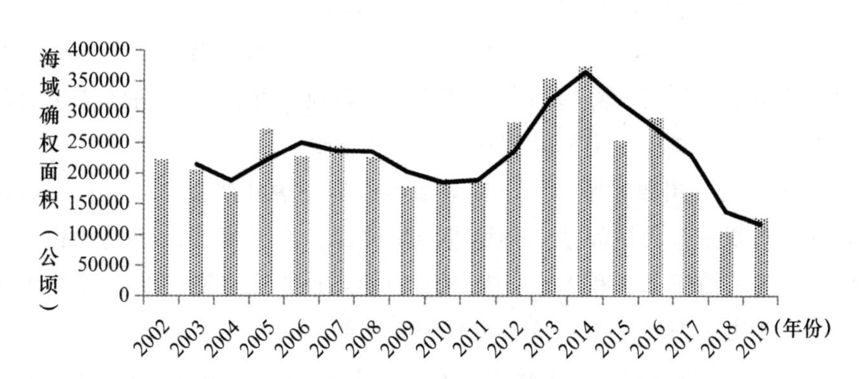

图4－7 全国2002—2019年每年新增海域确权面积

资料来源：《中国海洋经济统计年鉴》（2003—2020）。

2. 海域环境质量收敛趋势

虽有资料表明，近岸海域环境污染主要来自于陆源污染物，但2008年以来随着海洋产业的快速发展，沿海地区用海项目激增，临港工业、围填海、港口交通、海洋工程、渔业养殖等海域开发活动也通过直排入海、倾废、泄油、排污等方式增加了近岸海域的污染趋势。2008—2015年期间污染面积处于高位；2015 年以后，政府在海洋生态文明建设、海域环境监测管理以及海洋生态损害赔偿等方面出台越来越严格的规制制度，海域环境污染在 2017—2019 年期间开始下降（图 4－8）。

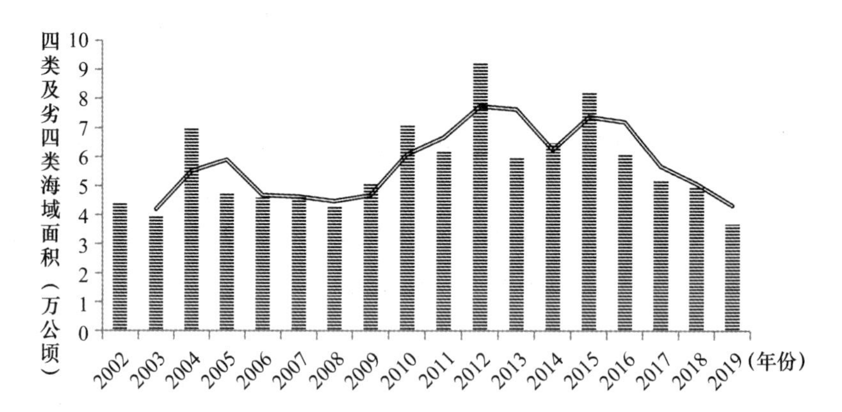

图 4－8　全国 2002—2019 年四类及劣四类海域面积

资料来源：《中国海洋经济统计年鉴》（2003—2020）。

（三）海域开发活动对海洋生态环境的影响

随着人类对海洋空间的开发和利用，多种类型海域被广泛利用，工程用海、填海造地用海、养殖用海等破坏性和污染性用海方式对海洋生态环境的损害也日益显现。主要体现在以下几个方面：

1. 大规模、粗放式围填海，使海域生态环境遭到严重破坏。粗放式围填海通常需要挖采大量海沙、再填埋沿岸滩涂，改变海底砂土及周边地质结构，导致滨海湿地面积缩小，甚至动物栖息地丧失，潮间带调节能力退化，严重损害了海洋生态系统的各种服务功能。

2. 围填海造成滩涂等自然资源锐减，致使近岸海域海水自净能力降低，加剧了水质恶化，而且部分围填海工程改变了潮流的流动速度、流动方向以及水文特征，带来水动力环境变化，极易导致周边潮流携沙能力减弱，造成海底泥沙淤积，影响船舶航行。

3. 陆源污染排放，造成入海口附近海域环境严重污染。近岸海域既要负担海洋本身污染，更要承接陆域工业、农业及其他产业的废弃倾倒，这也是陆源排放入海口浙江海域海水质量极差的主要原因，典型的杭州湾和乐清湾海域常年处于不健康和亚健康状态。

二　增长“尾效”下海域资源规模收敛现状

（一）海域资源对海洋经济的增长“尾效”

一般而言，“增长尾效”被定义为有资源限制的经济增长速度比没有资源限制情况下的增长速度降低的程度。[①] 对于海域开发而言，上一周期的海域资源投入带来下一周期的海洋经济增长，但经济增长水平会因海域资源是否受到限制而有所区别，有限海域资源产生的海洋经济增速与假定无限资源创造的经济增速相比较，其降幅度即为海洋经济增长“尾效”，反映了海洋经济增长对海域资源的依赖程度，也可以理解为海域资源对海洋经济增长的约束程度，“尾效”值越大，说明海域资源对海洋经济增长约束程度越高。

我国海域资源总体上对海洋经济增长的影响较大，约束程度较高，大部分省份属于强约束和高约束型。各省之间资源“尾效”不均衡，上海和广东海域资源“尾效”偏低，海洋经济增长对海域资源依赖性较弱；山东、浙江、江苏、福建、天津、辽宁、河北等省“尾效”较强，海洋经济增长对海域资源依赖性较高；广西和海南“尾效”最高，海洋经济增长对海域资源依赖性极强。增长“尾效”区域差异性的原因是由于海域资源“尾效”与海洋劳动力、海域资源和资本弹性、资源消耗速度弹性密切正相关，沿海省份涉海从业人员数量的不平衡，使得“尾效”区域海域资源呈现出较大差异。沿海各地劳动力变化水平不同，吸纳更多涉海从业人员的沿海地区在其他变量保持不变的情况下，通过提高劳动力增长率来增加海域资源的“尾效”值。

但值得注意的是，由于海域资源对海洋经济增长的“尾效”效应的存在，导致海域资源存量规模成为限制海洋经济增长的重要原因，对海域资源的持续供给能力提出了很高要求，快速消耗海域存量资源将削弱资源供给能力，遏制海洋经济持续发展。我国各沿海省份地处差异较大的地理空间，海域资源分布和海洋产业不均衡，空间区位优越、开发技术先进、经济发达的沿海地区通常以技术规模效应带动海洋经济增长，缓解对海域资源的过度依赖；而地理环境差、开发技术落后、经济欠活跃地区对海域资

---

① 王家庭：《中国区域经济增长中的土地资源尾效研究》，《经济地理》2010 第 12 期。

源的依赖程度更高。

（二）海域资源消耗的区域差异

海洋产业的发展离不开资源的贡献，但同时海洋经济的发展过程也是资源的消耗过程。我国各省区海洋资源存量不同、需求和消耗强度也不同，北部海区的天津市、河北省和山东省、东南海区的福建省和广东省、西南海区的海南省海域资源消耗强度较低。海洋资源消耗强度的影响因素很多，包括海洋产业需求、物质资本、科技投入等。近年来由于沿海地区海洋资源规划的变化、国家投资开发战略的变化、海域资源供给政策的变化以及海洋产业结构调整等众多因素影响，各地区海洋资源消耗强度存在一定的发散趋势，大多数沿海区域持续受内外因素影响，使得海域资源不存在全局性的随机收敛，也就是说，在一定的经济条件下海洋资源消耗强度的改变更多来自于政策干预而非自然界自身的调节功能。可见，传统粗放型的海域开发模式持续性有限，海域资源高消耗强度区域尤为如此，失去海域资源供给，即便生产要素有地区优势也无法有效支持海洋经济持续发展。

（三）海洋经济与海域资源消耗“脱钩”

海洋经济发展伴随着海洋资源消耗、流失以及环境质量的收敛，海洋经济中资源稀缺的影响越来越突出，理论和实践中试图寻求海洋经济增长脱离资源消耗控制的路径。研究表明：我国海洋经济增长与资源消耗之间以弱脱钩为主，海域资源开发早期，高投入、高消耗模式下海洋经济对海洋资源的依赖性较强；海洋经济高速扩张期，各类海洋产业对海域快速消耗，海域资源压力大幅增长；后期在海洋保护政策调控下海域资源消耗有所减缓。各地区海域资源脱钩状态存在差异。例如：广东、山东、天津海洋经济增长与海洋资源消耗的脱钩关系为弱脱钩状态，上海海洋经济增长对海洋资源的依赖性逐渐减弱，表现为强脱钩状态；河北、江苏、福建脱钩指数变化较为平稳，海洋经济增长与海洋资源消耗的脱钩关系主要呈弱脱钩状态，海洋经济增长的同时资源压力缓慢增长。

事实上，无论如何改变不了海域资源是海洋产业重要生产要素的事实，特别是临港工业、船舶工业、滨海旅游、海洋盐业、海洋渔业等主导海洋产业对海域、岸线、滩涂等空间资源的需求和依赖，无法实现强脱钩的状态。因此，海洋经济持续增长使得海域资源持续消耗，海域资源开发利用与海洋产业用海需求的矛盾依然存在。

三 海域资源储备规模收敛现状

（一）海洋功能区划保有量

我国是世界上重要的海洋大国，我国主张管辖的海域面积约为300万平方千米，包括渤海、黄海、东海、南海四大海区。海域空间位置、海洋资源状况、自然环境条件和社会发展状况等因素水平不同、其功能类型也不同，政府通过划分功能区来管控海洋资源开发利用实践，以合理开发利用海洋资源、保护自然资源及生态环境，保证海域开发的经济效益以及社会和环境价值。《全国海洋功能区划（2011—2020年）》提出2020年的6大主要目标，其中，海洋保护区占全部管辖海域面积5%以上、近岸海域保护区面积占到11%以上、近岸海域保留区面积比例不低于10%、大陆自然岸线保有率不低于35%、完成整治和修复海岸线长度不少于2000公里；海水养殖功能区面积不少于260万公顷、全国建设用围填海规模控制在24.69万公顷以内。

（二）海域资源存量现状

在国家海域功能规划控制下，真正可供开发利用的海域面积并不多，仅浅海和近海具备可开发利用条件，面积约147万平方千米，20米等深线以内的浅海面积约为15.7万平方千米，利用率0.5%左右；我国岸线总长度32000公里，其中沿海岸线长约18000多公里，岛屿岸线长约14000多公里，由于海水动力侵蚀，1990年以来自然岸线不断减少，随着岸线修复工程的实施，人工岸线增长了75.21%，但目前为止，超过40%的海岸线已被开发利用，其中18000公里大陆海岸岸线实际利用率超过60%，特别是人工岸线已基本用完，从直接可利用的角度而言，我国大陆岸线已近用罄；我国滩涂资源丰富，95%以上分布在大陆岸线的潮间带，其中主要为海滩涂，占全国滩涂总面积的80.6%，浅海滩涂可养殖面积约为217万公顷，利用率约20%左右，但开发条件较好的滩涂资源目前基本处于或准备进入建设阶段，剩下的多是开发适宜性不足的滩涂，如涂面低、面积小的滩涂，开发利用价值受限，滩涂资源储备也已“捉襟见肘”。事实上，一方面海域资源使用过程中存在低效率开发，加剧了资源浪费，另一方面海洋空间资源开发利用的“短视行为”造成资源储备总量偏低。

（三）海域资源收储现状

为了满足海洋产业不断增长的用海需求，为各行业提供充足的海域资源，沿海地区依据海域资源收储制度开展了海域资源储备管理工作，统筹不同海洋产业用海需求，并通过统筹配置整合存量资源，盘活闲置的海域资源。从海域资源收储实践看，2010 年福建省莆田市的涵江区、秀屿区完成养殖用海海域收储 2000 公顷；2013 年宁波市象山县海洋与渔业局提出 1 宗面积 19.5 公顷的海域储备申请，由浙江省海洋与渔业厅审批；2014 年江苏南通市海域储备中心实施渔业用海 496.5 公顷的海域储备和超过 2670 公顷建设用海海域的储备。① 加强海域资源储备管理，将使用权到期的海域、废弃低效盐田、低效养殖用海以及分散闲置的海域进行收回、置换、规整，能有效盘活存量海域资源，提高海域使用效率。但从海域收储实际运行状况看，各沿海地区的收储案例呈现零散、随机的特征，尚未形成全国统一收储模式。

第四节　质量和规模收敛下海域资源开发困局

可供开发利用的海域资源是有限性自然资源，过度开发不但快速消耗资源存量，还将对海洋环境造成损害。海洋生态系统脆弱、资源承载力不高、海域生态维护成本高企等现实问题的存在限制了海域资源开发。现阶段，高质量目标引导下，海域开发更需要平衡自然条件、开发效益和环境保护之间的关系。

一　海域承载力水平低下对开发活动的制约

（一）海域生态修复能力的限制

众所周知，要实现海洋产业可持续的发展，就应该在海域承受力范围以内加以利用。海域承载力通常被解释为：作为物质基础的特定海域在一定时期内能够承受人口、环境、经济协调发展的极限能力，或者是维持必

① 王衍、王鹏、索安宁：《土地资源储备制度对海域资源管理的启示》，《海洋开发与管理》2014 年第 7 期。

要条件的最大限度。从长远看，人们关注的问题是海洋资源是否存在恢复的可能性，即可持续利用，在保证海洋恢复能力的基础上对海洋进行最大程度地管理和利用，因而海域承载力本质上是海洋对人类活动的保障程度。

有学者利用承载力概念模型对我国不同区域海域承载力进行评价，结果表明：北部、东部、南部经济区呈现不同的海域承载力。环渤海地区前期有小幅下降，后期恢复了增长，天津和河北海域承载力呈波动状态，辽宁海域承载力整体平稳，但在2011年由于环境状态恶化出现低谷；山东海域承载力一直呈现上升的趋势，但2014工业废水直排入海量显著增加时承载力出现回落；长三角东海海区中，江苏海域承载力长期较平稳且高于上海和浙江，上海和浙江海域承载力波动性较大；泛珠三角南部海区中，福建和广东因污染物排放和环境治理不匹配、工业废水和工业固体废弃物入海量较高、环境治理投资额低等原因导致海域承载力水平表现为逐年下降，广西和海南海域承载力波动幅度不大。三个海区比较而言（图4－9），2005—2015年期间渤海海域承载力稳中有升，南部和东部海域承载力总体呈下降趋势，南部海域承载力下降速度加快，但全国海域承载力总体属于偏低水平，说明海域生态修复能力偏弱，进而制约了海域资源的开发利用进程。

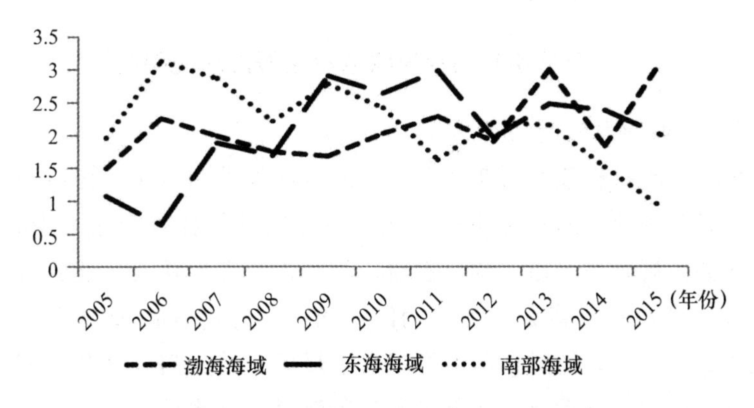

图4－9　不同海区海域承载力变化趋势

资料来源：根据狄乾斌、吕东晖：《我国海域承载力与海洋经济效益测度及其响应关系探讨》（《生态经济》2019年第12期）整理编制。

（二）海域生态修复程度的限制

海域承载力水平低下是海域质量逐渐收敛的结果。海域开发利用过程中造成的环境和资源消耗，需要海洋资源通过自身能力来修复。但往往海洋资源的恢复能力并不是无限的，其自我恢复需要时间和空间的保证，海洋对人类排放的废物也存在无法降解或者降解能力较弱的情况。海洋资源的自行恢复能力受人类对海洋资源利用方式、耗用速度、本底资源类型及其再生能力等各种因素的限制。其中，人类对海洋资源的索取速度对这一过程起着重要的决定作用。当海洋的自我净化能力低、无法降解人类废物排放强度时，海洋污染物就无法在短时间内消除，只有在维持海洋经济持续增长所需要消耗的海域资源总量低于其可再生资源规模时，海域资源开发活动才能持续。况且并非所有海域资源都可恢复、可再生，例如海洋生物资源以及海洋能源是可再生资源，海洋矿产资源及海域、海岛、岸线、滩涂等海洋空间资源有限，有限性缘于资源不可再生的特有属性，长期看，海域承载力受资源不可再生性的影响极大。对海洋而言，海洋经济可持续发展需要依靠内部各要素通过自我更新及互相反馈和作用，支撑或维持海洋系统整体发展能力。可见，虽然海洋蕴藏丰富的资源，但是对人类及其经济活动的承载能力是十分有限的，而海洋环境质量和海域资源规模的收敛，导致特定海域资源承载力更加偏低，在一定程度上阻碍了海域资源开发和海洋经济可持续发展。

二　海域质量与规模收敛对用海需求的制约

（一）海域质量的制约

海域环境质量收敛反映在优良水质海域面积不断减少，海域环境及其生态功能日益恶化，质量低下的海域资源无法满足各类产业的用海需求。沿海地区涉海规划在城市、港口枢纽、临港工业方面建设产业集群、深加工基地等，规划的实施必将加大用海需求，主导海洋产业对交通运输用海、工矿通信用海、游憩用海的海域需求最大，并且需要这些海域的生态质量优良、自然条件适宜，尤其是游憩用海对海域水质要求最高，因而当海域环境质量收敛的情况下，海洋项目开发可能因无法获得优质海域受到阻碍，若试图通过修复和整治得到符合条件的优质海域资源，也将付出时间和资本的代价，由此，增加资源压力和环境压力，制约海洋经济建设。

（二）海域规模的制约

海域资源规模收敛则是因海域空间资源的不可再生性，导致持续开发后海域存量资源不断减少，尤其是沿岸滩涂附近的围填海区域生态极其脆弱，对海域的水动力和生态环境产生严重影响，必然造成滨海湿地的丧失和未来围填海域空间的缩小，这种填海造地的用海方式下，海水一旦被填造成土地就不可能逆转成海洋属性，导致海域资源规模持续负向收敛，海域存量资源越来越少，直至枯竭，海洋产业因缺乏海域资源的支持而无法开发建设，丧失市场机会。特定类型的海域空间资源对特定海洋产业的贡献是不可替代的，海域规模负收敛与海洋产业用海需求之间形成相互影响、互为反馈的作用机制，用海需求越旺盛，海域资源规模负收敛速度越快，海域存量规模的递减反制了海洋产业的用海需求。

海域环境质量与海域存量规模的收敛趋势对用海需求造成极大威胁，无节制的开发利用活动带来资源供给潜力不足，这将强化海洋资源对海洋经济增长的制约，影响到海洋经济产出。如何破解海洋环境和生态资源保护与海洋经济增长的矛盾已成为海域开发利用领域的重中之重，也成为海洋经济持续、高质量发展的核心问题。

三　海域生态成本升高对海域开发效益的制约

（一）海域开发生态成本的制约

在海域资源开发利用早期，由于政府缺位，海域使用人用海成本极低，乱占、乱用现象严重。随着海洋领域法律体系越来越健全，海域管理制度越来越完善，海域开发活动也越来越规范。海域开发利用的经济目的决定了海域使用人最关注开发收益和开发成本。以填海造地为例，常规的用海成本主要包括为围填海占用海域的海域使用金成本、工程环评论证成本、围填海海沙采掘填涂工程成本、资源补偿成本等。

但由于填海造地给海洋生态环境带来了负面影响，最终影响了人类社会的福利效用，填海造地外部生态成本补偿的依据应为填海造成生态环境负面影响而产生的经济损失。一是生态资源作为生产要素的价值损失，即填海造地改变了海域的直接使用价值，如填海造地占用养殖业空间，破坏海洋生物资源栖息地、使渔业生产功能下降，使旅游海岸线资源日趋短缺等直接经济损失；二是填海造地影响海洋生态系统的调节功能，人为造成滩涂灭失、削弱波浪能、浪潮灾害隐患陡增、海域自净能力降低、生物多样性无法恢复以及净化空气、调节气温和气候的功能减退等海洋损害，这些影响属于间接经济损失。填海造地造成的经济损失一方面通过用海主体支付相应补偿金，增加了用海成本，减少了海域开发经济效益；另一方面，政府对海洋公共资源进行生态环境的修复和整治，增加了财政环境支出成本。

（二）海域环境修复与治理成本的制约

正是由于长期粗放式开发形成了海域环境质量与海域存量规模的收敛效应，海洋生态系统本身处于亚健康状态，其自身无法自然恢复，因此，为了人类生存发展，政府政策规制下，采取人为干预和修复措施，试图重建海洋资源环境系统，恢复海洋生态服务功能，并因此增加了海域资源的维护成本，冲抵了海洋经济效益。也就是说，海洋环境和海域存量资源负向收敛的趋势下，可利用的优质海域资源越来越稀缺，海域资源的使用成本将越来越高企，对海洋经济带来不利影响，但好处是降低了海域开发的负外部性，提高了海域资源生态服务功能价值。

同时，随着环境治理进程的不断深入，政府对海洋的环境保护从事后修复、整治模式转变为事前、全局的治理模式，建立全国各级海洋治理组织，制定海洋环境保护制度，完善海洋环境监控体系，大幅度升高了海洋环境管理成本，降低了海域开发综合效益。

第五章 海域资源开发利用质量实证研究

“坚持海陆统筹，加快建设海洋强国”的战略背景下，我国对海洋空间资源的开发程度日益深入，海洋产业发展更需要海洋资源的利用。但由于长期以来对海域资源重开发、轻评价的管理模式，海域资源开发利用质量的评价体系缺失，导致海域资源利用质量和效果没有统一衡量标准。基于“价值观”、“效率观”、“发展观”的海域资源高质量开发利用内涵，根据海域资源开发利用质量影响因素及形成逻辑，对海域资源质量等级、开发效率及持续开发能力进行评估，有利于全面认识区域用海规划效益和影响，优化海域综合管理对策，实现海域管理目标。

第一节 海域资源开发利用质量评价体系构建

海域资源开发利用质量评价应基于“高质量”发展的核心理念，以“价值观”、“效率观”、“发展观”作为切入点，构建质量评价体系，全面考察海域资源的品质等级、开发效率和持续供给能力，通过对开发利用的质量影响因素进行改善，提升海域资源综合价值，推进海洋经济高质量发展。

一 海域资源开发利用质量评价体系原则

(一) 体系化原则

在指标体系构建时，要遵循体系化原则，综合考虑多个因素，指标体系应体现结构化，且确保结构之间存在驱动与响应的逻辑关联，更精准地表达海域开发利用质量的影响要素。对海域开发利用而言，应紧密结合高质量发展理念，遵循海域资源开发活动规律，全面反映海域资源高质量开发利用的理论内涵和外延。

（二）特色化原则

在结构化体系框架下，科学筛选因子指标。根据海域自然资源特色和开发利用特点，综合考虑影响海域开发利用质量的各种因素，尤其是针对不同类型的海域，其开发利用质量的要求不同，相应的影响因素、因子指标也不尽相同，指标需体现海域类型的差异化。

（三）关联性原则

运用定量、定性相结合方法，在众多的因素、因子指标中，选择与海域开发利用质量相关性强的指标，构成变量集合，确保指标与海域开发质量之间具有充分相关性，能够反映海域开发利用质量水平。

二 海域资源开发利用质量的测量维度

理论界关于海洋经济发展质量评价体系的讨论尚未达成共识，实践中海洋经济发展质量难以衡量和验证。因此，需要深刻领会国家层面高质量发展理念和内涵，结合海洋经济质量本质和影响因素，来构建海域资源开发利用质量的测量维度。

（一）海域等级维度

海域等级标志着海域开发投入要素的质量，是必须考虑的维度之一。借鉴土地分等定级及有偿使用的管理经验，对海域资源进行质量等级划分，并据此征收海域使用金，能够引导人们建立节约用海的理念，规范用海秩序，协调涉海行业之间用海需求，改善海域资源配置效率。海域分等定级制度程序化、规范化，在海域资源管理领域已经得到了极好的实践证明，不但具有可操作性，还能维护国家利益，提高海洋开发效益，优化用海结构，保障国有资源保值增值。

海域分等定级是海域价值评估的基础，也是海域价格的制定依据，标志着海域海水质量，质量好且稀缺的海域价格较高，这将倒逼海域使用者创造更高的经营收益，或通过提高海洋开发的技术水平获取更高的使用效率，实现海洋经济可持续发展与海洋资产的合理配置。

海洋功能区划制度表明，海域资源所在区位和资源本身属性是海域功能的决定因素。可见，海域分等定级制度与海洋功能区划制度相互关联，海洋功能区划明确了海域使用功能，海域等级也反映了不同海域功能的质量差异。海域等级不同则海域使用权价格也不同，意味着海域投入要素的质量不同，对用海项目后续质量必然产生重要影响，在海域资源开发利用质量评价体系中应当重点考虑。

（二）海域资源生态效率维度

对经济增长质量的衡量实质上就是投入产出效率的评价。提高经济增长质量其内涵就是指投入产出效率的提高和经济结构的改善。新经济增长理论下更强调内在原因是经济增长主要力量，包含组织学习能力、知识更新与外溢、专业技术升级等问题，在海洋经济全要素生产率的研究中，相关文献比较少，大多研究主要集中到海洋经济整体效率以及海洋产业的产出效率方面，少有海洋经济生产效率的动态分析，对于全要素海洋经济生产率核算体系的投入产出指标，选取的差别很大，还没有形成一套相对完善、统一的海洋投入产出指标，研究方法也比较陈旧。国外学者普遍将海洋产业效率作为重点研究对象，如用 DEA 模型评价港口、水产养殖等产业生产效率，揭示港口泊位投入无效率的原因、养殖场规模大小对技术效率的影响等，并提出相应的效率改进措施；国内学者除了分析海洋主要产业效率外，也研究了区域海洋经济持续发展特征和全要素效率，利用沿海省市海洋 GDP 面板数据，实证分析我国区域海洋经济技术效率，揭示效率变化趋势和效率差异规律。近年来，随着环境压力的加大，国内学者开始关注海洋经济发展与环境变化的关系，并考虑非期望产出对海洋经济的影响，通过对比加入资源环境损耗指标前后海洋经济全要素生产效率的差异，发现非期望产出对经济效率影响显著。因此，将海域资源生态效率作为衡量海域资源开发利用质量评价体系的重要维度，是对全要素生产率理论的进一步完善和补充。

（三）海域开发持续性维度

持续性是海域资源高质量开发利用的重要特征。海域资源高质量开发利用的可持续性体现在其资源消耗、资源储备和开发效率等方面。自然资源的开采利用最值得关注的就是持续性，合理规划海域开发进度和力度，才能为海域自然资源价值的代际分配提供可行性。新发展理念将集约化作为可持续发展前提，主张构建技术主导、节约生产、保护环境为主要路径的发展模式，其核心目的就是兼顾资源的经济、自然和生态三重属性，既充分利用海域资源的生产价值、又保持海洋生态系统的平衡稳定，实现人与自然的和谐发展。这一新理念已得到社会各界的广泛接受。

目前关于海域资源视角的持续开发能力研究很少，从资源供给出发研究海域持续开发能力的文献更不多，现有相关研究几乎集中到海洋经济产出的持续发展能力方面。国外学者比较关注海洋生态系统可持续能力，评价方法多以概念模型 DPSIR 为主；国内海洋经济持续性研究方法以指标体系加权评分为主，随着效率分析技术的快速发展，更多学者通过建立海洋经济持续发展的投入/产出指标体系，利用 DEA 模型评价海洋经济可持续发展轨迹。也有研究关注到海洋经济持续发展的综合因素，从海洋经济可持续发展能力概念模型出发，通过发展位、发展势和协调度的几何平均函数模型评价海洋经济可持续发展水平。事实上，海域作为海洋资源的核心要素，对海洋经济的持续发展至关重要。持续能力作为海域资源开发利用质量的评价维度，主要是基于海域的自然资源属性，如同土地之于陆地经济，海域相当于海洋产业的土地资源，没有丰富的、高品质的、可供开发利用的海域资源储备，海洋经济将成为无源之水无本之木。

三　海域资源开发利用质量体系框架

（一）海域等级质量评价体系因素

海域等级评定需综合考虑对海域等级产生影响的重要因素，参照土地的分等方法，将自然资源、经济水平、社会条件纳入海域等级评价体系。自然资源考虑近岸海域水质、自然资源禀赋、海洋生态等因素；经济水平由海域等级评定区域 GDP 规模及增速、财政投资能力、海洋产业结构等指标构成；社会条件包括海域等级评定区域社会基础设施投入能力和建设水平、区域人口总量及人口密度、腹地及海上交通条件等指标。对采集数据采用因子主成分分析法进行筛选，最终确定海域等级指标体系集合。

2014 年国家海洋局组织编制《海域分等定级》（GB/T 30745—2014），明确海域分等定级指标体系，针对这一指标体系，进行函调和数据收集。但因我国海洋数据统计制度还不健全，部分指标参数无法全面获得，需通过多方征求海洋领域专家和管理者意见，确保指标真实可靠和方便获取，构建适宜海域分等定级的指标体系。由于过度调整指标参数，会影响海域分等定级的准确性和可靠性，海洋数据统计制度尚需进一步完善。

（二）海域资源开发利用效率评价体系因素

海洋经济效率的本质反映海洋产业投入要素与海洋产值产出关系，是测度和衡量海洋经济质量水平的重要方法。纵观现有研究文献，国内外学者普遍重视环境约束条件下的海洋经济全要素效率评价，为海洋资源开发管理后续研究提供了参考，但仍有些问题尚未得到解决：①对非期望产出因素指标的选取尚缺乏统一性，特别是海域开发利用过程中的环境负产出指标难以确定；②海域资源投入变量不完整，多以码头、旅行社、养殖面积等要素为主，不能全面反映海域资源要素的投入总量；③较多的研究以串行系统决策单元效率分析为主，少有对海洋经济系统并行结构进行效率分解；④缺乏从结构性供给角度对海域资源的效率研究，忽视了海域资源作为海洋经济基础投入要素的重要贡献。

海域资源开发利用效率投入产出因素指标不能简单照搬国民经济效率评价指标，应反映海域资源要素的特殊性。海洋产业以海域为基础，以金融资本、劳动力和技术为驱动，各要素参与海洋经济运行，因此，海域资源确权使用面积也应被纳入效率评价体系。目前多数相关研究以人均海域面积、养殖用海面积、港口吞吐量或能源折算量等指标作为海洋资源投入要素。可见，海洋资源投入要素尚未达成共识，特别是资本折旧率如何设定，尚存在较大争议；对于用海项目的负产出究竟选取哪些指标、采用什么方法进行度量，未有明确的统一标准，陆源废弃物、废水排放量的单一指标不能全面反映海洋经济负产出，海洋环境达标率也不能体现经济产出的本质。基于以上分析，对于复杂的海洋经济系统，海域资源开发利用的生态效率投入产出指标应当从用海项目特征入手，选择具有海洋特色的资源、资本、劳动力等投入要素指标，以及海洋经济产值、海洋环境污染等产出要素指标体系，完整体现海洋经济系统运行全过程，最终反映海域资源开发利用综合质量。

（三）海域资源开发利用持续性评价体系因素

以往研究比较重视海洋经济持续发展，多数从资源产出能力出发，构建海洋经济持续发展评价指标体系，少有考虑政府干预下资源存量供给因素对海洋资源持续开发能力的评价，而且几乎无法量化海域生态环境对持续开发能力的影响，导致仍存在一些问题尚未解决：一是过度重视海洋经济产出能力，忽略了海域资源供给的持续性，很少从资源供给的角度评价海域资源的持续开发能力；二是缺乏从海域资源属性特征出发对海域持续开发能力的客观评价，现有研究多以综合评分法为主，人为因素干扰评价结果的准确性。因此，海域资源可持续开发评价指标体系可依据可持续发展理论和“发展观”内涵，结合海域资源开发利用特点，从资源供给的角度出发，考虑环境约束，基于海域资源储备丰度、海域开发计划节约水平以及海域使用效率等因素构建评价模型，量化评价海域资源持续开发能力，以期为海域资源长期开发决策提供有效参考。

海域资源开发利用持续性最重要影响因素是海域资源承载能力。当用海需要小于海域资源承载能力时，海域开发利用活动可持续进行；当开发需求超过海域承载能力时，海域开发利用活动无法持续。

第二节　基于“价值观”的海域资源质量等级评价

在海域资源高质量开发利用的“价值观”框架下，资源本身的质量等级显得尤为重要。海域资源质量等级不仅是海域使用权价格的定价依据，也是海域资源市场化配置的参考，同时，维护海域资源质量等级也是地方政府海洋环境治理的目标。研究表明，海域质量等级并非一成不变，随着外界经济、自然条件变化海域等级也会发生变化，不同区域海域质量等级变化程度不同，已引起学界和海域等级评定部门的关注。从海域资源质量评价模型和参数上看，传统方法存在一定缺陷，需要进一步优化和完善。

一　海域质量等级评价背景与技术流程

（一）评价背景

我国海洋资源利用的主导思想已经明确，就是要坚持自然资源统一规划、集约发展原则。2016 年发布的《国务院关于全民所有自然资源资产有偿使用制度改革的指导意见》指出：“完善海域等级、海域使用金征收范围和方式，建立海域使用金征收标准动态调整机制。”因此，海域等级划分是海域资源有效利用的前提，是全民资产保值增值的基础。因为海域分等定级指标和权重是根据沿海县（市、区）经济社会发展状况来确定的，这些指标的变动影响到海域品质和价值。长期固定执行海域等级标准，则不能动态地反映海域价值的变化。我国海洋开发势头迅猛、海域利用形式多元化水平增强，用海范围及深度不断提高，评价指标需要重新构建，相应的指标数据和权重需要重新计算，但时间间隔不宜过长，应当以 3—5 年为一个周期，对海域等级重新评价。之所以将周期确定为 3—5 年，首先是因为目标区域在经历这样一个时间段后，其发展往往会有较为显著的变化；其次是与海洋功能区划及经济的五年规划相契合，能够让海域等级调整和经济社会发展同步。

海域水质和周围区域的社会经济发展状况都会在一定程度上影响海域资源的质量。2007 年 1 月发布了不同等别及类型用海的海域使用金征收标准，使得海域有偿使用制度的落实及海域开发利用效率的提升拥有了政策基础。然而，整体而言，因为近年来沿海县（市、区）的经济发展状况和海域自然条件产生了较大的变动，使得目前的海域等级无法真实地体现海域质量的好坏，海域使用金的征收标准与海域的质量等级不能保持一致，不但使海域使用的整体效益下滑，还会影响海域开发的合理时机。[①] 我国直至 2018 年才对沿海县（市、区）的海域等级重新认定，间隔期长达 10 年，且其中海域等级调整不大。

理论界从海域等级影响因素入手，对分等定级方法进行了深入探讨。相关海域分等定级指标结构的研究，大多数集中在海域等级评价影响因素因子的筛选方面。海域使用面积、海域生态条件、海洋经济产值等指标无疑是重要影响因子指标，也要考虑不同类型产业用海的需求特征，同时，还应考虑相近区位的社会经济状况、海洋产业政策支持等因素导致海域供需及等级变化的影响。纵观长期以来学界研究成果，该领域依然存在忽视海域综合价值以及市场流动性等问题，海域分等定级模型尚未成熟，也因官方渠道数据欠缺造成量化统计分析无法顺利实现，导致海域分等定级结果存在空间上错位、失真现象，甚至影响到海域配置政

① 彭勃、沙敏、王晓慧：《基于熵权 TOPSIS 的海域使用分等方法研究——以浙江省工业用海为例》，《浙江海洋学院学报》（人文科学版）2015 年第 4 期。

策的准确性。

建立体现海域自然属性和社会属性的质量等级评价指标体系，通过官方渠道获取指标数据，应用信息熵模型、TOPSIS技术和系统聚类法评价海域等级，能够提高海域等级划分的准确性，为征收海域使用金、制定海域利用规划以及通过经济杠杆调整海洋产业结构提供科学依据。①

（二）技术流程

1. 基本流程

我国按照沿海县级行政区所辖海域确定海域分等单元。定级单元的确定需要借助相关原则，同时选择合理的分级方法。在对海域进行定级时，必须依照海域的不同性质、重要影响要素、海域差异化用途等综合考虑，并遵循定量与定性结合、协调一致等原则。考虑海域与土地的相似性和差异性，从功能上讲，海域与土地都是资源载体，承载着海上、陆地的建筑或者经营活动，实践方面也普遍采取与土地定级类似的思维模式及方式；但从资源自然禀赋看，海域的自然状况要比土地复杂得多，比如非固定性、生态脆弱性等等，给海域分等定级带来极大难度。尽管不同研究人员尝试了不同的方法，但仍然局限于多因素相结合思路，没有本质创新。海域等级应当体现海域质量，分等定级方法需要根据海域质量因素的特殊属性进行科学选择。

根据海域的特点，分等定级程序包括以下几方面：基于自然条件、空间区位以及社会经济等视角考虑影响因素、因子，作为海域等级的评价要素；根据各要素对海域等级影响程度，进行权重分配；将不同要素的重要性进行区分，在此基础上获得其各自的权重；参照不同要素的分布变动规律，获取不同要素的指标值及作用分值；划分相应海区的单元结构；按照单元内分值的加权和值确定等级层次关系，进而划定海域单元等级、计算不同海域级差，分别不同区域进行海域分等、并实施等内定级。

2. 海域等级评价指标体系构建

海域等级评价体系由影响因素、因子及具体指标构成。海域分等定级因素因子和指标的选取应当考虑体系的完整性、因素的重要性和指标

① 彭勃、王晓慧：《浙江省旅游用海质量时空变化特征分析》，《浙江大学学报》（理学版）2019年第6期。

的共性与个性。首先，海域质量构成因素众多，不同的经济、自然、社会要素互相作用对其产生影响，在进行定级时，需运用统计方法对大量要素变量进行全面分析和科学筛选，防止遗漏重要指标；其次，进行定级时，要充分参照对海域质量产生影响的要素、因子类型和作用程度，核心因素作出重点剖析，体现因素的关键作用；最后，关注指标的基本特征，将指标的共性与个性相结合，我国海域横跨的气候带众多，自然条件方面及地区社会经济方面存在很大的不同。海域分等定级选择影响因子时需结合不同海域使用功能和质量差异，不但要考虑对所有海域等级都存在影响的共性因素因子，更要考虑对海域单元产生不同影响及作用的差异化因素因子。

在特定目的下，不同等级海域会存在价值差异，海域等级越高，其价值越大。说明海域等级是海域质量的标志，海域质量是海域价值的内涵，在众多因素影响下，等级不同价值不同。在确定等级要素时，不但应遵循完整性、关键性及共性与个性结合原则，还要充分关注用海分类，不同用海类型，选择的等级要素要有所不同，应按照各自不同用海特征确定要素，例如围填海类型海域分等定级时，就需参考毗邻土地属性；除此之外，共同要素如区位状况及海域环境等，也必须同时考虑。

海域分等定级各种影响因素选择应注意以下几个方面。①自然资源因素应能反映海域基本功能特征。不同功能用海的自然资源存在很大差异，各地区海域的分等定级要根据海域的具体资源状况，确定需要核算的资源类型、选择对于海洋开发拥有经济及现实意义的资源，根据不同类型用海特征，分析海域自然资源要素变量分值；②生态环境因素应反映海域周边环境系统的状况，包括岸线、水生物、海水波浪等状况。相同的环境状况对不同类型海域的影响也不同，如同一区域的海水质量相同，对旅游用海的影响大于工业工程用海；相同的水深和岸线资源对港口用海的影响大于其他类型用海，应根据对海域不同影响确定合理响应分值；③经济因素和社会影响比较繁杂，应选择代表性较强的指标，既要反映当地经济水平和产业特征，又要反映社会建设和发展水平，如区位、交通条件、城市建设等，并根据评定海域实际情况考虑取舍。

3. 权重值的确定

比较普遍的权重分析方法有以下几种：层次分析法、特尔菲法、因素成对比较法，但容易受到主观因素影响，因此需要借助主成分分析法、离差最大化法、均方差权重法等来增强客观性，尽可能地精准体现定级要素对海域价值贡献的大小，提升海域定级准确度。由于海域等级影响因素众多，比较合适选取多个要素或指标，融合定量及定性的优点，进行综合模糊评价。通常参照指标间的相关关系或指标的变异系数得到权数，如以“1”为权重和值，那么每一指标权重得分应分布在0—1之间。上述权重分析方法中，特尔菲法应用最为广泛，也有将特尔菲法与因素比较法、层次分析法相结合的综合分析方法。

4. 海域等级确定

应根据评定海域的规模、等级评定目的选择不同的单元划分方法，将整片海域细分成等级单元，确保细分后单元空间内资源特征的一致性，并根据单元海域带权分值确定海域等级。

二　海域质量等级评价模型和方法

（一）海域质量等级影响因素及评价因子

由于海域定级参考土地定级的思路，定级方法比较成熟，这里仅重点讨论海域分等的方法。海域功能、类型不同，其海域等别影响因素及评价因子也不同。以浙江省交通运输海域等别评定为例，其影响因素包括港口资源状况、近岸海域环境质量、区域经济发展水平、海洋交通运输产业活跃度、人口条件等。在借鉴以往研究的基础上，考虑到海域港口资源对交通运输海域开发活动有显著影响，海洋交通产业发展对交通海域等别形成的作用较为突出，以及海域周边地区经济发展推进海洋交通业规模增长并在一定程度上提升交通用海价值等现实情况，结合数据的可获取性，选取海洋运输发展指数、区域经济发展指数、区域社会发展指数、海域生态环境指数为四个影响因素。

在上述四个影响因素框架下，考虑指标的相关性、可量化以及获取渠道的权威性，选取因子指标。依据区位理论原理，将代表海洋环境、海洋产业、地理空间和社会经济活动的空间配置要素作为因子指标，分析研究这些要素相互组合对海域等别质量产生的综合影响，选取单位岸线产值、港口吞吐量等17个因子作为评价指标。如图5－1所示。

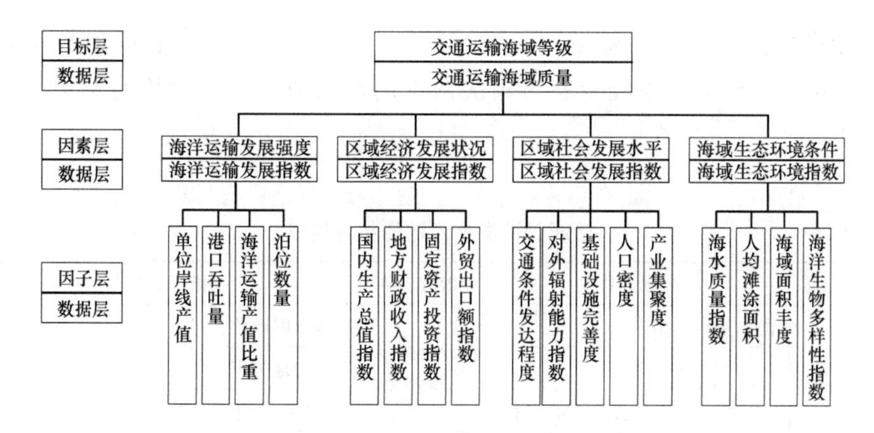

图5-1　交通运输海域等别影响因素及评价因子

交通运输海域等别影响因素及评价因子的涵义如下：

（1）目标层。交通运输海域质量反映沿海县（市、区）交通用海空间区位、环境条件以及毗邻区域港口资源丰度、经济社会发展水平等因素的综合利用效益，将交通运输海域质量视为价值性指标，用沿海县（市、区）交通运输海域使用金表示。

（2）因素因子层。交通运输海域等别评价过程中，依据四个因素构建相关因子指标，形成交通运输海域质量等别评价体系的主导因素因子层。

①海洋运输发展强度

构造海洋运输发展指数来反映浙江沿海县（市、区）海洋运输发展强度，包括四个因子，其中单位岸线产值为各样本地区年度海洋经济产值与岸线长度的比值，反映岸线资源对海洋经济的贡献；港口吞吐量为最近一年内样本海区进出港口的货物总量，反映海域相邻港口生产能力；海洋运输产值比重是一定时期海洋交通运输产值与海洋经济生产总值之比，反映海洋交通运输业在整个海洋产业中的地位；泊位数量为最近一年年底样本海区累计建成并运行的泊位总数，反映交通运输海域建设港口码头的适宜程度和海域港口运输业的营运能力。

②区域经济发展状况

区域经济发展状况反映浙江交通运输用海所在区域的总体经济规模、发展潜力，以区域经济发展指数作为数据层指标，由国内生产总值指数、地方财政收入指数、固定资产投资指数、外贸出口额指数构成。四项因子指数中，均由总量、人均、5 年平均增长率三项数据加权平均计算取得，相关权重经专家多轮次调查询证获取，计算过程与结果见表 5 - 1。

表 5 - 1　　　　区域经济发展指数的指标构成

指数名称	指标名称	指数名称	指标名称
国内生产总值指数	国内生产总值	地方财政收入平均指数	地方财政收入
	人均国内生产总值		人均地方财政收入
	5 年国内生产总值年均增长率		5 年地方财政收入年均增长率
固定资产投资指数	全社会固定资产投资	外贸出口额指数	外贸出口
	人均全社会固定资产投资		人均外贸出口
	5 年固定资产投资年均增长率		5 年外贸出口年均增长率

③区域社会发展水平

区域社会发展水平反映浙江省交通运输海域所在县（市、区）交通条件、公共服务设施完善程度、就业状况等综合服务能力。选用的经济指标是区域社会发展指数，包括交通条件发达程度、对外辐射能力指数、基础设施完善度、人口密度、产业集聚度等五个因子。其中交通条件发达程度按照高速公路、港口码头、铁路站点、国内外航线的规模进行综合评分；对外辐射能力指数根据年内铁运、汽运、水运以及民航等各种交通工具实际货运量与客运量综合计算；基础设施完善度通过对县（市、区）道路状况（人均铺装道路面积）、供水状况（人均生活用水量）、供气状况（城镇气化率）以及排水状况（排水管道密度）四项指标进行 5 分制赋分并加权实现；人口密度为海域所在区域人口数除以该区域范围的土地总面积；产业集聚度指各县（市、区）规模以上企业数量。

④海域生态环境条件

海域生态环境条件反映浙江省交通运输海域环境质量以及所在县（市、区）海洋资源条件。选用的经济指标是海域环境生态条件指数，包括海水质量指数、人均滩涂面积、海域面积丰度、生物多样性等体现交通运输海域环境生态条件异质性的因子。其中海水质量指数反映海水环境化学质量的综合水平，具体依据《海水水质标准》（GB 3097—1997）规定测算；人均滩涂面积是样本海域滩涂面积与海域所在县（市、区）的人数之比；海域面积丰度是指样本所在县（市、区）管辖海域面积与总面积之比；海洋生物多样性指数是指海洋生物资源的富集和丰富程度，为海洋生物种类数（包括浮游动植物、底栖生物）与总物种比值之和，反映海域生态质量。

以上17个因子指标中，海水质量指数为负向指标，其余因子均为正向指标。

（二）评估方法与模型

1. 传统方法回顾

海域等别反映了海域质量和价值，海域别级评价是海域使用适宜性空间分异评价，国内对海域等别的评估以多因素综合评定法为主，尽管方法简便、应用广泛，但客观性较差。海域等别指标体系方面，以往研究当中的指标差异性非常显著，很多的研究有时候会极大地偏重于当地的经济指标，海域等别评定过程中多要素综合评价TOPSIS模型成为主要方法，辅之以海域收益状况分析，但指标权重计算、级别数量划分、验证等方面的技术还有待完善。

传统TOPSIS模型是通过设定多目标有限样本最优、最劣解，实现多备选方案可行性排序的一种量化分析方法，权重确定是TOPSIS法的应用要点。权重测算方法很多，其中熵权法应用广泛。熵权法的原理是将评价指标客观数据作为信息重要性判断依据来确定权重，克服专家个人主观因素影响过重的缺陷。交通运输海域分等评价实质是基于多种评价指标的样本质量排序分类问题，因此，运用熵权TOPSIS法评价浙江省多个沿海县（市、区）的交通运输海域质量排序，采用系统聚类法确定海域等级，不仅理论上可行，而且在实践中也属创新。

2. 改进的信息熵和TOPSIS模型

（1）建立交通运输海域等别确定矩阵

设定浙江沿海县（市、区）交通运输海域分等样本数量为m，因子层评价指标数量为n；x_{ij}表示第i个沿海县（市、区）的第j项指标值，因子指标矩阵X：

$$X=(x_{ij})_{m\times n}=\begin{bmatrix}A_1\\A_2\\\vdots\\A_m\end{bmatrix}=[B_1,B_2,\cdots,B_n]=\begin{pmatrix}x_{11}&x_{12}&\cdots&x_{1n}\\x_{21}&x_{22}&\cdots&x_{2n}\\\vdots&\vdots&\vdots&\vdots\\x_{m1}&x_{m2}&\cdots&x_{mn}\end{pmatrix}\quad(5-1)$$

因素层评价指标矩阵同（5－1）。

采用极值标准化法对因素以及因子层评价指标矩阵进行无量纲化处理，形成评价指标标准化矩阵，公式如下：

$$x'_{ij}=\frac{x_{ij}-\min x_{ij}}{\max x_{ij}-\min x_{ij}}\quad(5-2)$$

式中：$1\leq j\leq n$，$\max x_{ij}$ 和 $\min x_{ij}$ 分别为 m 个沿海县（市、区）中因素以及因子层指标参数最大与最小极值。

（2）计算信息熵权值

①计算因素、因子指标数据熵值

$$H_t=-K\sum_{i=1}^{m}P_{it}\ln P_{it}\quad(5-3)$$

式中：H_t为第t个影响因素信息熵；$P_{it}=\frac{X'_{it}}{\sum_{i=1}^{m}X'_{it}}$，$X'_{it}$为$m$个样本县（市、区）中第$t$个因素指标标准化值，$K=\frac{1}{\ln m}$。

$$H_j=-K\sum_{i=1}^{m}P_{ij}\ln P_{ij}\quad(5-4)$$

式中：H_j为第t个影响因素中第j个影响因子信息熵；$P_{ij}=\frac{x'_{ij}}{\sum_{i=1}^{m}x'_{ij}}$。

②确定因素、因子指标权重

$$w_t=\frac{1-H_t}{\sum_{t=1}^{L}(1-H_t)}\quad(5-5)$$

式中：w_t为第t个影响因素权重；L为因素个数；$w_t\in[0,1]$，且$\sum_{t=1}^{L}w_t=1$。

$$w_j=\frac{1-H_j}{\sum_{j=1}^{n'}(1-H_j)}\quad(5-6)$$

式中：w_j为第t个影响因素中第j个因子权重；n'为第t个影响因素所含因子个数；

$w_j \in [0,1]$，且$\sum_{j=1}^{n'} w_j = 1$。

③求取综合权重

通过因素、因子权重计算各因子综合权重，得到组合权重向量 $\omega = (\omega_1, \omega_2, \cdots, \omega_n)$，因子综合权重计算公式为：

$$W_j = w_t \times w_j \quad (5-7)$$

式中：W_j 为第 j 个因子的综合权重。

④运用 TOPSIS 法计算评价对象贴近度①

一是求取正、负理想解的向量值：

利用因子层评价指标标准化矩阵中的参数指标极值，计算正、负理想解向量值：

$$Z^+ = (\max X_{i1}, \max X_{i2}, \cdots, \max X_{in}), (i = 1,2,\cdots,m) \quad (5-8)$$

$$Z^- = (\min X_{i1}, \min X_{i2}, \cdots, \min X_{in}), (i = 1,2,\cdots,m) \quad (5-9)$$

二是计算评价对象的欧氏距离：

将因子标准化矩阵进行赋权处理，并计算标准化向量与理想解之间的欧式距离：

$$D_i^+ = \sqrt{\sum_1^n W_j (X_{ij} - X_j^+)^2}, (i = 1,2,\cdots,m) \quad (5-10)$$

$$D_i^- = \sqrt{\sum_1^n W_j (X_{ij} - X_j^-)^2}, (i = 1,2,\cdots,m) \quad (5-11)$$

三是求取评价对象贴近度：

根据欧氏距离计算评价因子与理想解的相对贴近度$\delta_t \delta_i$：

$$\delta_i = D_i^+ / (D_i^+ + D_i^-), (i = 1,2,\cdots,m) \quad (5-12)$$

δ_i越小，则第 i 个沿海县（市、区）的交通运输海域质量越优；反之越劣。

熵权 TOPSIS 法在海域分等方面较其他方法具有优越性，具体表现在：第一，熵权 TOPSIS 法的最大优势是利用数据信息，消除主观确定权重方法中的人为因素，实现对不同海域价值的真实评价，特别是在多项目选择

① 彭城瀚：《电商行业财务风险等级评价》，《特区经济》2022 年第 7 期。

问题方面表现出更加高效、便捷、客观的特性，对于解决海域分等复杂大数据的处理有极大帮助作用，适用于海洋信息化管理规范、海洋经济统计健全、官方信息渠道公开且方便获取的数据来源；第二，熵权 TOPSIS 法的可靠性在很大程度上依赖于所构造的海域分等指标体系，当个别指标对海域质量无重大影响但波动幅度较大时，可能造成其权重偏大，甚至扭曲重要指标的权重，此时应当考虑层次分析法和熵值法组合赋权，从技术层面合理确定权重，或借助最小平方法和熵权的原理赋权等，这些新的赋权方法应用于海域质量综合评价还需做进一步探索。

3. 海域质量等级的系统聚类

聚类分析的原理是利用组间联接聚类技术，计算测定组间距离，并将样本指标贴近度相似的统计量递进合并，相似程度大的变量形成第一类群组，其余相似程度较小的变量聚合为另一类群组，以此类推，直到所有的变量聚合完毕，进而划分交通运输海域等级。

（1）计算类 C_K 与类 C_L 之间的距离

类 C_K 与类 C_L之间的距离 D_{KL}为：

$$D_{KL} = \frac{1}{N_K N_L} \sum_{i \in C_K} \sum_{j \in C_L} d(x_i, x_j) \tag{5-13}$$

式中：N_K 为 C_K 样本数；N_L 为 C_L 样本数；d（x_i，x_j）为 C_K 类点 i 与 C_L 类点 j 之间的距离。

（2）确定 C_M 与 C_J 距离

类 C_K 和类 C_L 合并为下一步的类 C_M，则 C_M 与 C_J 距离 D_{JM}的递推公式为：

$$D_{JM} = \frac{(N_K D_{JK} + N_L D_{JL})}{N_M} \tag{5-14}$$

式中：N_M 为 C_M 样本数；D_{JK}为 C_J 与 C_K 距离；D_{JL}为 C_J 与 C_L 距离。

再通过计算取贴近度、聚类分析法划分海域等级。

三 海域资源质量时空变化实证分析

（一）样本海域等级评价

1. 样本海域数据采集

浙江是海洋大省，海洋交通运输产业发达，以交通运输用海为例，海域资源质量时空变化实证分析。浙江省海域资源需求主要集中在东部，舟山市、宁波市、台州市和温州市所辖海域面积丰富，相比之下，嘉兴海域较少。

交通运输用海指用于港口、航运、路桥等交通建设的海域及无居民海岛，包括港口用海、航运用海、路桥隧道用海等方式。随着港口、海运行业快速发展，浙江沿海城市对交通运输海域的刚性需求持续上升，交通运输用海的稀缺性逐步显现。作为战略性资源，交通运输用海质量对产业运行产生重大影响，其海域质量的差异也需通过划分交通用海等级进行界定，以便反映交通运输用海的真实价值，正确核定交通运输用海的使用金水平。

浙江省执行2018年更新后的海域等级及使用金收费标准，但其中海域等别没有明显调整，且未按用海类型划分等级，同一沿海县（市、区）交通用海与工业用海、渔业用海等各类型海域等别相同，只能大概体现各类型海域的平均价值；但事实上，浙江东部沿海地区的海洋产业、地方经济以及海域自然条件等因素变化较快，现行海域等别水平难以反映交通海域质量的优劣程度和资本收益的差异，影响到海域资源的有效配置。由于近年来港口、岸线资源大量开发，致使沿岸交通海域环境污染严重、周边生物多样性受损，海域开发的集约性差、效率低，海域资源综合利用质量堪忧。

为此，选取浙江宁波、舟山、嘉兴、台州、温州五市19县（市、区）海域为研究样本，分析影响交通用海质量的主导因素以及等级变化特征。2007、2018年样本交通海域等别以及空间分布见表5-2。

表5-2　**现行浙江省19个样本县（市、区）交通海域等级**

海域等级	县（市、区）
二等海域	温州龙湾区
三等海域	舟山定海区；台州椒江区、路桥区
四等海域	舟山普陀区、嵊泗县；嘉兴平湖市；温州乐清市；台州温岭市、玉环县
五等海域	宁波宁海县、象山县；温州瑞安市、洞头县；舟山岱山县；台州临海市、三门县
六等海域	温州平阳县、苍南县

资料来源：财政部、国家海洋局印发《关于调整海域、无居民海岛使用金征收标准的通知》（财综〔2018〕15号）。

为保证指标数据的准确性、可获得性以及连续性，以2019年为时间截点，选取相关指标数据。数据主要来源于官方渠道各县（市、区）统计年鉴以及国民经济和社会发展统计公报、海洋环境公报、海洋统计核算报表、海域使用论证报告书、海域使用项目环境影响报告书等。依据官方途径收集的2019年浙江沿海19县（市、区）因素、因子层指标数据，表5－3给出了因子指标标准化后的数据特征。

表5－3 因子指标的描述统计

	个案数	平均值		标准差	方差	偏度	峰度
	统计	统计	标准误差				
单位岸线产值	19	0.1806	0.0587	0.2560	.066	2.301	5.382
港口吞吐量	19	0.3971	0.0706	0.3077	.095	.439	-.810
海洋运输产值比重	19	0.3524	0.0803	0.3500	.123	.898	-.777
泊位数量	19	0.1315	0.0531	0.2316	.054	3.290	11.910
国内生产总值指数	19	0.4927	0.0352	0.1532	.023	-.485	-.745
地方财政收入指数	19	0.4843	0.0366	0.1596	.025	-.262	-.443
固定资产投资指数	19	0.3432	0.0414	0.1805	.033	.627	-.310
外贸出口额指数	19	0.4320	0.0652	0.2841	.081	.183	-1.048
交通条件发达程度	19	0.3312	0.0807	0.3519	.124	.744	-.750
对外辐射能力指数	19	0.4056	0.0542	0.2362	.056	.498	-1.093
基础设施完善度	19	0.1789	0.0528	0.2301	.053	2.877	9.346
人口密度	19	0.4940	0.0718	0.3132	.098	-.020	-1.099
产业集聚度	19	0.3971	0.0706	0.3077	.095	.439	-.810
海水质量指数	19	0.3343	0.0655	0.2854	.081	.936	.409
人均滩涂面积	19	0.1730	0.0501	0.2185	.048	3.349	12.504
海域面积丰度	19	0.7314	0.0677	0.2950	.087	-1.357	1.188
生物多样性	19	0.4681	0.0541	0.2360	.056	-.097	.569
有效个案数（成列）	19						

2. 确定因子指标权重

利用公式（5－1）至公式（5－7）计算因素、因子权重以及因子综合权重并形成评价指标标准化矩阵，因子综合权重数值与排序见表5－4。

表5－4　因子综合权重计算结果与排序

影响因素	因素权重	影响因子	因子权重	综合权重 ω	综合权重排名
海洋运输发展指数	0.367	单位岸线产值	0.450	0.177	1
		港口吞吐量	0.274	0.108	3
		海洋运输产值比重	0.088	0.035	9
		泊位数量	0.188	0.074	6
区域经济发展指数	0.221	国内生产总值指数	0.505	0.119	2
		地方财政收入指数	0.146	0.034	10
		固定资产投资指数	0.086	0.021	15
		外贸出口额指数	0.264	0.062	8
区域社会发展指数	0.156	交通条件发达程度	0.163	0.027	13
		对外辐射能力指数	0.462	0.077	5
		基础设施完善度	0.071	0.012	17
		人口密度	0.121	0.020	16
		产业集聚度	0.183	0.031	12
海域生态环境指数	0.191	海水质量指数	－0.162	－0.033	11（反向影响）
		人均滩涂面积	0.343	0.070	7
		海域面积丰度	0.388	0.079	4
		生物多样性	0.107	0.022	14

以浙江沿海19个样本县（市、区）海域质量评价加权标准化决策矩阵为基础，根据公式（5－8）、（5－9）设置正理想解、负理想解，运用公式（5－10）、（5－11）分别求取评价对象至正、负理想解欧氏距离，利用公式（5－12）得到19个沿海县（市、区）的贴近度相关结果见表5－5。

表 5-5　浙江省样本海域交通运输海域质量评价贴近度

行政区	沿海县（市、区）	与正理想解距离（D_i^+）	与副理想解距离（D_i^-）	贴近度
温州	苍南县	0.5375	0.3692	0.5928
	平阳县	0.4653	0.3465	0.5732
	瑞安市	0.5593	0.4213	0.5703
	乐清市	0.6583	0.4091	0.6168
	洞头区	0.7312	0.3645	0.6673
	龙湾区	0.6585	0.3779	0.6354
舟山	定海区	0.6391	0.3661	0.6358
	普陀区	0.5769	0.5620	0.5065
	嵊泗县	0.7482	0.3752	0.6660
	岱山县	0.6769	0.4063	0.6249
宁波	象山县	0.4320	0.3686	0.5396
	宁海县	0.6624	0.3105	0.6809
台州	三门县	0.7396	0.2645	0.7365
	玉环县	0.6088	0.5010	0.5485
台州	温岭市	0.6527	0.3810	0.6314
	临海市	0.6180	0.3743	0.6228
	路桥区	0.4990	0.4881	0.5055
	椒江区	0.5371	0.5569	0.4909
嘉兴	平湖市	0.5323	0.4679	0.5322

采用系统聚类法划分海域等别。根据浙江省海域质量等别及使用金收费标准，交通运输海域应在2等至6等、共五个等别之间。因此，通过公式（5-13）、（5-14）运用SPSS23.0软件选择组间联接聚类方法和平均欧氏距离测量方法进行聚类分析，得到5个聚类组，并根据组内17项因子指标平均得分顺序确定19个样本县（市、区）对应的海域等别。结果见图5-2、表5-6。

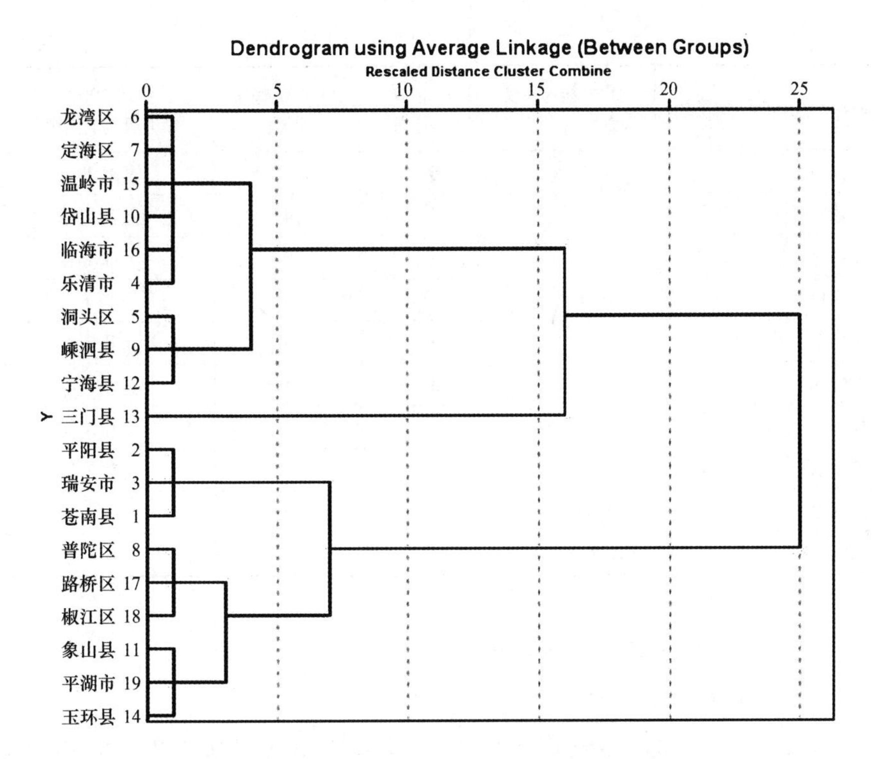

图 5-2 沿海样本县（市、区）贴近度聚类树状图

表 5-6 沿海样本县（市、区）交通运输海域等级评价结果

样本	5 群聚类组	组内指标平均得分	目前对应海域等级	2007 年海域等级	比较 2007 年等级变化幅度
三门县	5	3.7679	6	5	下降 1 等
普陀区	4	7.1581	2	4	上升 2 等
象山县	4		2	5	上升 3 等
玉环县	4		2	4	上升 2 等
路桥区	4		2	3	上升 1 等
椒江区	4		2	3	上升 1 等
平湖市	4		2	4	上升 2 等
洞头市	3	5.3557	5	5	不变
嵊泗县	3		5	4	下降 1 等
宁海县	3		5	5	不变

续表

样本	5群聚类组	组内指标平均得分	目前对应海域等级	2007年海域等级	比较2007年等级变化幅度
三门县	5	3.7679	6	5	下降1等
乐清市	2	6.7160	3	4	上升1等
龙湾区	2		3	2	下降1等
定海区	2		3	3	不变
岱山县	2		3	5	上升2等
温岭市	2		3	4	上升1等
临海市	2		3	5	上升2等
苍南县	1	5.7144	4	6	上升2等
平阳县	1		4	6	上升2等
瑞安市	1		4	5	上升1等

（二）海域资源质量时空变化

1. 因子指标权重分析

由表5-4可知，影响因子的综合权重排序前四项是单位岸线产值（0.177）、国内生产总值指数（0.119）、港口吞吐量（0.108）、海域面积丰度（0.079），充分反映了与海洋运输密切相关的资源要素重要性：一是海岸线资源对海洋经济发展的贡献显著，已成为交通海域价值的主导因素；二是国内生产总值指数体现了地方经济实力，对海洋产业投资有引导作用，一定程度上影响海洋交通运输行业的开发规模和发展方向，对交通用海价值定位的作用明显；三是港口吞吐量规模反映了港口用海的经营产出，决定交通海域开发者的经营回报，对交通用海价值形成的影响程度突出；四是海域面积丰度为港口用海提供了资源储备，是交通海域资源供给基础，也是交通海域价值的重要支持。

2. 等级空间差异

浙江19个沿海样本县（市、区）中宁波、舟山、嘉兴海域位于浙江北部，温州、台州海域位于浙江南部。表5-6显示，样本海域质量存在明显的“北强南弱”空间差异，浙北沿海7个样本县（市、区）海域有5个处于二、三等，平均等级值为3；浙南沿海12个样本县（市、区）海域有7个处于二、三等，平均等级值为4，北部样本交通海域平均等级高于南部。宁波样本县交通运输用海的海域等级50%超过三等、舟山样本县75%超过三等；温州沿海6个样本交通用海海域仅两个三等以上，台州虽然三等以上海域较多，但是因存在一个六等海域，拉低了整体海域等级。比较发现，浙江沿海县（市、区）交通运输海域质量空间分布与沿海地区海洋运输资源、地方经济基础、海域生态环境条件等因素的分异特征相吻合，港口资源、海域资源与经济资源丰厚、条件优越的地区交通运输海域的等级就会偏高。

宁波、舟山是全省港口资源集中度最高的区域，近十年宁波港与舟山港整合成功，极大提高了港口吞吐量的增长速度；同时推进岸线资源专项修复治理、重污染高耗能行业整治、强化陆域入海污染物总量控制、水产养殖和船舶油污防治以及海岸和海上作业风险控制，改善了周边海域环境，因此所属沿海县（市、区）海域质量等级较高。温州、台州沿海港口岸线资源分布于各县（市、区），与宁波、舟山相比较为分散，加之工业经济发展带来的海洋生态系统损害相对严重，使得交通运输海域等级整体偏低。

3. 海域等别变化

从海域别级评价结果表5-6可知，当前19个样本县（市、区）交通运输海域等别与2007年国家发布的海域等别相比有较大变化，其中13个县（市、区）交通运输海域等级上升，3个县（市、区）交通运输海域等别保持不变，3个县（市、区）交通运输海域等别下降；二、三等别海域数量明显增加，四、五、六等别海域数量明显减少。二等海域由2007年的1个增至6个、三等海域数量由2007年的3个增至6个、四等海域数量由2007年的6个降至3个、五等海域数量由2007年的7个降至3个、六等海域数量由2007年的两个降至1个。可见，十多年来19个沿海县（市、区）的交通运输海域等别较2007年整体提高，并且海域等别数量呈现以二、三等级为主体的分布特征。

交通运输海域等别的变化反映了海域价值和质量的提升，是浙江省海域资源集约化开发利用的结果。浙江省以舟山群岛新区国家级战略为契机，大力发展海洋经济，充分利用海域使用金和财政支持，推动黄金海岸线建设，全面启动海域海岛海岸带整治修复工程，加快东部海洋交通运输产业建设，沿海县（市、区）交通运输海域开发投入资金及价值普遍提升。

（三）海域质量等别时空变化原因

海域等别时空变化既是评价体系和方法优化的结果，也遵循海洋经济发展的内在逻辑和规律，体现了该地区资源、经济与生态等因素共同作用的结果。从评价指标体系角度出发结合地方海洋经济分析海域等别变化的内外原因。

从海域等别评定方法看，采用改进的信息熵和 TOPSIS 模型，通过多元回归赋权 TOPSIS 法依赖数学模型和官方统计数据确定权重，根据 19 个沿海县（市、区）与理想解相对贴近度的聚合程度确定等级，减少主观赋权评价海域质量误差，评价结果与传统方法相比更加有效、可靠。

从海域等级评价指标体系看，以交通运输海域质量为基础，优化了传统海域等级评价因素和因子，从资源、经济、社会、环境角度构建四维评价体系，根据不同类型设计海域等级评价体系、选择与海域使用功能相匹配的适宜性指标。实证结果表明，港口岸线资源条件、海洋交通运输产业规模、地方经济实力水平以及海域生态环境状况对交通运输海域等别起到重要影响作用，综合指标贴近度数值集聚于中等偏上水平，使得浙江省交通运输海域质量以二、三等为主，且测定的样本海域等别普遍高于以往海域等别。海域质量因用海方式不同评价标准亦存在显著差异，分类评价体系能够精准体现不同类型海域等别及质量。

从海洋经济发展的内在动力看，浙江省交通运输海域等别总体提高，说明浙江省 2007 年以后海洋产业经济显著发展，特别是在港航强省战略目标引领下，加强基础设施和交通设施建设、拓展港航产业、引进海洋新兴产业、保护海洋和海岸滩涂资源等。这些举措极大地促进了浙江省交通运输资源的开发利用程度，使交通用海海域利用得到优化，改变和提升了浙江交通用海的使用价值。

第三节　基于“效率观”的海域资源开发利用生态效率评价

生态化时代对传统效率理论和评价方法提出了挑战，以往对海洋经济效率的测度多以总体效率为主流，不能反映海洋经济细分行业的效率水平，也不利于考查不同类型海域资源的开发利用效率，基于系统性思维逻辑，从海域资源生态效率的影响因素出发，根据海域资源开发利用系统内部运行结构特点，构建并行系统效率模型，有助于对不同类型海域资源开发利用总体效率进行分解和改进，可实现对海域资源开发生态效率精准化评价。

一　海域资源开发利用效率测度方法

（一）数据包络效率模型

传统效率的核算方法上，从大类上分为投入产出法、指标体系法和模型法几种分类，具体包括超效率模型、标准差分析、Tobit 回归模型、产业结构熵、VAR 模型等方法，众多方法中，数据包络模型在效率测度上应用最为普遍。

数据包络法（DEA）因在多要素投入产出效率测算中的优势，在各个领域广泛应用。但由于传统 DEA 效率模型以 1 为有效单元的度量值，不利于区别多个效率值为 1 的决策单元有效性。1983 年，Andersen 及 Petersen 构建了“超效率”模型（SuperEfficiencyModel），提高了决策单元效率区分程度。这一模型的核心为自参考集里剔去被评价 DMU，也就是根据另外的决策单元前沿测定目标 DMU 效率，通常而言，有效 DMU 效率都会高于 1，能够实现对有效 DMU 的区分。超效率模型通过剔除参考集中目标决策单元，目标 DMU 效率参考其他决策单元前沿得出，使决策单元 DMU 的投入产出前沿大于 1，从而可以对有效 DMU 进行区分。

$$
\begin{aligned}
&Min\theta \\
&s.t.
\end{aligned}
\begin{cases}
\sum_{n} X_j\lambda_j + S^- = \theta X \\
\sum_{n} Y_j\lambda_j - S^+ = Y \\
\lambda_j \geq 0, j+1,2,\cdots,k-1,k,\cdots,n \\
S^- \geq 0, S^+ \geq 0
\end{cases}
$$

式中 θ 代表决策单元效率值；x，y 是输入及输出变量；λ 代表有效 DMU 中组合比例，且 $\sum\lambda>1$、$\sum\lambda=1$ 及 $\sum\lambda<1$ 各自代表规模效益的递减、不变、递增；S－代表输入变量的松弛变量；S＋代表输出亏量的松弛

变量。当 $\theta<1$ 时，如果 $S-\neq0$ 和 $S+\neq0$ 中至少有一个满足，表明决策单元未达到最优，需要改进投入产出量。当 $\theta\geq1$ 时，且 $S-=0$ 和 $S+=0$ 同时满足，说明该决策单元的投入产出水平达到效率最佳。

但传统的数据包络模型结构和参数选取还存在一定不足，需进一步优化。

（二）海域资源开发生态效率动态模型

1. 多部门并行结构的 DEA-SBM 模型[①]

数据包络分析（DEA）在评价复杂系统效率时通常涉及串行和并行两种内部运行结构，内部结构不同，生产系统决策单元（DMU）的输入、输出方案集不同。在实际问题中，经济系统生产过程通常由多个不同功能的独立部门（即子系统）并联组成，各子系统利用各自不同的投入，实现不同的产出，完成整体功能。

海洋经济具有相当复杂的运行系统，以往多以串行系统为研究对象，不能反映海洋经济细分行业的效率水平，也不利于考查不同类型海域的用海效率，而并行系统更能代表海洋经济生产运行结构，便于总体效率分解和改进。根据国家发布的海洋行业分类标准[②]以及用海类型分类指南[③]，以与海域类型相对应的主要海洋产业作为子系统分类依据，将海洋经济主体产业系统分为海洋渔业、海洋工业、海洋交通运输业、滨海旅游业四个子系统。

由于伴随海洋产业生产过程会产生废弃物污染海洋环境，需要考虑非期望产出要素对主要海洋产业效率的影响，Tone 将非期望产出因素纳入输出变量，构建 SBM 模型（Slack-BasedMeasure，SBM），构造目标函数的松弛变量，可以解决存在非期望产出时的效率评价问题。同时，并行系统效率评价主要包括网络 DEA、多部门 DEA、关联 DEA 三种方法，但考虑到构成主要海洋产业的海洋渔业、海洋工业、海洋交通业、滨海旅游业四个子系统都有各自的行业特征、生产规律和经济贡献，每个子系统投入/产出的效率指标和权重体系不同，更符合多部门结构系统运行特征，因此应

① 王晓慧：《海域开发生态效率测度及提升对策研究——以浙江省为例》，《华东经济管理》2018 年第 11 期。

② 国家海洋信息中心：《海洋及相关产业分类》（GB/T 20794—2006）。

③ 自然资源部：《国土空间调查、规划、用途管制用地用海分类指南（试行）》2020 年。

选择多部门结构下的SBM模型。在SBM方向距离函数中，向量性质不同、DMU改进方向不同，当目标DMU未达到DEA最优时，需要通过最大化各项投入（产出）改进的平均程度，也就是最大化其无效率程度，来改善效率值。

假定n个相互独立的决策单元$DMU_j(j=1,2,\cdots,n)$由z（z≥2）个平行独立子系统组成；$x_{ij}^{(p)}(i=1,2,\cdots,m)$为子部门$p(p=1,2,\cdots,z)$的投入要素，$X_{ij}^{(p)}=(x_{1j}^{(p)},x_{2j}^{(p)},\cdots,x_{mj}^{(p)})$为$p$部门投入矩阵；$y_{rj}^{(p)}(r=1,2,\cdots,q)$为子部门$p$的期望产出要素，$Y_{rj}^{(p)}=(y_{1j}^{(p)},y_{2j}^{(p)},\cdots,y_{qj}^{(p)})$为$p$部门期望产出矩阵；$y_{r'j}'^{(p)}(r'=1,2,\cdots,q')$为子部门$p$的非期望产出要素，$Y_{r'j}'^{(p)}=(y_{1j}'^{(p)},y_{2j}'^{(p)},\cdots,y_{q'j}'^{(p)})$为$p$部门非期望产出矩阵。在并行结构模型基础上考虑非期望产出的线性规划形式如下：

$$
\begin{aligned}
&\min\theta\\
s.t.\quad & X_o=\sum_{p=1}^{z}\sum_{i=1}^{m}\lambda_j^{(p)}X_{ij}^{(p)}+\alpha S_i^-,\ i=1,2,\cdots,m\\
& Y_o=\sum_{p=1}^{z}\sum_{r=1}^{q}\lambda_j^{(p)}Y_{rj}^{(p)}-\beta S_r^g,\ r=1,2,\cdots,q\\
& Y_o'=\sum_{p=1}^{z}\sum_{r'=1}^{q'}\lambda_j^{(p)}Y_{r'j}'^{(p)}+\gamma S_{r'}^b,\ r'=1,2,\cdots,q'\\
& s^-\geq 0,\ s^g\geq 0,\ s^b\geq 0,\\
& \lambda_j^{(p)}\geq 0;\ j=1,2,\cdots,n;\ p=1,2,\cdots,z.
\end{aligned}
\tag{5-15}
$$

上述公式（5-15）中，①θ为评价的决策单元DMU_0的系统效率值；②第一、二、三行约束分别为投入约束、期望产出约束和非期望产出约束；③S_i^-、S_r^g、$S_{r'}^b$为系统松弛变量；④$\lambda_j^{(p)}$子部门权重向量。⑤m、q、q'分别为投入、期望产出和非期望产出指标维度；

对于被评价DMU_0的p部门，效率模型为：

$$
\min\rho=\frac{1-\dfrac{1}{m}\alpha\sum_{i=1}^{m}w_i\dfrac{s_i^-}{x_{io}^{(p)}}}{1+K\dfrac{1}{q}\beta\sum_{r=1}^{q}w_r\dfrac{s_r^g}{y_{ro}^{(p)}}+K'\dfrac{1}{q'}\gamma\sum_{r'=1}^{q'}w_r'\dfrac{s_{r'}^b}{y_{r'o}'^{(p)}}}
\tag{5-16}
$$

$$
\text{s.t.}\begin{cases}
x_o=X\lambda+\alpha s^-\\
y_o=Y\lambda-\beta s^g\\
y_o'=Y'\lambda+\gamma s^b\\
s^-\geq 0,s^g\geq 0,s^b\geq 0,\lambda\geq 0
\end{cases}
$$

$$\sum_{i=1}^{m} w_i = m, \sum_{r=1}^{q} w_r = q, \sum_{r'=1}^{q'} w'_r = q'$$

$$K + K' = 1$$

式（5－16）中：①ρ为效率值；②s^-、s^g、s^b为部门投入松弛、期望产出不足和非期望产出松弛；③x_{io}、y_{ro}、y'_{ro}为部门投入、期望产出、非期望产出向量；④α、β、γ为部门投入、期望产出和非期望产出无效率程度；⑤w_i、w_r、w'_r为部门投入、期望产出和非期望产出变量权重；⑥K、K'为部门期望产出、非期望产出权重。

在目标函数关于s^-、s^g、s^b严格递减且 $0 \leqslant \rho \leqslant 1$ 情况下，当且仅当特定决策单元$s^- = 0$、$s^g = 0$、$s^b = 0$、目标效率值$\rho=1$时，为有效部门；当$s^->0$、$s^g>0$、$s^b>0$，$\rho=1$时，为弱有效部门；$\rho<1$时则说明存在效率损失，需要调整投入量、期望产出和非期望产出量来改进效率。

2. 多部门并行结构的 Malmquist 指数模型①

对海域资源利用效率变化趋势评价通常使用 Malmquist 生产率指数模型（以下简称 ML 指数）。根据 Färe 等学者定义，ML 指数可以分解为技术效率变化与技术进步，并表现为二者乘积，其中技术效率变化说明 DMU 的效率改善或恶化趋势，而技术进步则体现了两个对比时期效率前沿的移动幅度。根据海域资源贡献的并行结构特征，采用 ML 相邻参比模型，结合 SBM 方向性距离函数，考虑非期望环境产出因素，进行总效率分解。子部门P的 ML 指数$ML^{(p)}$与技术效率变化$EC^{(p)}$、技术进步$TC^{(p)}$、纯技术效率变化$PE^{(p)}$、规模效率变化$SE^{(p)}$之间存在如下关系：

$$ML^{(p)} = EC^{(p)} \times TC^{(p)} = PE^{(p)} \times SE^{(p)} \times TC^{(p)} \tag{5-17}$$

全系统效率指数计算须考虑各子部门对整体系统效率的贡献程度，对该贡献程度赋权，得出全系统各项效率值。全系统ML指数的大小与并行部门PE、SE、TC的大小以及各子部门效率指数贡献水平相关。$PE>1$ 说明管理水平的提高或技术的改善，$PE<1$ 则说明管理水平下降或技术相对下滑；$SE>1$ 反映要素投入规模趋向合理，$SE<1$ 则反映要素投入规模效率越来越下降；$TC>1$ 表示相邻周期效率前沿面的良性移动效应即技术进步，$TC<1$ 则说明技术无法与发展规模相匹配。

① 王晓慧：《海域开发生态效率测度及提升对策研究——以浙江省为例》，《华东经济管理》2018 年第 11 期。

二　海域资源生态效率影响因素

（一）海域生态效率影响因素模型构建

根据前述分析可知，浙江省不同城市海域、不同类型海域在不同用海周期的生态效率差异显著。依据资源经济学理论，选择海洋经济发达程度、海洋科技发展水平、海域资源利用结构以及海域环境污染状况作为海域资源生态效率的影响因素，其内在的逻辑体现在：（1）海洋经济发达程度是海域开发利用活动的经济基础。海洋经济发达程度决定了海域开发活动中资本和劳动力要素投入能力，由“柯布—道格拉斯生产函数”可知，在一定技术水平下，资本和劳动力投入水平越高，地区经济效率值越高。本书选择“海洋产业增加值（亿元）”反映海洋经济发达程度；（2）海洋科技发展水平是海域开发利用效率的驱动力，决定了纯技术效率和技术进步水平，无论是早期 Solow 的“索洛剩余”还是 20 世纪 80 年代 Romer 的“内生增长理论”，均论证了技术进步对生产效率的提升作用。本书选择沿海城市“海洋 R&D 经费支出（万元）”衡量海洋科技发展水平；（3）海域资源利用结构反映海洋产业构成。受制于海洋功能区划约束，不同海洋产业投入产出能力决定不同类型海域的效率，进而导致不同城市由于用海结构不同产生效率差异。考虑到浙江省各地渔业项目和工业项目用海规模较大、对海域环境影响较大，以各地渔业用海和工业用海与全部海域确权面积比值即“渔业用海比例”和“工业用海比例”衡量用海结构；（4）海域环境污染状况伴随着海域资源开发活动存在明显改变，环境库兹涅茨“倒 U”曲线揭示了经济发展进程与环境质量之间的关系，在生态环境约束下，海域环境质量对海域生态效率影响显著，以“四类及劣四类海域污染面积（公顷）”海域环境状况的衡量指标。

解释变量指标数据来源于 2007—2019 年宁波市、舟山市、温州市、台州市、嘉兴市等各地统计年鉴及海洋环境公报、海洋统计核算报表；被解释变量的指标数据依据前述测算取得。

利用 2007—2019 年浙江省主要沿海城市面板数据，构建 Tobit 回归模型，并运用最大似然法进行β系数估计。

$$Y = \beta_0 + \beta_1 \ln X_1 + \beta_2 \ln X_2 + \cdots + \beta_5 \ln X_5 + \varepsilon_i \qquad (5-18)$$

式中：Y为海域资源生态效率；β_0为常数项；β_1~β_5为解释变量回归系数；X_1 ~ X_2分别为海洋产业总产值、R&D 经费支出、累计海域确权面积、渔业用海比例、工业用海比例以及四类及劣四类海域污染面积等解释变量指标；$\ln X_1$~$\ln X_5$为解释变量对数；i为决策单元个数；ε_i为误差扰动项。

（二）影响因素 Tobit 模型回归分析

为保证分析结果有效性，根据样本数量及经济数据属性，选择采用 ADF 单位根检验和协整检验。单位根检验结果（表 5 -7）中，“海洋产业总产值”变量存在单位根，经过对数据差分处理，全部变量P值均小于 0.05，说明面板数据均通过单位根检验，所有检验序列均服从同阶单整，具有稳定性。在此基础上，采用 Pedroni 方法对海域生态效率影响因素各变量进行面板协整检验，PanelADF-Statistic 的P值小于 0.05，说明模型内部变量的协整关系显著，面板数据长期均衡，可以进行回归分析。

表 5 -7　　**海域资源生态效率及影响因素的单位根检验**

变量	Statistic	p-value	Cross-sections	obs
Y 海域资源生态效率	-0.0751	0.0013	20	200
X_1 海洋产业增加值	0.1363	0.0385	20	200
X_2 海洋 R&D 经费支出	-0.1989	0.0001	20	195
X_3 渔业用海比例	-0.2095	0.0001	20	200
X_4 工业用海比例	-0.2644	0.0000	20	200
X_5 四类及劣四类海域污染面积	0.0564	0.0217	20	198

运用 Stata14.0 软件对浙江省内主要用海城市 2007—2019 年面板数据进行参数估计，得到 Tobit 回归结果（表 5 -8）。

表 5 -8　　**海域资源生态效率影响因素的 Tobit 回归分析结果**

Y	Coefficient	Std. Error	z-Statistic	Prob.
海洋经济发达程度				
X_1 海洋产业增加值	0.0003	0.0001	2.2843	0.0233
海洋科技发展水平				
X_2 海洋 R&D 经费支出	0.0012	0.0007	2.5189	0.0415

续表

Y	Coefficient	Std. Error	z-Statistic	Prob.
海域资源利用结构				
X_3渔业用海比例	-0.0054	0.0018	-3.8415	0.0003
X_4工业用海比例	-0.0065	0.0020	-3.9232	0.0001
海域环境污染状况				
X_5四类及劣四类海域污染面积	0.0000	0.0000	-3.3428	0.0011
_ cons	0.7781	0.1047	7.6230	0.0000

表5-8分析结果表明，海洋经济发达程度与海域资源生态效率呈显著正相关，变量指标“海洋产业增加值”越大，海域资源生态效率越高，说明海洋经济越发达对海域开发效率的促进作用越大；海洋科技发展水平与海域资源生态效率呈显著正相关，变量指标“海洋 R&D 经费支出”越大，海洋科技研发能力越强，海域资源生态效率越高；海域资源利用结构与海域资源生态效率呈显著负相关，变量指标“渔业用海比例”、“工业用海比例”越高，海域资源生态效率越低，其中工业用海影响程度大于渔业用海；海域环境污染状况与海域资源生态效率呈显著负相关，变量指标“四类及劣四类海域污染面积”越大，海域资源生态效率越低。四类影响因素中，对海域生态效率的影响程度由大到小依次为：海域资源利用结构、海域环境污染状况、海洋科技发展水平、海洋经济发达程度。这些因素分别归属于海域开发利用活动的投入要素和产出要素，最终影响海域开发效率。

三 海域资源开发生态效率实证分析①

（一）数据来源与指标选取

立足海域开发供给侧的视角，以区域海域的资源结构为出发点，根据海洋经济并行结构特征，考虑海域开发利用本身带来的非期望产出，利用改进的 SBM 生态效率模型、Malmquist 生产率指数模型，对浙江省不同类

① 王晓慧：《海域开发生态效率测度及提升对策研究——以浙江省为例》，《华东经济管理》2018 年第 11 期。

型和不同用海城市的海域资源生态效率进行分析，力图揭示效率值动态演化规律。

浙江省拥有深水岸线、海洋生物、旅游、渔业、能源等丰富的海洋资源。2011—2019 年，浙江省用海项目数量为 1931 个，用海面积为 4.27 万公顷，海洋生产总值约占生产总值的 14%，累计达到 5.56 万亿元。在加速推进浙江海洋经济示范区和舟山群岛新区建设国家战略的背景下，全省海域空间资源需求旺盛与供给紧张的深层次冲突日趋明显，结构性配置效率直接影响海洋经济转型升级、增质提效。

浙江省用海需求主要集中在宁波市、舟山市、温州市、台州市和嘉兴市五个地区，基本覆盖了杭州湾海域、宁波—舟山近岸海域、岱山—嵊泗海域、象山港海域、三门湾海域、台州湾海域、乐清湾海域、瓯江口及洞头列岛海域、南北麂列岛海域等九个重点海域，选取上述沿海城市中 19 个有稳定用海需求的沿海县（市、区）各类型海域作为样本，便于分析全省海域结构性用海效率。投入产出指标选取原则是从海域资源结构出发，按海域功能分类选取指标，采用“全要素”即资源要素、资本要素和劳动力要素的投入体系，以及兼顾经济要素、环境要素的正负产出体系（表 5 -9）。

表 5 -9 **海域资源利用生态效率评价指标**

指标		单位	变量			
			渔业用海	工业用海	交通用海	旅游用海
投入指标	海域确权使用面积	公顷	渔业用海面积	工业用海面积	交通用海面积	旅游用海面积
	海洋产业固定资产投资	亿元	海洋渔业投资额	工业投资额*海洋工业占工业比重	交通运输投资额*海洋交通运输占交通运输业比重	旅游业投资额*海洋旅游收入占旅游收入比重
	海洋产业劳动力	万人	第一产业从业人数*海洋渔业占一产比重	工业从业人数*涉海工业占工业比重	交通运输从业人数*海洋交通运输占交通运输业比重	旅游从业人数*海洋旅游占旅游业比重

续表

<table>
<tr><th colspan="2" rowspan="2">指标</th><th rowspan="2">单位</th><th colspan="4">变量</th></tr>
<tr><th>渔业用海</th><th>工业用海</th><th>交通用海</th><th>旅游用海</th></tr>
<tr><td rowspan="2">产出指标</td><td>海洋产业产值</td><td>亿元</td><td>海洋渔业总产值</td><td>海洋工业总产值</td><td>交通运输业产值*海洋交通运输占交通运输业比重</td><td>旅游业产值*海洋旅游占旅游业比重</td></tr>
<tr><td>海洋环境治理费用</td><td>万元</td><td colspan="4">环境治理费用*海洋经济总产值占地区经济总产值比重*各类型海域污染面积比例</td></tr>
</table>

* 海域污染面积指四类及劣四类海域面积。

投入指标中，资源要素指标“海域确权使用面积”是指经政府批准取得海域使用权的项目用海面积，反映海域合法开发活动中海洋产业实体经营投入的物质载体规模，考虑到用海项目具有显著长周期特性，项目产出周期滞后于海域要素投入周期，因此分别采用渔业用海、工业用海、交通用海、旅游用海四类海域使用面积累计指征向量作为投入变量；资本要素指标“海洋产业固定资产投资”是指在一定时期内与海洋产业相关的固定资产建造和购置费用的总额，该指标反映了海域资源开发过程中的资本投入水平，以海洋渔业、海洋工业、海洋交通业以及海洋旅游业的项目投资额作为投入变量；劳动力要素指标“海洋产业劳动力”是指从事海洋产业社会劳动并取得劳动报酬或经营收入的人员数量，这一指标反映了一定时期内海洋产业劳动力资源的实际利用情况，以四类用海相关产业的从业人员数量作为投入变量。

产出指标中，经济要素指标“海洋产业产值”是指各相关海洋产业经济生产总值，反映一定时期内海洋经济活动的最终成果，以海洋渔业、海洋工业、海洋交通业以及海洋旅游业的生产总值作为期望产出变量；环境要素指标“海洋环境治理费用”是指为治理海域污染以及修复海域环境质量而支付的费用，反映一定时期内因海域生态环境损害所付出的代价，海域污染是海洋产业活动的副产品，以四类用海近岸海域污染治理费用作为非期望产出变量。

上述投入产出指标能够反映海域资源开发活动中相关海洋产业最基本

的全要素投入与期望、非期望产出关系，体现海域环境污染与海洋经济效益并存的客观事实，指标集合中不包含“率”或“比值”类指标，满足DEA模型中投入和产出指标的线性可加原则，在DEA-SBM效率测算方法中具有较强适用性。

指标数据选取时间为2007—2019年，主要数据来源为国家、浙江省、省内主要沿海县（市、区）的海洋年鉴和统计年鉴数据，以及浙江省和省内主要沿海各地国民经济和社会发展统计公报、海洋环境公报、海域使用公报、海洋经济简报、海洋统计核算报表数据等。其他无法通过官方渠道得到的少量数据根据深度访谈、调查问卷梳理结果获取。变量数据统计值见表5－10。

表5－10 **指标要素统计描述**

项目	累计海域面积（公顷）	海洋产业项目投资额（亿元）	海洋产业劳动力（万人）	海洋产业总产值（亿元）	海洋环境治理费用（万元）
均值	121184.86	124.9332	28.4467	203.0100	5444.3238
标准差	23818.1	88.63928	15.08568	114.20637	5678.80748
偏度	-.45	.855	.388	.800	1.288
峰度	-.55	-.288	-.756	-.017	.588
极小值	76400.39	17.96	4.35	26.20	201.58
极大值	156880.27	382.92	68.97	552.68	23176.98

（二）海域资源开发生态效率实证结果

根据式（5－15）至（5－17），选择投入导向、SEM模型，将数据输入MaxDEA5.2软件，运行后按不同类型、不同地区分别整理，得到全省海域总体效率以及各类型海域、各用海城市海域资源效率均值、变化趋势、效率差异、全要素效率指数及其分解等数据，可从中发现浙江省海域效率运行轨迹以及时空演化规律。

1. 全省海域开发利用生态效率

全省海域资源开发利用生态效率均值、效率指数及其分解的输出结果如图5－3所示。

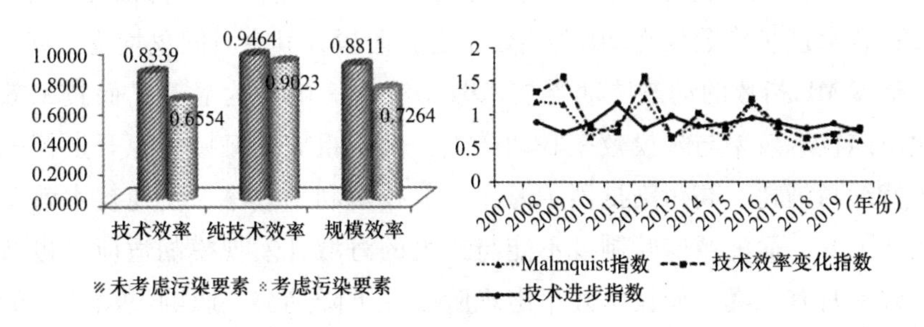

图 5－3　全省海域资源生态效率均值、Malmquist 指数及分解

（1）全省海域资源生态效率总体水平

图 5－3（a）结果表明：考虑了海洋环境污染产出要素后的年平均技术效率、纯技术效率和规模效率为 0.6554、0.9023、0.7264，整体效率水平偏低，且明显低于未将海洋环境污染作为产出要素的效率值，三项效率值分别下降为 21.4%、4.7%、17.6%，技术效率值的降低幅度更显著。为真实体现海域资源利用效率，以下效率值均指考虑非期望产出的生态效率。效率值偏低的首要原因是考虑了非期望产出要素，而海域资源属于生态系统极其脆弱的要素资源，海域资源开发利用不可避免地带来海洋环境污染甚至破坏，需要投入大量资金进行海域环境的保护与修复，这种非期望的海域治理修复费用冲抵了海洋产业原有的价值，降低了海域利用效率；其次是由于浙江省海域资源丰富，海域投入力度过大，与其他投入要素不匹配，且不同产业用海海域供给的结构性优化不足，导致规模效率无效，使技术效率受规模效率拖累，水平较低。这一测算结果也反映出海域资源开发利用对环境存在干扰影响。传统自然资源的开发利用通常遵循经济学准则，依据资源效率理论，优先追求海域开发的技术效率和经济效益。然而生态系统极限承载力限制了现有海域资源技术效率和经济效益的最大化，依照资源生态经济学原理，综合考虑海域资源经济价值与生态价值的情况下，单纯大规模、无限制的开发不仅不能带来技术效率和经济效益的提升，还将导致海域资源的快速衰减，丧失海域持续开发能力。

（2）全省海域 Malmquist 指数及分解

由图 5－3（b）可知，全省 ML 指数大致经历了两次“下降—上升”波动，分别为 2008—2012 年以及 2013—2016 年，2016—2019 年处于稳定低位；技术效率变化与全省 ML 指数同步波动变化，但波动幅度大于 ML 指数；技术进步指数仅在 2012 年处于上升阶段，其余时间里均为下降。

全省 ML 指数的动态波动受技术效率变化影响较为显著，而技术效率变化由纯技术效率与规模效率联动产生：由于粗放式海域资源开发模式带来的持续高消耗、高污染抵消了海洋产业技术利用效率，使纯技术效率没有明显上升；而海域监管制度不能与扩大的海域开发规模相适应，也造成规模效率时有下降，使技术效率出现阶段性下降趋势。影响波动节奏的原因是政府调控的时间窗口及空间范围，控制海域开发速度和优化资源配置能够提高效率值，但政府很难精准把握海域供给调控节奏，调控措施出台往往滞后于市场反应，使效率值上升趋势难以持续。技术进步指数低位运行的主要原因是海洋产业扩张较快，技术进步与更新的速度无法满足海洋产业绿色生产效率提升的需要。

ML 指数分解结果表明，浙江省海域资源开发利用的经济增长质量不稳定。从资源经济学和资源管理学的角度看，低水平纯技术效率下的全要素投入产生边际报酬递减现象，导致规模不经济，进而影响技术效率变化指数的提升；而技术进步与外在的创新激励机制密切相关，以往海域资源的政府配置方式无法形成对技术进步的诱导机制，制约了技术更新和发展，特别是环境效应主体不明确，使海域资源开发主体更加忽略了环境保护技术的研发和创新。

2. 不同类型海域资源生态效率

渔业、工业、交通和旅游等四种类型海域资源生态效率输出值见表（表 5 - 11）。

（1）不同类型海域资源生态效率水平

根据表 5 - 11 可知，①不同类型海域资源生态效率整体偏低且差异较大，旅游用海的技术效率值最高，渔业用海的技术效率值最低，二者相差近 1.8 倍；②纯技术效率普遍高于规模效率。技术效率受规模效率的影响明显，且渔业用海、工业用海的规模效率影响更明显，交通用海、旅游用海的规模效率影响略小；③在现有产出水平下，各类型海域投入要素均出现冗余，除旅游用海外，渔业用海、工业用海和交通用海的海域要素投入冗余率普遍高于各相关海洋产业资本投入冗余率以及海洋劳动力投入冗余率，冗余率排序为：旅游用海 < 交通用海 < 工业用海 < 渔业用海。

表 5 - 11 不同类型海域资源生态效率均值、冗余及 Malmquist 指数

海域类型	效率值均值				投入要素冗余率			Malmquist 指数		
	技术效率	纯技术效率	规模效率	纯技术效率影响度/规模效率影响度	海域面积冗余率	海洋产业资本冗余率	海洋劳动力冗余率	2007—2010 年	2011—2015 年	2016—2019 年
渔业用海	0. 4525	0. 7593	0. 6072	0. 3921/0. 6079	-0. 3212	0. 0130	-0. 0654	0. 7449	0. 786	0. 7691
工业用海	0. 6566	0. 8502	0. 7794	0. 4551/0. 5449	-0. 2423	-0. 1290	-0. 2069	0. 9786	1. 0447	1. 0161
交通用海	0. 7353	0. 9159	0. 8042	0. 4867/0. 5133	-0. 1277	-0. 0628	-0. 1078	0. 8695	0. 8247	1. 1069
旅游用海	0. 8151	0. 9017	0. 9089	0. 4748/0. 5252	-0. 0703	-0. 079	-0. 096	1. 0042	1. 1065	1. 0866

不同类型海域的效率值不同，体现了用海产业的特征，与海洋功能区划、投入要素均衡度、项目产出能力等关系密切。渔业用海为海洋渔业提供资源供给，海洋渔业本身属于资源密集型和劳动密集型产业，渔业用海面积和劳动力投入较大，但产出能力有限，且渔业养殖用海海域污染严重，造成海域面积冗余率最高、效率最低；工业用海为海洋工业提供资源供给，海洋工业是属于资源、资本、劳动力密集型产业，投入大产出多，但工业用海海域污染很大程度上抵消了产出价值，使工业用海效率和海域面积冗余率仅好于渔业用海，不如其他类型用海；交通和旅游用海分别为海洋交通运输业和海洋旅游业提供资源供给，交通用海以港口和航道锚地为主，资本投入较大，旅游用海以旅游设施、浴场、游乐场用海为主，要素消耗不大，虽然二者产出能力不如海洋工业，但海域污染程度低，更重要的是二者投入要素规模配置相对渔业和工业海域更合理，效率值高于渔业和工业用海，其中旅游用海各投入要素的均衡度好于交通用海，最终旅游用海的效率最高，海域面积冗余率也最低。

海域资源生态效率的分类测算结果体现了不同海洋产业生态效率实现能力的差异性特征，产业生态学理论揭示了这种效率差异产生的原因：即不同产业的海域资源投入规模不同、产业系统内污染物排放量和回收能力不同，生态压力存在较大差别；同时各类海洋产业技术水平、政策约束、管理模式也不一致，导致不同类型海域的生态效率差异显著。

（2）不同类型海域全要素效率结构性演化特征

表5－11还反映出：①各类型海域ML指数大于1的类型在增加。2007—2010年期间只有旅游用海ML指数大于1，2011—2015年旅游、工业用海ML指数大于1，2016—2019年旅游、交通和工业用海ML指数大于1；②各类型海域ML指数排序在不同阶段发生一定变化。2007—2015年，ML指数由大到小为旅游用海 > 工业用海 > 交通用海 > 渔业用海；2016—2019年，ML指数由大到小为交通用海 > 旅游用海 > 工业用海 > 渔业用海。

各类型海域ML指数取决于各类用海技术效率变化与技术进步的合力作用。渔业用海ML指数持续处于低位，说明现有的渔业生产技术不能适应现代海洋渔业发展需要，并影响到了全要素效率；工业用海在临港工业、海洋生物、海洋石化等行业较快的技术进步推动下，ML指数始终处于高位；交通用海早期开发无序、占而不用现象严重，影响了用海效率提升，“十二五”以后出现大幅改善；旅游用海技术效率对全要素效率的驱动力较大，维持了 ML 指数的高位运行趋势。

从可持续发展理论来看，产业发展的物质基础是持续的全要素投入，而产业持续高效发展则需要通过技术效率不断提升和技术水平不断创新来支持，其中的“技术”不仅指资源利用技术，还包括环境保护技术。不同用海产业资源要素的永续利用能力、技术效率持续改善能力不同，导致各类型海域 ML 指数不一致；同时根据产业周期理论，由于各类用海产业发展周期不同，技术进步周期必然不同步，最终使各类型海域 ML 指数在不同的时间周期内出现不同幅度的波动。

3. 不同用海城市海域资源生态效率

（1）不同城市海域资源生态效率空间格局

通过计算和数据整理，得到省内主要用海城市（包括市、县、区）海域资源生态效率平均值（如表 5 – 12）。

表 5 – 12　　不同城市海域资源生态效率均值

地区	技术效率		纯技术效率		规模效率	
	效率值	排序	效率值	排序	效率值	排序
宁波	0.7886	1	0.9396	1	0.8301	1
舟山	0.6340	3	0.8127	5	0.7954	3
温州	0.6801	2	0.8553	3	0.8030	2
台州	0.6277	4	0.8572	2	0.7314	4
嘉兴	0.5693	5	0.8434	4	0.6766	5
全省	0.6599		0.8617		0.7673	

根据表 5 – 12 可知，各效率值由大到小的排序为：①技术效率值——宁波 > 温州 > 舟山 > 台州 > 嘉兴，其中宁波、温州技术效率均值高于全省，舟山、台州、嘉兴技术效率均值低于全省；②纯技术效率——宁波 > 台州 > 温州 > 嘉兴 > 舟山，其中宁波纯技术效率均值高于全省，温州、台州、舟山、嘉兴纯技术效率均值低于全省；③规模效率——宁波 > 温州 > 舟山 > 台州 > 嘉兴，其中宁波、舟山、温州规模效率均值高于全省，台州、嘉兴规模效率均值低于全省。

浙江沿海县（市、区）海域资源生态效率并不均衡，主要原因在于各地海域资源、海洋产业结构、技术及管理等方面存在差异。宁波市海洋经济总量、各海洋产业用海规模及技术条件等在省内名列前茅，三项效率值均位居第一；舟山市海洋产业技术创新和应用水平不足，但海洋经济占比极高，用海规模大，方便配置合理的用海结构，因此纯技术效率最低，技术效率、规模效率处于中等；温州和台州海洋经济水平相当，温州略强于台州，均高于舟山，而海域供给规模、海洋经济占比小于舟山，温州偏重工业用海、台州偏重渔业用海，两类产业用海效率较低，导致两地纯技术效率超过舟山，技术效率、规模效率分别略高于和略低于舟山；嘉兴地区用海规模较小，特别是近年来由于嘉兴附近杭州湾海域污染严重，海域治理的重要性远远大于海域开发，审批的用海面积越来越少，使各产业用海难以达到最优配置，效率更低。

此外，资源经济学和生态学也解释了不同城市海域资源生态效率差异与区域经济在地理空间上非均衡发展的相关性，浙江省用海需求比较活跃的宁波等五个城市，无论是海域资源的储备存量、投入规模、开发技术、资本实力还是海洋产业结构、海域环境质量、环境治理水平，都存在着较大差距，经济地理结构上的非均质性使得不同城市用海的技术效率、纯技术效率、规模效率产生差异。

（2）不同城市海域资源生态效率差异演化轨迹

2007—2019 年效率差异系数值（图 5 -4）反映了各城市海域资源生态效率演变轨迹。

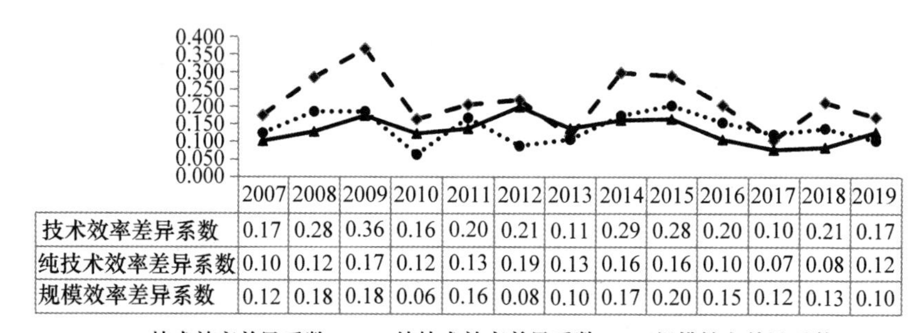

	2007	2008	2009	2010	2011	2012	2013	2014	2015	2016	2017	2018	2019
技术效率差异系数	0.17	0.28	0.36	0.16	0.20	0.21	0.11	0.29	0.28	0.20	0.10	0.21	0.17
纯技术效率差异系数	0.10	0.12	0.17	0.12	0.13	0.19	0.13	0.16	0.16	0.10	0.07	0.08	0.12
规模效率差异系数	0.12	0.18	0.18	0.06	0.16	0.08	0.10	0.17	0.20	0.15	0.12	0.13	0.10

图 5 -4　不同城市海域资源生态效率差异演化轨迹

图 5 -4 可见，技术效率、纯技术效率、规模效率三个效率变异系数各自呈现四个“上升—下降”波段，差异率范围分别为 0.104—0.365、

0.077—0.199、0.063—0.203，不同效率差异系数波段节点略有差异。总体上看，技术效率差异系数表现为波动振幅较大、纯技术效率差异系数与规模效率差异系数表现为震荡、缓慢下降趋势。

差异趋势变化主要与各地海洋科技发展速度、海域供给变化有关，宁波、温州、台州海洋技术创新、生产效率提升较快，嘉兴、舟山则改善缓慢，拉大了各地海洋生产技术有效程度差距，导致纯技术效率差异扩大；而国家不断降低用海审批额度，宁波、舟山确权审批的海域大幅降低，与其他地区海域供给规模差距减少，规模效率差异下降。技术效率差异在纯技术效率差异和规模效率差异的共同作用下表现出波动特征。

不同城市海域资源生态效率差异程度出现周期性波动，说明海域开发活动中的空间单元之间经济行为关系不稳定，也体现了不同城市海域资源生态效率的空间异质性和空间依赖性双重特征。根据区域经济学原理，在区域经济竞争为主的发展阶段，空间异质性作用明显，各沿海城市依托不同的海洋产业特色、用海结构、要素投入以及环境修复力度来提升海洋经济竞争力，不同城市用海的生态效率差异扩大；在区域经济协调为主的发展阶段，作为同一省份的沿海城市技术水平外溢、环保意识趋同，空间依赖性作用明显，不同城市用海生态效率差异收敛。区域竞争与区域协调交替出现，造成各地用海生态效率差异产生波动。

（3）不同城市海域全要素效率指数时空演变规律

按照2007—2010年、2011—2015年、2016—2019年三个时间段进行整理的全要素效率指数时空演化规律见图5-5，以及全要素效率分解见表5-13。

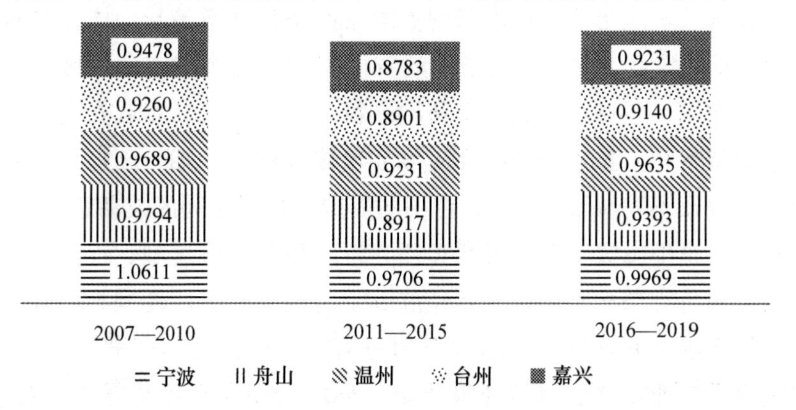

图5-5　不同城市海域 Malmquist 指数时空演变

表 5-13 不同城市海域全要素生产率及其分解指数

地区	Malmquist 指数均值	技术效率变化均值	技术进步均值	技术效率变化标准化权重	技术进步标准化权重
宁波	1.10	1.0749	1.0088	0.4233	0.5767
舟山	0.9493	1.0594	0.8981	0.4836	0.5164
温州	0.9934	1.0682	0.9405	0.4365	0.5635
台州	0.9188	1.0504	0.9015	0.4648	0.5352
嘉兴	0.9168	1.0236	0.8967	0.4599	0.5401

图 5-5 显示：时间上看，不同城市 ML 指数呈现“高—低—中”的趋势特征；空间上看，研究初期和后期宁波海域、舟山海域和温州海域 ML 指数好于台州海域、嘉兴海域的 ML 指数，研究中期各地趋向一致，总体上浙东北的 ML 指数更强。通过表 5-13 可知，浙江主要沿海城市 ML 指数变化均为技术进步驱动，宁波、温州的技术进步驱动更明显。省内沿海各地 ML 指数时空演化的根本原因是，“十一五”、“十二五”期间全省各地都存在大规模扩张，引发海域环境质量快速下降，在海洋开发技术低速进步的条件下，效率增速有所回落；“十三五”期间随着海域开发模式向精细化转变，低效率状况有所改善，但仍未恢复增长趋势。而地缘因素作用下，宁波整体效率提升速度较快，拉高了浙东北 ML 值，台州效率下降使浙西南 ML 值偏弱。

区域经济理论认为区域资源优势与区域经济发展具有趋同性，即不同地区的技术进步应当符合该地区的资源禀赋条件和政策导向。比较省内沿海各地 ML 指数可以发现，由于浙江省内宁波等五个城市的海域资源自然禀赋不尽相同，各城市海域开发利用政策节奏不一致，海域开发利用过程中技术效率变化、技术进步以及海域环境修复的启动期、高峰期、制约期不同步，导致不同城市 ML 指数在不同周期内出现不同的波动趋势。

海域资源生态效率影响因素实证分析结果与不同类型、不同城市海域生态效率评价结果相吻合。区域经济由于地缘空间异质性差异明显，各沿海地区经济水平并非均衡。浙江省用海需求比较活跃的宁波等五个城市，无论是海洋产业结构、海域环境质量、环境治理水平还是海域开发技术、资本实力都存在着较大差距，经济地理结构上的非匀质性使得不同城市用海的技术效率、纯技术效率、规模效率产生差异。其差异程度出现周期性波动则说明海域开发活动中的空间单元之间经济行为关系不稳定，各城市竞争与全省统一调控交替出现，造成各地用海生态效率差异产生波动。

（三）海域资源开发生态效率演化启示

通过对浙江省各类型、各地区海域资源生态效率的测度，得出以下结论：①从整体看，全省海域资源生态效率水平较低，规模效率相比纯技术效率对技术效率的影响程度更大，在现有产出水平下，降低海域污染等负产出、合理控制海域供给规模成为解决综合效率无效的关键；②从结构看，不同类型海域资源生态效率差异明显，劳动力依赖型海域如旅游用海海域的效率明显高于其他类型海域，资本依赖型海域如工业、交通用海海域的效率次之，资源依赖型海域如渔业用海海域的生态效率最低，有很大改进空间；③从地区看，不同用海城市海域资源生态效率不均衡，海域开发早、经济发展水平高、海域污染控制良好、用海规模和用海结构合理的地区效率较高，反之则低；④从趋势看，ML 指数不稳定，呈动态波动且变化幅度不均，近三年来环境治理、结构优化、用海规模控制初见成效，总体下滑趋势得到控制；⑤从全要素效率分解看，各地海域技术进步对 ML 指数影响普遍大于技术效率变化，说明海域资源生态效率提升应将调整海域供给规模和加强海洋科技创新放在首位。

值得注意的是，将环境因素作为非期望产出后，海域资源效率明显下降。目前海域开发规模越来越大，海洋产业污染排放与海洋经济产值同步增加，导致期望产出与非期望产出相互抵消，降低了产出的总价值。可见海洋环境污染问题不解决，海域资源效率无法持续提升。

第四节 基于“发展观”的海域资源持续开发能力评价

海域资源高质量开发利用需要资源提供持续性贡献，这是科学发展观的内在要求，也是海域资源开发领域的实践表征。无论是资源约束还是生态约束，都是对海域资源持续性优质供给的挑战。资源消耗过快、生态环境恶化趋势严重，令人担忧。建立在环境承载能力下的海域资源存量、资源储备能力、供给计划、开发利用效率都将影响海域资源持续开发能力，需要全面予以评估，掌握海域资源存量变化趋势，以便科学客观衡量海域资源持续开发水平，疏解沿海地区海域资源承载压力，提高海域资源开发利用质量。

一 可持续发展能力评估模型

（一）可持续发展能力概念模型

随着国家能源、交通、工业等重大建设项目用海需求不断增加，海域开发力度和利用面积显著提高，由此也带来了一系列的社会问题和生态问题，海洋污染、资源退化正严重威胁着我国海洋资源的健康可持续利用。理论界从资源供给角度研究海域持续开发能力的不多，现有相关研究几乎集中到海洋经济产出的持续发展能力方面。国外学者比较关注海洋生态系统可持续能力，评价方法多以概念模型为主，代表性的指标体系有：经济合作与发展组织（OECD）1989 年以“压力—状态—响应”为框架，构建了核心环境指标体系 PSR；1996 年联合国可持续发展委员会（CSD）等组织以“驱动力—状态—响应”为蓝本，将指标体系分为经济发展、人文社会、资源环境、管理制度多元角度，构建可持续发展指标体系 DSR 模型；欧洲环境组织（EEA）将上述两种框架整合，从系统分析的角度，提出了“驱动力—压力—状态—影响—响应”的 DPSIR 模型。DPSIR 模型是一种广泛用于资源持续发展评价的指标体系概念模型，反映了各要素逻辑关联和驱动关系。学界十分关注可持续发展指标体系的研究，将 DPSIR 模型应用于水资源、土地资源的持续利用以及环境管理政策等领域，也有学者利用 DPSIR 模型对生态港口群、海岸带生态安全响应力等海洋资源的利用能力进行评价。相关研究均结合各种资源特点，对 DPSIR 模型在不同领域中的内涵进行阐释，据此构建资源持续安全发展指标体系，并对资源利用的可持续性、安全性进行评价。

但可持续发展能力评价通常按照“驱动力—状态—响应”或“驱动力—压力—状态—影响—响应”体系结构选择评价指标，以定性方法进行评价，存在主观因素，影响评价结果，需要将 DPSIR 概念模型与海域资源开发利用持续性评价指标体系相结合。事实上，“驱动力、影响”两项因素代表海域开发活动的前置因素，“压力、状态、响应”是海域开发后置因素，最终都体现在海域资源使用的过程和结果等方面，应当基于海域资源储备、海域资源供给、海洋产业效率等要素方面予以考虑。

（二）可持续发展能力复合动力模型

通过利用量化分析模型来综合评判可持续发展能力，是最为常见的分析方法。整体来说，基于复合生态系统场论的综合评判模型运用频次较高、使用范围广泛，对于分析海洋经济可持续发展，也同样可以借鉴使用，考虑海洋经济持续发展的综合因素，通过发展位、发展势和协调度的几何平均函数模型测度持续发展水平。

复合系统场论理论剖析了系统中各要素之间“空间距离”的相对关系，以及由此产生对系统进一步发展“动因”的分析，以此来分辨系统的运行状态与空间轨迹。根据这一原理，海洋经济可持续发展度（D）通过海洋经济持续能力大小来表达，构建发展位（L）、发展势（P）和协调度（H）的关系函数，即：

$$D = f(L, P, H)$$

海洋经济发展位可以认为是海洋系统在一定时刻的发展水平；海洋经济发展势反映了周期内海洋实际状态与理想状态的差距；海洋经济协调度是指海洋系统各要素的协同性。

可见，可持续发展度是一个由发展势、发展位以及协调度共同组成的复合变量，给出其准确而具体的方程是非常不易的，常规方法是对变量进行加权或几何平均。海洋经济系统在第 j 时刻的可持续发展度：

$$D_j = \sqrt[3]{L_j \cdot P_j \cdot H_j}$$

海域资源开发利用系统同样属于复杂动力系统，符合系统场论理论原理，但影响海域开发活动持续性的动力要素不同，动力模型需要根据其系统本身的直接和间接要素进行重新建构。

二　海域持续开发能力测度模型①

海域资源开发利用持续性与海洋经济持续发展的概念并不等同，研究的侧重点亦应不同。海洋经济可持续发展是可持续发展理念在海洋领域的

① 王晓慧：《基于生态效率的海域持续供给能力测度模型构建及应用研究》，《国土与自然资源研究》2017 年第 1 期。

体现，是海洋产业产品持续生产经营能力以及海洋环境的持续服务能力，侧重的是海洋经济活动中连续产出能力；海域资源供给是海洋经济活动的源头，海域资源持续开发能力是可供开发的海域数量和质量的综合表征，侧重的是海洋经济活动中资源要素连续投入能力。

（一）海域持续开发能力测度模型构建

海域具有自然资源特征，权属国家，开发利用的持续性受到政府、社会、经营者以及资源本身等多方面影响，更主要的是由于可供开发海域资源的有限性，海域供给数量和质量取决于自然资源储备、海域要素时空配置以及海域资源生产（即开发利用）三方面的综合作用，三大要素交互影响，并共同承载海域资源的持续开发活动（图5-6）。其中，①海域资源储备与海域要素时空配置的互动影响体现在：可供开发海域面积、海域用途受制于国家或地区海域开发的时空计划管理；随着开发利用活动的进行，根据资源消耗和剩余情况，海域配置的时空安排随之修正和调整。②海域资源储备与海域资源生产的互动影响体现在：丰富的可供开发海域资源可以避免由于资源投入不足而引发海域生产的生态效率低下，而良好的海域生态效率，则可以节约海域资源投入，提高海域资源质量，确保海域资源后续储备充足。③海域资源生产与海域时空配置的互动影响体现在：规模适当、结构合理、主次有序的海域资源配置是提高海域生产生态效率的前提，而海域生态效率的水平也影响到后续海域配置管理决策。由此，构造“海域资源持续供给能力（continuedsupplycapacityofmarineresources）”概念模型如下：

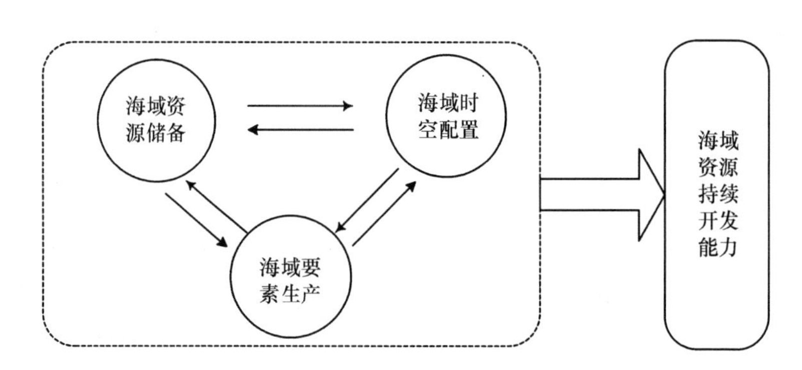

图5-6　海域资源持续供给能力结构模型

$$CSCMR = F(L_1, L_2, L_3, S, T) \tag{5-19}$$

$CSCMR$ 表示海域资源持续供给能力，L_1 表示海域资源储备程度，L_2 表示海域资源管理水平，L_3 表示海域生态生产能力，S 和 T 为附加条件，分别表示时空变量，即海域开发的不同阶段和不同区域。

该模型的基本内涵表现为海域资源持续供给能力取决于特定时空范围内的海域资源储备量、海域资源配置管理水平以及海域要素生态生产能力。由于海洋环境约束，在必须保证海洋保护区和保留区面积的条件下，可供开发利用的海域资源储备量将是递减趋势，要提高海域资源持续供给能力则必须加强海域配置管理，严格计划审批，并提高海域开发的生态效率。

（二）海域持续供给能力评价方法

为量化 $CSCMR$ 模型中的参数，选择海域资源储备率（Reserveratio 即 RR）、节约率（Savingsrate 即 SR）、生态效率（Eco-efficiency 即 EE）作为海域资源储备程度、海域资源管理水平、海域生态生产能力的量化指标，并利用几何平均函数方法来测度海域开发持续度（Sustained）。

$$S = \sqrt[3]{RR \cdot SR \cdot EE} \tag{5-20}$$

（1）RR 为海域资源储备率，是指评价期间每年剩余可供开发海域面积占基期可供开发海域面积的比值，是海域资源相对储备量，反映海域资源储备丰度。

$$RR = 1 - \frac{\text{累计实际用海面积}}{\text{基期可供开发海域基本功能区面积}} \times 100\% \tag{5-21}$$

这里的“基本功能区”是指具有特定海洋基本功能的海域单元，海洋基本功能是指依据海域自然属性和社会需求程度，以使海域的经济、社会和生态效益最大化为目标所确定的海洋功能。“可供开发海域基本功能区面积”则指剔除海洋保护区、特殊利用区、保留区的海洋基本功能区面积；而“累计实际用海面积”是指各年各类功能产业用海的累计海域使用面积。

（2）SR 为用海节约率，是指每年用海面积与上年相比的增减变化，体现海域开发利用活动中资源配置和消耗速度，该指标大于 1 说明本年海域确权数量比上年减少、即海域利用节约程度；小于 1 说明本年海域确权数量比上年增加、即海域利用浪费程度，反映海域资源时空规划配置速度。

$$SR = \frac{\text{上年使用海域面积}}{\text{本年使用海域面积}} \tag{5-22}$$

(3) EE 为海域生态效率，是指在考虑生态约束情况下，将海洋产业生产过程中产生污染作为非期望产出时的全要素生产效率指数（Malmquist），反映海域要素生态生产能力。

Malmquist 生产率指数用来进行海域资源利用效率变化趋势评价，ML 指数为技术效率变化与技术进步的乘积，技术效率变化反映了决策单元效率的提升或下降，技术进步揭示了两个时期效率前沿的变化情况。选择 ML 相邻参比模型，结合方向性距离函数，考虑非期望产出，将总效率进行分解，得到决策单元的 ML 指数（ML）以及技术效率变化（EC）、技术进步（TC）、纯技术效率变化（PE）、规模效率变化（SE）的公式如下：

$$EE = ML = EC \times TC = PE \times SE \times TC \qquad (5-23)$$

ML 的大小取决于决策单元 PE、SE、TC 的高低；PE 大于 1 表示管理或技术得到改善，反之说明管理或技术水平下滑；SE 大于 1 表示规模水平趋向优化，反之说明规模效率下降；TC 大于 1 表示相邻两个时期前沿面移动效应良好实现技术进步，反之说明技术退化。

上述模型中，储备率、节约率和效率指数越高，海域开发的持续性越高；RR 是递减函数，为保持或提高海域持续开发利用能力，必须不断提高 SR 和 EE 的函数值。

三　海域资源持续开发能力实证分析[①]

（一）数据来源与指标选取

1. 研究区域概况

如前所述，浙江省海域面积约占全国的 11%，海洋空间资源分布广泛。“十三五”期间，全省实现海洋生产总值为 40144 亿元，相比“十二五”期间 22144.1 亿元增长 81.29%，海洋经济占全省生产总值的的 14%，在全国名列前茅。海域资源供给数量和质量对全省海洋经济的持续运行极为重要，由于浙江省近年来海洋经济发展速度较快，海域资源刚性需求和海域资源稀缺的矛盾逐步显现，海域资源投入能否持续已引起业内广泛关注。

① 王晓慧：《基于生态效率的海域持续供给能力测度模型构建及应用研究》，《国土与自然资源研究》2017 年第 1 期。

2. 指标选取与数据处理

用来计算海域储备率、节约率的基础数据参数累计海域确权面积、年度海域确权面积见表5－14、可供开发海域基本功能区面积（包括海岸基本功能区和近海基本功能区）见表5－15；用海生态效率参数口径与本章第三节浙江省海域开发生态效率的计算口径一致，其效率值与全省海域Malmquist指数相同。

表5－14　　浙江省2007—1019年海域确权面积

年度	累计海域确权面积（公顷）	本年海域确权面积（公顷）
2007	76400.39	14480.59
2008	88016.3	11615.91
2009	99890.09	11873.79
2010	104762.91	4872.82
2011	114602.77	9839.86
2012	118082.77	3480
2013	125344.77	7262
2014	130240.37	4895.6
2015	134519.87	4279.5
2016	137759.87	3240
2017	141532.57	3772.7
2018	147370.27	5837.7
2019	156880.27	9510

资料来源：《中国海洋经济统计年鉴》（2008—2020）。

表5－15　　浙江省海洋功能区面积

功能区类型（经营用海）	海洋功能区面积（万公顷）		
	基本功能区	海岸功能区	近海功能区
农渔业区	301.27	19.41	281.86
港口航运区	30.10	25.93	4.17
工业与城镇用海区	9.59	8.86	0.73
矿产与能源区	0.09	0.09	0
旅游休闲娱乐区	5.74	4.4	1.34

资料来源：《浙江省海洋功能区划2011—2020》。

（二）海域资源持续开发能力值

根据公式（5－20）至（5－23）以及浙江省相关历史数据，对全省海域资源开发利用的持续度进行量化计算，计算结果见表5－16。

表5－16可知，（1）不同口径计算的海域持续开发能力不同，但趋势相同：2007—2013年处于波动阶段，2014—2017年处于下降阶段，2018—2019年开始回升。（2）不同关注范围的海域资源储备率不同，按照海洋基本功能区计算的储备率高于按照海岸基本功能区计算的储备率；（3）海域利用节约度与效率指数分别呈“M”与“W”趋势，节约度的波动幅度大于效率指数的波动幅度；（4）考虑环境要素的海域供给持续性低于未考虑环境因素的海域供给持续性，说明生态环境对用海的持续性有影响。（5）由于海域储备率变化较小，海域供给持续性主要受用海节约度和用海效率的影响，其中用海效率的影响略大于用海节约度。

浙江省海域开发持续度的提升得益于近年来海域使用的规划与计划相结合管理模式，以及用海效率指数的不断改善。建设用围填海指标连年下调，可见国家海域管理部门相当重视海域开发的持续性，采取严格指标控制的方法遏制海域过度开发局面，并取得良好效果；而地方海域管理部门在节约用海理念指导下管理和开发海域资源，用海节约度显著提高，效率指数虽历年波动，但近年来年有小幅升高，在节约度和效率指数综合作用下，海域开发持续度有回升迹象。

（三）海域资源持续开发能力结论与启示

1. 结论

通过对浙江省海域供给效率以及持续开发能力的评价和测度，得出以下结论：

（1）将环境因素作为非期望产出后，海域供给持续性明显下降，主要原因是随着海域开发规模扩大，海洋环境污染与海洋经济产值同步增加，导致正负产出相抵海域供给效率无法大幅提升。在现有期望产出水平下，合理配置海域要素供给规模、优化供给结构、提高海洋开发技术、降低海洋污染，成为改善用海效率、提高用海持续性的关键。

（2）海域持续开发能力在国家实施围填海计划管理两年后有显著改善，但近岸海域的持续开发能力较低，特别是储备率降至73%附近，持续度均值仅有0.874（考虑环境因素），应当引起足够重视。随着海域资源

表 5－16　浙江省海域持续开发能力

时间	储备率		节约度	ML 指数		非生态持续度		生态持续度	
	海岸基本功能区	海洋基本功能区		未考虑环境要素	考虑环境要素	海岸基本功能区	海洋基本功能区	海岸基本功能区	海洋基本功能区
2007	0.870	0.978	0.550	1.223	1.196	0.837	0.870	0.830	0.863
2008	0.850	0.975	1.247	1.186	1.153	1.079	1.129	1.069	1.119
2009	0.830	0.971	0.978	1.002	0.676	0.934	0.984	0.819	0.863
2010	0.822	0.970	2.437	0.902	0.867	1.218	1.287	1.202	1.270
2011	0.805	0.967	0.495	1.206	1.242	0.783	0.833	0.791	0.841
2012	0.799	0.966	2.828	0.987	0.648	1.307	1.392	1.136	1.210
2013	0.787	0.964	0.479	0.985	0.851	0.719	0.769	0.685	0.733
2014	0.779	0.962	1.483	1.017	0.664	1.055	1.132	0.915	0.982
2015	0.771	0.961	1.144	1.221	1.171	1.025	1.103	1.011	1.088
2016	0.766	0.960	1.321	0.883	0.718	0.963	1.039	0.899	0.969
2017	0.759	0.959	0.859	0.745	0.515	0.786	0.850	0.695	0.751
2018	0.749	0.958	0.646	0.702	0.615	0.698	0.757	0.668	0.725
2019	0.733	0.955	0.614	0.744	0.605	0.694	0.758	0.648	0.708
均值	0.794	0.965	1.160	0.985	0.840	0.931	0.993	0.874	0.932

储备率不断下降，后期的海域开发必须不断提高节约度和效率指数，才能保持海域的持续开发能力。

2. 启示

（1）浙江省海域开发利用已经常态化，虽然近年来不断加强海域管理，但至今尚未建立系统的海域供给持续性评价体系和标准，甚至相关研究也比较少见，导致海域管理存在一定的盲目性，也降低了管理效果。因此，应当遵循海域资源利用规律，建立规范的持续开发能力评价体系和评价标准，并在经济发展每五年规划末期对上一个五年规划期间海域后续开发利用的持续性进行评价，根据评价结果，合理安排下一个五年规划期间的海域供给规模和用海结构，从根本上彻底改变海域开发的无序、无度现状，确保海域资源的科学、持续、高效开发。

（2）基于海域资源储备、使用和管理角度，采用几何平均法，对浙江省海域开发利用持续能力进行模型构建和评价，突破了以往海域开发持续性定性评价的局限。但由于未能取得省内每类功能用海和省内每个用海地区海域使用计划的数据，无法实现结构性持续开发能力评价，需要今后不断完善。此外，模型中没有考虑海域使用权注销或收回的因素，如果注销和收回的海域面积较大，应当对模型进一步优化。

第六章　国际视野下海洋资源开发利用及环境治理

海洋资源开发利用为世界沿海国家带来巨大利益，包括经济利益、主权权益以及地缘政治地位等，导致国际公共海洋资源争夺也愈演愈烈。早期国际海洋权益纷争受海洋秩序影响，随着全球经济一体化进程不断深入，世界政治经济格局发生巨变，国际海洋秩序也面临重构，特别是在海洋环境问题日益突出、全球海洋治理体系逐步完善的新时代，国际海洋公约需要调整，海洋资源共同开发机制和治理机制需要建立。在海洋秩序变革过程中，中国国家实力进一步提升，中国政府提出的全球海洋命运共同体理念得到世界共识，中国在国际海洋资源开发利用和全球海洋治理事务中的大国责任担当和主导作用愈加显著。

第一节　国际海洋秩序与海洋权益

国际海洋秩序是在伴随着海洋生产力产生的国际海洋领域权益格局，反映了一定时期内海洋权力和海洋利益关系。在当今“泛海洋”时代，海洋秩序的稳定性受到海洋主权国家意识形态以及综合实力的影响，也使得世界竞争格局发生多维变化，新的国际海洋秩序在破旧立新的过程中不断演绎和生成。

一　海洋秩序的变迁

（一）欧洲主导的海洋占有到海洋自由

人类对海洋的认知经历了漫长的岁月，不断拓展着地理空间从大陆向海洋延伸的认知，随着西葡的扩张，世界海洋权利主体逐渐形成，开始于中世纪的海洋争夺，从通过军事手段对空间版图的占有，向利用海域资源开展的生产作业过渡，再扩展到海洋贸易领域的控制。这期间西班牙和葡萄牙两个国家独揽世界海洋事务大权，享受海洋相关利益，尤其是葡萄牙利用东方航线沿线地区，独享排他性海洋权利，而其他国家海洋权利仍局限在小范围的作业海域，未经允许，各国均无权使用或参与西葡管辖的贸易航道。世界海洋主导者以西班牙和葡萄牙为核心，形成了海洋占有秩序。海洋占有下的海洋秩序中葡萄牙和西班牙却呈现不同的控制特征，葡萄牙侧重航线制权垄断海洋贸易，西班牙侧重陆地资源搜刮、航海装备基地建设具有优势地位。

但随着欧陆国家由中世纪开始的近代转型，荷兰由于自然地理优势，海洋力量不断崛起，特别是世界范围内的贸易规模逐渐扩大，世界各地贸易往来频繁，促进了航运、造船以及其他海洋产业的发展。荷兰的海洋力量冲击了原有西葡垄断的海洋秩序，从贸易参与权到航海自由，荷兰开始全面进入海洋竞争。格劳秀斯《海洋自由论》提出海洋自由是“天赋权利”，从法理和学理上论证了“海洋自由”的重要思想，海洋领域的国际行为深受影响。国际海洋实践中，荷兰凭借其发达的海洋经济成为海洋自由秩序的主导，没有对海洋实施控制和占有，不限制其他国家的海上贸易，英国在此期间的海洋竞争力快速提升。

（二）英国海洋霸权与美国海洋霸权

英国的强势崛起使得荷兰逐渐丧失了海上贸易的霸主地位，英国制海权领域不断拓展。英国通过军事力量实现殖民地扩张，争夺海上贸易主导权，很快取代荷兰，发展为世界海洋霸权帝国。英国的海洋势力得益于天然的地缘优势以及统治者对海洋的高度重视，特别是17世纪后期，对外扩张趋势明显，世界海洋强势地位基本确立。英国对海洋权力扩张的特点一是强调近海海域的管辖权利，在英国近海范围内实现“海洋封闭”；二是借助海洋自由的名义、博取他国支持，掌控国际海洋资源。海权主导时期，往往大国是海洋体系的主角，成为规则制定、权力行使的主体，附属国家在霸权规则框架下进行局部海洋贸易或殖民掠夺，即便是沿海国家也没有海洋话语权。英国依靠发达的工业基础和强大的海军力量，具有海权主导优势，成为大航海时代的掌控者和受益者。

第二次世界大战之后，各国之间国际交流不断增进，海洋单边主导方式受到挑战，国际会议作为重要的海洋权利诉求和政策协调路径，成为多边议事的主流趋势。但亚非拉国家海洋意识渐强，对国际海洋资源占有和争夺的趋势日益明显，海洋权利显现多元化主张。在此期间，美国的快速崛起使英国在新一轮霸权角逐中被淘汰，美国成为新的海上霸权国，掌控着海洋规则和海洋权益的主导权，用自己标准衡量、评判其他国家的海洋主张，不顾其他国家的海洋利益，肆意抵制和违背《联合国海洋法公约》，甚至以武力和胁迫手段推进其单方面主张。高度利己化的单边权利结构设置，彰显了美国海洋霸权的企图，国际海洋权利向美国聚集。

（三）海洋权利平等与海洋责任

国际政治形势错综复杂，世界舆论干扰下海洋列强遇到更多的政治阻碍，美国难以维持制海权的单边控制，更无法阻止海洋事务共同参与和民主协商的进程，《联合国海洋法公约》作为公认的国际海洋议事途径被广泛接受。特别是当人类对海洋的权力争夺从航道资源、渔业资源转向更多的海洋资源开发利用，越来越多的国家开始把海洋开发升级为本国战略，世界各国为维护自身海洋利益、争取海洋权利平等的呼声越来越高，海洋权利平等的世界海洋格局已经形成，分割管制已被整体治理所取代，责任导向下海洋权利、义务和利益的国际分配机制开始受到重视。

中国在积极参与全球海洋治理，作为负责任大国主动承担国际海洋建设责任，提出“海洋命运共同体”理念，坚持多边协调、共同开发原则，主张和谐商讨国际规则和“包容性利益”机制，促进国际组织重建公平合理的海洋新秩序。面对日益恶化的海洋环境，中国的大国担当、合作共赢而非独霸海洋权力的态度赢得世界各国的广泛认同，在国际海洋事务中话语权逐渐提升，成为主导全球化海洋治理的核心大国。从国际发展格局看，世界海洋新秩序建设中，需要中国这样有担当的大国，引领国际各国开创海洋领域共治共赢的新局面。

二　国际海洋权益分配

（一）控制维度下的国际海洋权益分配

早期的国际海洋秩序中，无论是海洋占有、海洋自由还是海洋霸权，都体现出强权秩序下海洋大国对海洋权益的垄断和独霸，国际海洋资源惠顾的是极少数海洋秩序主导国。西班牙和葡萄牙是最早的通过海洋航线资源获得海洋权益的国家，不但管辖着海上航道和世界贸易的准入权，还拥有着世界海洋资源权益的分配权和获得权。以葡萄牙为例，葡萄牙在海洋主控期间，以王室主管为手段现实了海洋管辖权的再分配，并将世界海上航线、航海信息视为机密，如有泄露必遭严惩。葡萄牙通过利用航道限制海上贸易的方式实施世界海洋的管制，其他各殖民地商人参与海洋贸易需付出昂贵航道占用费，葡萄牙因此获得海上垄断贸易的直接收益和间接收益。

英国海洋管辖时代是历经了荷兰海洋自由秩序后新型海洋权益控制时期，既超越了西班牙和葡萄牙时期的海洋利益独自占有，又不同于荷兰主导的海洋利益自由分享，而是借助海洋自由秩序打开了本国海上活动范围，并通过有限制地实施海洋管辖权，保护了英国本土近岸海洋资源利益，也不妨碍其远海的战略扩张。英国作为当期的海洋力量强势国家，借海洋自由的名义，通过对海洋控制权的争夺，掌控了海洋利益分配规则，也成为后期海洋大国进行制海权竞争的模板。

（二）平等维度下的国际海洋权益分配

当海洋资源开发成为各个国家解决陆域资源枯竭的重要途径，海洋权益分配便成了世界关注焦点，主权国家纷纷参与了海洋资源开发利用。《杜鲁门公告》导致了海洋圈地的开始，也将国际海洋权益问题推向了争端的前沿。荷兰时代海洋自由秩序看似解决了海洋权力独霸垄断的问题，缓解了海洋强权国家与弱势国家争夺海洋资源的矛盾，但不可避免的造成“公地困境”。随着国际法律制度体系不断完善，联合国多次举行国际海洋法会议，1982 年《联合国海洋法公约》颁布，世界海洋资源公平权益机制得以形成，不但沿海国家得到了近岸海洋资源的权益，内陆国家海上航行通道也得到了保障。《联合国海洋法公约》改变了传统武力解决海洋争端的方式，建立了海洋资源的平等开发和利益分配模式，总体上调和了以往海洋资源权益分配的矛盾。

《联合国海洋法公约》扩大海洋管辖权、缩小公海领域，意味着扩大了各国自主开发海洋资源的范畴，实质上保全甚至提升了海洋资源开发利用带来的收益权利，虽然冲击了海洋霸权国家的海洋经济利益和海洋政治利益，但越来越多的主权国家海洋权益均等扩张的诉求得到回应，也是世界海洋格局中去西方化趋势所在，其目的就是抗衡海洋霸权、争取平等海洋权益、保障本土海洋安全。

（三）责任维度下的国际海洋权益分配

21世纪以来，世界海洋问题的焦点已由传统海洋资源开发转向海洋生态环境，海洋军事力量决定海洋权益的时代已经过时，合作开发机制、海洋文化理念先进海洋科技已成为新经济时代世界爱好和平的国家共同追求的目标，海洋权益分配连带海洋环境责任的观念取向日渐形成共识。

全球化时代海洋环境污染是世界性公害，对地球上每一个国家都将带来负面影响，包括海洋国家在内的所有国家不得不将对海洋权益冲突的关注转移到海洋命运共生上来，即便是平等权益下的海洋开发与利用也不能忽视相应的海洋保护义务，在享受管辖海域开发利益的同时更要承担公海资源的生态责任。海洋水体及水生物具有流动性，海洋资源过度消耗、海洋环境严重污染无疑成为全球性问题，海洋资源共同开发、共同保护是世界海洋事务未来的发展趋势。从追求海洋权益平等到面对海洋责任担当，从海洋强权单边主导到全球海洋共同治理，世界海洋权益与责任匹配体系正在逐步建立。

全球海洋命运共同体背景下，海洋权益的特征更多体现在海洋环境治理收益而非海洋资源直接效益上，海洋国际责任感起着关键作用。中国在海洋全球治理方面表现尤为突出，全球海洋资源共享、共同开发、协同治理的理念赢得广泛认可，为世界海洋经济可持续发展做出了巨大贡献。

三　地缘政治下海洋权益主体博弈

（一）美国强权主导海洋话语

尽管现代海洋权益分配比强权时代更具公平性，世界海洋秩序在新的历史阶段也正处在重新构建过程中，但就当前地缘政治下的海洋格局而言，美国依然作为世界海洋主导者掌控着海洋事务行事规则，海洋霸权国美国依靠强大的海军势力干预别国获取正当的海洋权益，阻碍公平履行《联合国海洋法公约》，强制推行单边主张，通过主导世界海洋规则制定权达到掠夺世界海洋财富的目的。美国海洋强权是其世界霸权的重要组成部分，“因恐惧‘霸权周期论’的循环逻辑，更加追求绝对的海权优势与唯一的海洋控制权，以遏制与打压任何挑战者，即使是潜在挑战者，而没有意识到霸权衰退的根源就在于垄断。”[①]因此，在国际海洋权益主体博弈中，针对世界第二大经济体中国的制裁可想而知，也体现出美国政府狭隘、独裁的政治本性。

美国海洋霸权在压制中国海洋战略发展的同时，影响到其他主权国家的海洋权益，对这种有碍平等开发世界海洋资源的立场势必遭到世界各国的反对，特别是亚非拉国家平等开发海洋资源的意愿日益强烈，公平、合理享有海洋权益是大势所趋。在新型海洋秩序的博弈中，海洋军事影响力在逐渐下降，权利因素被责任因素所取代，美国是霸权而非责任大国，无法担当未来国际海洋格局的主导者。

（二）海洋权益争端中的专属与共享

20 世纪 70 年代，海洋“专属经济区”由肯尼亚首次提出，认为海洋国家对经济区享有科研和环保的专属权，这一提议获得了亚非国家的广泛支持，也表达了发展中国家的共同诉求。但“专属经济区”的划界原则笼统、模糊，涉海活动实践中诸多海洋争端无法及时解决，也反映出各国自身海洋机制和利益诉求与《联合国海洋法公约》约定的秩序体系不同，因而在世界海洋主体开发利用过程中产生矛盾争端。这种由于海洋利益产生的争端体现了传统海洋国际海洋权益主体博弈动机。

但伴随着世界经济的高速发展，海洋领域的竞争已不仅仅是海洋资源本身的博弈和争夺，来自海洋安全、海洋生态、海洋经济和海洋权益等方面的博弈更加明显，沿海国家在领海以外区域开发利用海洋资源使得专属与共享的界限变得模糊，在全球性海洋污染问题越来越严重的情况下，公海资源共同开发、共同养护已成为新时代海洋事务持续发展的必然要求。

（三）零和博弈转向合作共赢

进入 21 世纪以后，原有世界海洋主体间为争夺制海权的对抗式零和博弈已经因国际海洋环境问题转向合作式共赢博弈。零和博弈下，海洋控制权既有排他性，海洋权益非此即彼，相关利益主体大多采用对抗策略保全本国海洋权益，但由于海洋管辖权分散，国与国之间、专属区与公海之间有相当多的权属不清、责任不明的问题，而海水的流动性导致各种冲突

① 朱芹、高兰：《去霸权化：海洋命运共同体叙事下新型海权的时代趋势》，《东北亚论坛》2021 年第 2 期。

带来的海洋污染问题不能有效解决，零和博弈已经失去了原有的竞争环境。当国际社会普遍认识到，海洋资源开发、保护以及权益合理共享已经成为现实时代共同面对的问题，非极少数霸权国家能独立控制和左右，新型海洋秩序产生了重新建立的基础，这就是中国政府提出的“海洋命运共同体”。新理念丰富了全球化海洋发展体系，构建了重新认知、深度经略、互联互通的海洋场域，表明国际视野下海洋资源共存、海洋生态共治、海洋利益共享的一体化关系。当然，由于海洋命运共同体理念下的“共享共治”与《联合国海洋法公约》“专属专管”存在所有权与管理权的矛盾，真正实现世界新型海权格局并非一蹴而就。

第二节　国际海洋开发机制及开发现状

《联合国海洋法公约》是目前国际海洋开发的重要法律依据，世界各国依此规定进行管辖海域边界划分，海洋资源依此进行开发、利用和保护。由于海洋资源的复杂性以及国际海洋开发实践中各种争议的存在，增加了单方面开发利用海洋资源的难度，目前世界范围内通常采用双边、多边或区域合作开发机制，对海洋资源共同开发、共同治理。

一　《联合国海洋法公约》

（一）《联合国海洋法公约》订立背景

第一次世界大战后，非西方主体越来越多地参与海洋资源开发利用，国家之间海洋权益的矛盾冲突日益复杂，原有的单边或双边强权制定国际规则的模式受到挑战，多边协商成为更主流的海洋议事规则，联合国海洋法会议提供了协调多方分歧的重要方式。

著名的“日内瓦海洋四公约”，即《公海公约》《大陆架公约》《领海与毗连区公约》和《捕鱼与养护公海生物资源公约》，解决了分歧较大的领海宽度、公海管辖权、大陆架海洋资源管辖以及渔区范围等问题，为促进国际海洋法的发展做出巨大贡献，具有重要历史意义；第二次和第三次海洋法会议不断就上一次会议遗留问题进行磋商和讨论，随着非洲各国的加入，海洋法会议的参会国家和成员越来越多，进一步推进了海洋法会议进程，直至1982年4月，历经24年、三次海洋法会议，终于以130票赞成、4票反对、17票弃权的投票结果通过了举世瞩目的《联合国海洋法公约》。由此，国际海洋领域法制建设步入规范化、标准化阶段，“日内瓦海洋四公约”与《联合国海洋法公约》成为国际上处理海洋纠纷和争议的法律依据，标志着世界海洋平等秩序的到来。

（二）《联合国海洋法公约》主要内容及世界影响

《联合国海洋法公约》以九大水域为基础分配海洋空间，主要沿用区域治理法，将传统海域空间按照公海和领海进行划分，全部内容分为十七个部分四百四十六条（包括九个附则），涉及领海和毗连区、用于国际航行的海峡、群岛国、专属经济区、大陆架、公海、岛屿制度、闭海或半闭海、内陆国进入海洋的权力和过境自由、国际海底、海洋环境的保护和保全、海洋科学研究、海洋技术的发展和转让、争端的解决等各项法律制度。《联合国海洋法公约》对国际海洋资源平等利用、资源保护和权益保全做出了最完整、最全面的法律规定，对各国在国际海洋资源利用上的权利义务等法律关系进行了规范和约束，明确了各国海洋管辖空间范围和权力范围，减少了因海洋资源争夺爆发的海上冲突，满足了多数国家的海洋利益诉求，相比其他以往的海洋权利制度，《联合国海洋法公约》无疑受到世界范围内最广泛的认同。同时，《联合国海洋法公约》提出的海洋生态环境保护、公海生物资源养护等制度，规范了各国行使海洋管辖权、获取资源利益时所应履行的海洋环境责任，实现了国家海洋资源管辖权、开发权、利益分配权以及海洋治理的权利和责任的融合。

中国政府于1996年加入《联合国海洋法公约》，为我国海洋法律、政策的制定提供了重要依据。根据该公约框架，中国政府相继建立和完善了海域使用管理、海洋生态环境保护、海上执法监督、海洋权益维护等各种海洋法律、政策制度，全民海洋认知不断提高，社会海洋产业持续发展，中央政府高度重视海洋资源开发利用，将海洋经济定位在国家战略层次，也促使中国在世界海洋领域的地位逐步提升。

（三）《联合国海洋法公约》发展性内涵

《联合国海洋法公约》自诞生以来，理顺了国际海洋秩序，建立了多维度的海洋法律制度，被誉为“海洋宪章”。然而由于该公约从颁布至今经历了近四十年，尽管公约内容几乎覆盖了国际海洋各类重大领域，面对

21 世纪世界格局和海洋自然环境新变化，仍有很多问题没有很好地解决。国际法对海洋空间界限的划分也意味着海洋责任被分割，但就公海而言，并没有明确的管辖主体，导致公海内部权力与义务不对等；在开发权利、军事活动范围、岛屿制度兼容、邻国邻岸海界划分以及海盗问题等方面的规定存在诸多缺陷；公约的适用范围、海上安全的国际和区域法律框架、沿海国专属经济区的剩余权利等规定尚不明确，需要根据国际政治局势、经济发展和海洋环境的现状不断予以完善。

与此同时，条约解释的国际法规则通常遵循缔约国意图，缔约者会赋予一些条约用语一种随着时间的变化而不断变化的含义，这种缔约者“时间意志”目的是保持国际条约部分约文适用范围的灵活性，适应社会发展变化。相比四十年前，当今世界政治、经济、自然发生了巨变，沿用传统的条约解释无法回答海洋所有问题。作为海洋领域的“宪法”，《联合国海洋法公约》被赋予了根据后期发展变化对条约中部分条款进行的灵活解读权，需要与时俱进，从发展性理念出发，对《海洋法条约》进行适时性的“演化解释”，以确保条约效力的稳定性和适应性。

二　国际海洋资源共同开发机制

（一）国际海洋共同开发动因

一方面，20 世纪以来，世界各国对海洋资源的需求日益增多，开发利用范围不断扩大，当海洋权属边界发生分歧时，势必寻求有效的解决途径。为了避免由于海洋资源争夺引发的海上军事冲突，大多数国家遵循和平共处原则，搁置海区争议、寻求合作开发途径，这也是目前国际上普遍认可的海洋开发模式 。但国家之间毕竟存在各自的主权利益，在合作开发海洋资源过程中仍然存在竞争关系，也使得这种竞争开发机制更加复杂。这其中不仅仅是各国经济实力的角逐，还涉及国家主权、政治立场，不但涉及资本、技术等开发投入成本，更要关注海洋资源开发利用后的价值分配，以及后续合作关系的存续性，一旦某一个环节出现争议和分歧，又不能很好地协商解决，都将带来负面的国际影响。

另一方面，海洋资源兼具流动性、立体性和不可分割性，相比其他自然资源更具一体化特征，各国家海域边界水体和生物资源相互连接、相互贯通、相互交叉，海洋生态环境相互影响，更适合进行跨区域、跨国界的海洋资源合作开发和保护，特别是在全球经济一体化进程中，国际上邻国之间此类共同开发的实践更为普遍，在实现海洋资源共享的同时，也为海洋资源共同保护提供了最佳途径。

（二）国际海洋共同开发的驱动机制

对于国际海洋资源开发利用活动而言，《联合国海洋法公约》是建立国际合作开发驱动机制的法律依据，参与合作的国家或地区在《联合国海洋法公约》总体框架下，制定相关协议、条约等规则，来明确参与开发的双边或多边主体的行为规范，保证各方开发收益。国际海洋共同开发驱动机制包括：政府主导、机构委托、企业合作等三种联动机制。

政府主导是指由有意向合作的各国政府有关部门就国际海洋资源共同开发事宜进行商洽，签订合作协议，明确共同开发海区范围、资源类型、合作原则、责任权利等事宜。政府主导的海洋开发项目由各国专设理事会负责执行，决策层次高，合作项目重大。例如，1960 年荷兰与联邦德国双边政府商定，在争议海区共同规划海洋油气开发区、平均分配开发收益；1965 年英国和挪威签订双方合作协议，共同开发划界不明地区海洋油气资源；日韩共同开发大陆架协定等；中国政府利用亚太经合组织、东盟首脑会议等各国官方合作平台进行会谈，通过定期会晤，促进海洋资源共同开发项目的有序开展。

机构委托是指缔约国将海洋共同开发区管辖权转让给由共同开发国家代表组成的委员会或国际机构，根据规章制度发放海洋开发利用经营许可证，并对海区进行开发管理。例如，1974 年苏丹与沙特阿拉伯各自授权所在国的联合委员会，勘探与开发共同开发区内的自然资源；1989 年澳大利亚与印度尼西亚缔结《帝汉缺口条约》，设立理事会和联合管理局，共同管理合作项目，风险共担、利益共享。

企业合作是指通过各国政府授权，租让人组建合资企业、获取勘探开发许可和管理权，进行海洋资源开发利用具体活动。2001 年尼日利亚与圣多美普林的专属经济区石油开采、2001 年澳大利亚与东帝汶帝汶海的油气开发等等合作项目，均属各自政府授权下的合资企业共同开发行为。

上述三种机制中，政府主导的共同开发通常适用于争议海区或具有重大政治意义的合作开发项目，机构主导和企业主导的共同开发更适用于海洋资源开发利益丰厚的合作项目。

（三）国际海洋共同开发的执行与分配机制

共同开发需要各方政府、机构、企业的驱动下，经过会晤、商洽、谈判等程序制定合作协议、章程、合同，对缔约方合作模式、权利、义务、责任、利益分配等相关事宜进行规定，并在开发过程中严格遵照执行。如果开发过程所遇问题未能在前期明确规定，各方代表则根据实际情况进行商定，通过“执行—反馈—修正”的过程，确保共同开发的项目顺利完成。例如，在国际海洋矿产资源开发过程中，缔约方派出各自代表，组成专门部门，共同制定规则，明确分工合作事宜，并按约定行使勘探、开发、分配权力。此外，也有缔约国成员委托其中一方代理开发、缔约国各方委托国际专门机构等其他国际海洋资源共同开发执行机制。

各国参与海洋资源共同开发的目的是利益共享。为了合作项目顺利进行，有必要在项目启动前的合作协议中明确开发利润的分配原则、分配模式以及分配周期，并在海洋资源开发过程中按既定规则进行利益分配。海洋资源共同开发利益分配的复杂性取决于缔约国之间资源权属、合作模式以及成员道德。目前主要的分配制度有平等分配和比例分配，平等分配是在共同开发协议中约定所得收益由两个国家平等分享，如日韩共同开发协议规定，共同开发区内资源及其开发合理费用双方平均分摊；比例分配是以争议资源占全部资源比例为依据进行双方开发收益的分摊，例如，英国与挪威共同开发矿藏储量采取比例分配原则。

国际海洋合作开发过程中，争议海域合作开发比公海合作开发的利益分配难度大，多方缔约成员合作开发比两国合作开发的利益分配更复杂，缔约成员中“搭便车”成员过多也会使利益分配的分歧加大。国际海洋资源共同开发的利益分配机制要遵循互利互惠、结构均衡以及收益与风险匹配等原则，才能公平合理分配共同开发收益。

（四）国际海洋共同开发的信任与协调机制

多方主体参与的合作项目通常以信任为前提，特别是国际间海洋资源开发利用项目的大型合作项目尤其如此。缔约成员之间以联盟方式合作，委托其他成员或第三方机构执行开发程序，在一定范围内通过适当监督制约对方，通过建立信任机制达到节约监督成本的目的。通常信任机制包括开发前风险责权明晰、项目运行中信息公开透明、违约后履行失信成本代价等制度，以合约为载体，缔约成员对信任利益和信任成本的认知，实现彼此之间信任度的提升，确保共同开发国际海洋资源合作项目的进程。

国际间海洋资源共同开发项目的运行过程周期长、风险高、权益关系复杂且国际影响大，缔约成员之间、组织机构之间、主权方与委托方之间各种关系需要协调。一方面庞大的国际合作系统内各职能分部之间存在业务分工与协作关系，需要及时沟通和信息共享；另一方面当成员之间出现意见分歧时，更需要通过洽谈、协商等形式交换观点、均衡利益、解决矛盾。例如，目前国际海洋矿产资源开发过程中的协调机制通过平衡参与合作各方的长短期利益来缓解纠纷，稳定多元合作主体，共同获取海洋矿产资源开发利益。

三　国际海洋资源开发现状

（一）世界海洋资源状况

《中国海洋统计年鉴》显示，地球海洋广袤，面积达3.61亿平方千米，约为地球表面面积的70.8%；其中沿海国家管辖近岸海域约1.3亿平方公里，占海洋面积35.8%，接近地球陆地面积。主要沿海国家海岸线长度前五位是印度尼西亚、俄罗斯、中国、日本、美国，分别是3.5万公里、3.4万公里、3.2万公里、3万公里、2.268万公里。

2018年全球鱼类产量约为1.79亿吨，其中海洋捕捞渔业产量8440万吨；全球渔业装备数量约456万艘，拥有渔船最多的地区是亚洲，约为310万艘船，占全球渔船总数的68%，进入国际贸易的全球鱼类产量的38%；海上贸易占世界贸易总量的80%以上，2018年散货、集装箱、原油、石油产品等货物海上贸易运输量达到110亿吨，全球集装箱港口吞吐量7.93亿标准箱。

世界石油资源有34%来自海洋，分布在大陆架的海洋油气资源约占全球海洋油气资源的60%。据美国地质调查局（USGS）评估，除美国以外，世界海洋待发现石油资源量和天然气资源量分别占世界待发现资源量的47%和46%，接近一半。由于石油勘探技术的不断发展，海洋石油探明储量正从浅海向深海转移。海洋石油开发区域中，深海藏量集中在巴西近海、美国墨西哥湾、安哥拉和尼日利亚近海等四大深海油区。

（二）国际海洋资源开发争议

《联合国海洋法公约》建立了世界海洋规则，各国共同承担海洋责任、享有海洋权益。但由于历史遗留问题、实际划界与国际海洋法不符等原因，使得海上毗连区疆界和岛屿归属、海底资源以及公海开发权成为国际海洋开发中主要争夺的焦点。事实上，海区权属争议的目的在于海洋矿产、油气、能源等重要资源的争夺。在海洋资源争端长期无法消除的背景下，竞争与合作状态下的共同开发是当前最佳途径。

一是边界之争。目前全球大约有420多个海域边界需要划定，尚有2/3左右的边界线因历史争议等原因未能划定，例如，日本与俄罗斯之间关于“北方四岛”权属争议，日本与韩国之间关于“日本海”（韩国称之为“东海”）权属争议，中日韩关于东海海域、南海岛屿和海域的权属之争，阿根廷与英国关于马尔维纳斯群岛及其附近海域的权属争议等，相关利益国家通过谈判解决争议，而争议海区的海底矿产资源在争端解决过程中共同开发或暂时搁置。

二是公海之争。《联合国海洋法公约》对国家管辖权以外的公海海区海床、底土及海底资源作了排他性规定，即“属人类共同继承财产，任何国家、自然人或法人都不得对其任何部分主张、行使主权或将其据为己有。”说明公海海洋资源所有权归属全人类，是世界公有资源。世界各国对公海的争夺体现在开发权方面，由于海底开发技术在不同国家的发展水平不同，发展中国家与发达国家分歧较大。发展中国家普遍呼吁统一开发，发达国家则坚持自行开发、国际备案，目前采取介于中间的制度，即公海海底资源在国际海底管理局主导下缔约国共同开发。

三是北极之争。由于国际法未将北极圈纳入大陆架延伸范畴，北极地区没有主权国家，目前由国际海底管理局实施管理。北极海域大量丰富的矿产资源、油气资源吸引了世界各国特别是北极周边国家前来考察和勘探，但由于北极地区气候寒冷、自然条件差，海底资源开采及运输成本极高，各国对北极海底资源仅处在战略上关注阶段，并未真正启动开发程序。

（三）国际海洋资源共同开发案例

在国际海洋资源共同开发机制框架下，为解决海洋权益争端、充分利用海洋资源，世界各国之间通过各种途径开展共同勘探、共同开发的合作项目。典型案例包括英国与阿根廷、俄罗斯与挪威、日本与韩国以及中国南海与文莱、越南、菲律宾等国家针对海底油气资源进行的共同开发。

日本与韩国东海大陆架共同开发协议——《日本和大韩民国关于共同开发邻接两国大陆架南部的协定》于 1978 年 6 月生效，针对两国大陆架“中间线”、“延伸线”争议区及其资源开发进行利益协商和规则调整，最终对共同开发区域、特许权人选择权、组织方式、争端解决方案达成共识、形成协定。尽管由于共同开发区内未发现高商业价值的油气田，双方对共同开发的实践并不积极，但日韩共同开发提供了规范的法律文件，不失为一个相对成功的案例。

英国与阿根廷共同开发始于 1995 年，导火索是因马尔维纳斯群岛主权归属争端，作为武力解决冲突的替代方案，两国就共同区域近海活动签署《英国和阿根廷关于西南大西洋近海活动合作的共同宣言》，对争议岛屿附近海域划定了共同开发区，并制定了共同开发原则、形式和具体措施。但在共同开发实践中，由于共同开发宣言不同于国际法，其约束力有限，双方对于争议岛屿及其附近海域主权依然坚持各自主张和单边行动，且设定的区域内缺乏油气资源，最终导致合作失败。

2010 年 9 月俄罗斯与挪威政府间签署“《俄罗斯联邦与挪威王国关于在巴伦支海和北冰洋的海域划界与合作条约》”①，历时 40 年的谈判、协商，争议海域面积由大变小、油气资源由冻结到划界后开放，最终解决了俄挪巴伦支海大陆架油气争端，实现了跨界共同开发。俄挪共同开发成功重要原因在于，争议海区巴伦支海碳氢化合物资源极其丰富，共同开发同时符合两国经济利益、战略诉求和政治意图，这些一致性目标敦促双方自觉遵守条约，使合作进入良性循环状态。

从上述国际海洋资源共同开发案例中可以得知，共同开发能否成功，受利益因素、政治因素、机制因素影响，当共同区域内海洋资源经济价值高、开发机制能较好地包容各国法律制度、当事国之间政治关系和谐时，合作容易成功；反之，如果共同区域内没有高价值油气资源、当事国之间法律制度差异较大且与共同开发协定规则冲突、各国内部党派纷争、国家

① 古尔巴诺娃·娜塔丽娅：《21 世纪冰上丝绸之路：中俄北极航道战略对接研究》，《东北亚经济研究》2017 年第 6 期。

之间政治立场存在严重分歧，就很难在共同开发协定上取得共识，最终导致合作失败。

（四）各国海洋资源开发机制的启示

欧美和东亚很多发达国家历来重视海洋资源开发价值，海洋开发利用体制机制建设也积累了丰富的理论和实践经验，以美国、加拿大、日本为例，分析国外海洋管理与开发政策、模式、体制，对中国海洋资源开发利用机制建设具有重要启示。

美国最高层权威海洋管理决策机构是国家海洋委员会，成立内阁级别海洋政策委员会，处理联邦政府与各州、地方政府之间的海洋事务；拥有健全的海洋政策体系，由海洋资源管理、海洋资源开发利用、海洋科技到海洋生态保护等制度构成；建立了包括资源、生态、科技在内的基础性、多元化管理体系，将市场机制引入海洋生态保护机制，对有限的海洋资源用户制定配额标准，实施开发与保护统一规划。

加拿大自1868年颁布《渔业法》以来开始了对海洋资源的规范，设立海洋渔业部、交通部、环境部、公共安全部等联邦政府部门，对低潮线以外海洋资源进行管理，各省对低潮线以内的资源享有管辖权，在此基础上，建立了完善的区域海洋管理协调机构，处理各部门之间相关政策掣肘及海洋计划冲突等问题，鼓励民营部门和组织参与海洋项目合作开发，建立了全新的海洋综合管理体系。早在2002年加拿大制定海洋战略发展规划，明确实施主体和管理原则，强调了生态系统对海洋环境的重要作用。

韩国2002年颁发《海洋渔业开发框架法》，从立法层面明确了政府海洋发展方针，规范管理海洋资源。2008年中央政府设立国土、交通与海洋事务部，联合制定海洋资源开发利用政策，指导国内和国际重点海洋项目投资；地方政府根据本区域海洋特色开发海洋资源、发展海洋产业。韩国政府注重健全污染源及其排放治理，制定岸线海洋生物保护规划，海洋科技创新、海洋资源开发以及海洋保护等机制。

各国海洋发展历史不同、政治体制不同、管理模式不同，海洋资源开发机制也存在一定差异，但近年来总体架构上都以海洋生态保护为核心，海洋资源开发机制围绕海洋环境治理进行制度衔接和安排，海洋政策向海洋环保倾斜，海洋综合治理机制建设已成为各国普遍关注的问题。

第三节 全球海洋环境治理

目前国际海洋治理体系包括区域性治理和非区域性治理，但二者都存在明显的缺陷，面对日益严重的海洋环境危机，只有尊重客观发展规律，依照海洋命运共同体发展理念建立全球海洋治理体系，才能有效解决世界海洋公共性问题。建立全球互动的蓝色伙伴关系，形成和平、和谐、共同发展的海洋新秩序，是实现全球海洋环境治理的有效途径。

一 国际海洋环境治理体系及现存困境

（一）区域性海洋治理体系

对海洋治理进行了大量的研究和实践，近年来，面对全球错综复杂的政治经济格局，“区域主义路径”引起各国极大关注，这是一种比邻国家在文化认同和紧密往来基础上共建制度体系框架、共同解决区域内海洋问题的一种治理实践。自 20 世纪 70 年代以来，相关国家和地区在海上溢油、海洋生物保护、反海盗等特定海洋问题上通过协商建立合作框架，形成区域性海洋治理体系，地中海、波罗的海、北海等欧洲地区海洋环境保护合作体系已非常成熟，区域内相关利益国家设置工作机构、建立制度规范、实施合作项目，共同谋求区域内海洋问题解决方案。区域海洋治理机制在空间区域范围内提高了海洋事务协调能力和海洋环境治理能力，但仍然存在一定的局限性。一方面，区域性海洋治理缺乏利益驱动机制，参与国的利益主张难以协调一致，各方博弈结果有将区域海洋问题演化成全球性海洋问题的风险，而第三方海洋机构的决策受到阻碍；另一方面，由于区域性协定、协议等规则、制度的约束力不足，参与国违约后受到的舆论压力小，违约成本低，降低了区域合作制度执行效果；此外，区域内的海洋治理规则无法解决跨区域的海洋问题，面对全球范围内的海洋资源开发和海洋生态保护还需要更完善的治理路径。

横向比较全球各区域海洋治理实践，不同区域因理念、制度与文化差异，其治理水平和效果不同。国际海洋领域中欧洲海域的区域治理结构、体系相对完整，协同运作效果较好；东亚海区由于中国南海受到日本、菲律宾、越南、马来西亚等各国蚕食，相互间的争议对区域合作治理产生阻力。

（二）非区域化海洋治理体系

相对于区域性海洋治理而言，非区域化治理空间更加分散、范围更窄，通常以海洋国家领海、毗连区以及专属经济区的近岸海域为主要治理对象。大国和小国海洋权力失衡、治理技术和水平差异化以及治理范围局限等问题是非区域模式的显著特征。欧美发达国家因拥有强大政治经济实力和国际先进海洋开发技术，主控着非区域海洋治理规则的制定权、争端解释权，满足本国地缘政治需求，典型的如美国在“南海仲裁案”中通过海洋霸权对仲裁过程的影响实现“航行自由”的自我需求。相比中小发展中国家，这些发达国家往往占有着世界海洋中大部分专属经济区，能够获得更多的海洋治理效益，对其他国家而言，海洋权益与海洋治理责任不对等，对参与全球海洋治理的呼声更高。

单边治理比其他治理方式更有效地维护了各国领海管辖区的海洋环境及其污染治理，缓解了本国沿海生态环境压力；双边治理相比单边治理更容易促进参与国之间的交流与协作，进化为多边治理格局，多边治理还可以发展成区域治理体系。尽管如此，双边或多边治理仍然以合作开发利用海洋资源、获取海洋经济利益为主导，未能彻底解决全球海洋环境污染，特别是在海洋治理的合作框架上局限性非常明显。

（三）现有国际海洋治理体系运行困境

区域性和非区域性海洋治理体系都存在不同程度的缺陷，不能满足当前全球海洋治理需求。随着全球经济一体化进程，世界各国工业化对陆域生态环境和海洋生态环境造成极大压力，而世界海洋资源的过度消耗更是对全球海洋保护带来挑战，寻求全球范围内的广泛合作已是大势所趋，海洋领域开始从少数强权控制和扩张向合作共赢的趋势转变，全球海洋治理的新秩序正在逐步形成。但目前全球海洋治理体系还存在很多漏洞和缺失，有待完善。一是现有的《联合国海洋法公约》海洋资源开发、海洋争端处理、海底勘探的环境保护等规则已不能适应新的发展形势；二是单边、双边、多边以及区域性治理都呈现的是碎片化机制，明显与海洋资源全球联动性的自然状态不契合，况且碎片化治理也使得海洋权益主体之间缺乏协调能动性，制约海洋整体治理效果；三是现有治理机制中海洋利益与海洋责任匹配度不够，西方发达大国一直主导世界海洋格局，但由于近年来经济下滑，这些国家未有主动提供海洋公共服务的意愿，限制了全球海洋治理能力的提升。

二 全球海洋命运共同体理念

（一）全球海洋命运共同体的提出

2019 年习近平总书记在与参加海军成立 70 周年庆典的外国海军代表座谈时指出：海洋非一个个孤岛，而是与各国人民安危与共的“命运共同体”。由此，“全球海洋命运共同体”理念被首次提出，并引起世界各国热议，理论界对此也进行了深刻解读。

全球海洋治理已成为世界海洋秩序的新趋势，从葡萄牙和西班牙、荷兰到英国、美国，这些全球海洋秩序主导者都具有海洋霸权主导特征，但在世界政治经济和平与发展阶段，合作共赢框架下的海洋秩序已然成为时代主题。中国经济四十年以来持续增长，海洋经济同步高速发展，中国海洋战略举世瞩目，也引发了世界强权国家的妒忌、歪曲和阻挠，“中国海洋威胁论”被美国和日本等国恶意鼓吹，甚至污蔑中国造成南海生态环境污染。在此背景下，中国政府以大国担当的态度，基于公平、包容、共享、绿色的发展观，提出“全球海洋命运共同体”的国际海洋发展理念，正是对这种恶意误导和错误认知的批判，以正视听，维护中国政府的国际形象，为世界海洋和平发展做出大国应有的贡献。

中国是海洋地理条件不利国，在复杂的海洋权益争端、美西方国家战略施压、国际话语权缺失等新问题、新挑战背景下，提出构建海洋命运共同体，对内推进中国特色海洋法治体系构建，对外引领国际海洋法规则的重塑与完善，彰显负责任的大国本色。

（二）海洋命运共同体理念的生成逻辑

海洋命运共同体理念遵循马克思海洋共同体思想的基本理论，蕴藏了中华民族海洋文化和海洋精神，是习近平时代中国政府政治智慧的体现，也是解决当代国际海洋地缘竞争和全球海洋危机的重要前提和基础。

马克思的《共产党宣言》和恩格斯的《海军》论著中都曾经指出，航线资源、航海技术、航运贸易的发展为资本主义原始积累起到极大促进和推动作用，也是西方海洋强国建设的重要物质基础，加快了西方国家掠夺殖民地的速度。在此基础上，形成了马克思的海权理论，即以大工业为基础，以追求世界市场为目的，以航运为载体，以海军为保障，以资本逐利为动力。[①] 资本主义发展进程中，少数国家为了自身利益构造“虚幻的共同体”，目的是维护剥削阶级的统治地位，并非真正意义上人类共同利益的共享。将马克思的海权理论和“共同体”思想相结合，不难发现，海洋霸权国家控制下的海洋秩序仅是私有制下为少数国家服务的异化共同体，只有摆脱强权控制、在人类平等前提下建立的海洋命运共同体才能真正解决全球海洋问题，惠及全人类。

海洋命运共同体理念之所以由中国提出也绝非偶然，这与中国上下五千年优秀的传统文化、哲学思想、人文情怀密不可分。与西方列强靠掠夺资源扩张壮大、征服世界的本质不同，中国倡导和平友好、四海一家、互助合作的全人类共同、和谐发展理念，蕴含着天下和合共生的海洋精髓，是创造新时代海洋命运共同体的基石，体现中国政府开放包容的大格局和大胸怀。

（三）全球海洋治理的价值共识

全球海洋共治本质是建立在国际关系民主化、海洋权益公平化、治理结构多维化基础上的世界海洋新秩序，在海洋资源利用、海洋产业对接、海洋科技研发过程中，和平交流、合作共赢，确保世界各国共同获取海洋资源的经济利益，承担海洋环境保护的责任。

一是和平发展体现海洋治理的时代主题，符合世界人民共同愿望和根本利益。在和平发展大背景下，海洋政治格局更多受到国际舆论的束缚，霸权国家动辄以武力解决海上冲突的方式遭到全世界爱好和平人们的反对，海洋资源和平开发利用是世界各国一致性价值利益诉求，是时代发展的客观规律，也只有海洋命运共同体理念才能促进海洋领域和平发展。

二是全球海洋治理建立在平等、正确义利观基础上，谋求人与自然共生发展，是对西方国际关系中狭隘利益观的超越，也是对每个国家海洋合法权益的尊重。海洋大国掌控世界海洋秩序并承担应有的海洋公共产品供

① 张峰：《马克思恩格斯海权思想的脉络体系及其现代启示》，《马克思主义研究》2014 年第 5 期。

给责任，其他国家海洋资源开发利用的权力、义务、责任应当匹配，最大限度地实现平等互利互惠的治理目标。

三是海洋命运共同体提供了全球海洋善治的秩序价值，体现了海洋政治的正义性、合理性，塑造了民主自由的海洋治理框架，主张全球海洋善治与共治，反对强权大国独家统治。国际海洋法多边条约建构过程中，降低国际强权大国影响、维护海洋权益公平与持续，建设民主和自由的新秩序，也是未来世界海洋治理机制的创新方向。

三　全球海洋环境治理体系建设的动力及制约因素

（一）现有全球性海洋条约

现有国际海洋治理条约是多层次、多维度的，不同国家所处地理位置不同、海洋生态系统状况不同、属地海洋治理诉求也存在较大差异。由于欧盟海洋治理体系相对其他国家和地区更成熟，因此也适合于全球海洋环境治理。国际条约通常指全球及区域范畴内参与国关于海洋各项事务的约定。

目前，在联合国公约与宣言系统中与海洋环境治理相关的全球国际条约主要包括：《大陆架公约》、《领海与毗连区公约》、《联合国海洋法公约》及其执行协定、《国际扣船公约》等综合性公约，《捕鱼及养护公海生物资源公约》、《联合国气候变化框架公约》等生态系统保护性公约，以及《国际油污损害民事责任公约》《防止倾倒废物及其他物质污染海洋的公约》等污染防治性公约。

区域性条约是联合国环境规划署制定的、包括加勒比海、地中海、东非海、西部非洲海、太平洋、亚丁湾、波罗的海、北极、南极等 18 个海区的海洋公约和区域海计划，参与国达 143 个，所签订的国际条约及其议定书为全球海洋环境治理提供了基本的区域性法律制度框架，成为世界上区域级别保护海洋的核心法律框架。

全球海洋环境治理制度体系通过多元主体、前瞻和动态的条约规则来约束缔约国海洋环境保护和治理行为，但由于条约谈判越来越复杂、条约存在严重冲突，海洋环境治理领域的国际条约效力不断扩张，对非缔约方权利产生一定限制，引发一系列合法性争议需要在将来全球海洋治理体系建设中给与完善。

（二）全球海洋环境治理体系建设的动力

首先，全球经济一体化是推动全球海洋治理的重要动力源。世界经济自第二次世界大战后便进入全球时代，经济、资本、文化等要素在国际间频繁流动，导致全球公共问题不断增多，在海洋领域体现为跨区域海洋资源开发利用和污染治理，跨区域航运安全等海洋公共事务成为重要议题，全球一体化成为跨国政府间海洋治理合作的动力。

其次，共同性海洋环境危机加速了全球海洋治理的进程。海洋的流动性决定了国际海洋治理无法完全遵从主权国家地缘边界，海洋自然条件的变化和环境污染有明显全球蔓延和趋势，各国海域资源短缺等问题同样十分严重，海洋环境危机具有整体性、复杂性、系统性，单靠哪个国家都无法独立解决。

最后，新兴市场国家崛起改变全球海洋治理秩序。随着新兴市场的快速崛起，发展中国家主体、非政府组织纷纷参与海洋资源的合理分配，国际海洋秩序呈现平等参与、共同发展的时代特征，任何单边和强权的利己主义国家已无力独霸海权，掠夺别国利益、干涉别国权力的独霸思想遭遇挑战，国际海洋共同治理的新秩序正在建立。

（三）全球海洋环境治理体系实施的阻力

全球海洋治理体系构建的阻力之一是来自于西方发达国家的本位主义颇受追捧、“逆全球化”趋势逐渐扩散，导致世界格局剧烈动荡；同时全球经济放缓直接导致海洋贸易的低迷，致使国际航道维护的合作意愿降低，而整体经济萎缩也间接影响海洋资源深度开发与环境治理的合作诉求。阻力之二是原有海洋秩序主导和控制着欧美发达国家依然强调单边主义，将提供全球治理公共产品视为一种经济负担，以此阻碍全球海洋治理秩序的建设进程，并且二战后国际海洋秩序长期被美国控制，通过联合国、IMF、WTO 等国际制度，掌控国际秩序，海洋事务发展过程也由美国所操控。阻力之三是现行《联合国海洋法公约》存在历史遗留问题，部分规定不清产生争议、公约碎片化、条约规则执行有效性下降、新的公共产品供应不足等，新领域、新问题层出不穷，全球海洋治理面临制度设计的进一步完善。

第四节 中国在全球海洋秩序变革中的战略定位

中国作为21世纪陆海快速崛起的发展中国家，在世界海洋领域话语地位与历史相比发生了颠覆性变化。在海洋治理中，主张全球海洋命运共同体，世界海洋资源共享、海洋生态责任共担的现代海洋发展理念，作为负责任的经济大国，不但主动提供海洋公共产品服务，还承担着世界海洋和平共治的义务，在维护国家合法海洋权益的同时，保障世界海洋和平稳定发展，为建设全球海洋治理体系做出了巨大贡献。

一 国际海洋秩序的中国地位

（一）海洋综合实力

国际海洋秩序周期中，主导国可以通过本国地理优势、经济实力、军事实力获得国际上的海洋话语权。尽管我国并不具备海洋地理优势，但凭借辽阔陆域，管辖区海域和岸线资源储量丰富，中国海洋经济、海洋科技、海洋军事等领域综合实力得以高速发展。传统海洋产业稳步增长，海洋对外贸易在国际海洋经济中占有重要份额，海洋船舶和海洋工程装备等高端制造实力显著增强，数字赋能促进海洋产业转型升级；创新驱动政策激励背景下，海洋科技事业快速增长，覆盖海洋环境监测、能源勘采、通用装备等诸多领域，同时，海洋科技创新带来系统性、原创性的海洋科技成果显著，“蛟龙号”、“海龙号”、“潜龙号”系列深海装备技术水平位居世界前列，海洋科技国际竞争力显著提升；随着我国整体国民经济实力日益强大，国家海军装备建设突飞猛进，国产航母、导弹型驱逐舰、护航舰队等军事力量快速增强，2008年至今已经持续在亚丁湾—索马里一带海域持续护航13年，保障了国家远洋贸易安全，为国际贸易的平稳发展做出了巨大贡献。

中国海洋经济增长速度世界各国有目共睹，尽管在海洋经济领域、科技领域、军事领域的综合实力与世界顶级一流水平还存在不小的差距，但作为世界第二大经济体，中国海洋经济越来越强大，为参与国际海洋资源开发和全球海洋环境治理提供了坚实的基础和保障，在国际化海洋战略中发挥着重大作用，也使得中国海洋战略的全球影响力不断攀升。

（二）中国海洋话语

在世界权力的角逐中，“话语”作为言语表达行为，往往成为世界关系中各成员国争夺的焦点。国际上“话语权”体现了国家主体全方位实力，是政治地位、军事力量、经济发展、科技水平等硬实力与制度、历史、文化等软实力的综合反映。在海洋领域资源开发、占用、分配、管理等制海权与各国综合实力密切相关，实力越强海洋话语越重要。随着世界各大经济实体兴衰变迁，海洋秩序主导国也在不断更替。中国的国际地位近年来逐步提升，中国海洋话语体系开始逐步建立，从中国政府及最高领导人到海洋智库专家、媒体、民众等话语主体向世界海洋关系成员国、国际政府及非政府组织就国际海洋问题阐明中国的理念、态度、原则和立场，并通过国际会议、访问交流、项目合作建立国际海洋事务中与其他国家的信任关系，协调海洋权益上的话语分歧，最终达成话语共识。中国海洋话语被世界主权国家、特别是发展中国家广泛认同，国际影响力从开始具体海洋事务、合作项目方案的响应到全球海洋秩序构建中制度话语的追随，中国话语已成为国际海洋秩序转变的风向标。在中国海洋话语倡导下，世界海洋格局正在发生前所未有的变革，海洋资源开发向海洋生态保护过渡，各国海洋利益个性诉求被全球海洋危机共性诉求所取代，霸权主义制海权已经退出历史舞台，共同开发与保护的新型海洋秩序逐步形成，全球海洋共治、善治的治理体系正在建立。

（三）中国治海理念

世界舞台上，中国是新兴市场中保持持续增长的发展中国家也是一个负责任的大国，中国海洋话语责任首先体现在主动提供海洋公共产品、自觉保护海洋环境，在经济发展的同时注重污染排放控制和海洋生态治理，引领世界海洋经济健康、持续发展；其次，中国历来主张和平、共享、包容的发展理念，维护《联合国海洋法公约》中全球海洋治理的文明成果基本价值和基本理念，针对条约中不公平、不合理的旧规则，提出创新性的变革主张，平衡本国主权利益和世界各国整体利益的关系，成为全球海洋治理体系的维护者与建设者；最后，中国政府提出“海洋命运共同体”的发展理念，主张公平、共享、绿色发展原则，通过高端、广泛、持续的合作，共建人海福祉的地球环境，这本身就意味着中国海洋责任的大国担当，与任何历史上政治强权国家狭隘利己主义有本质区别，是国际海洋治理理念和治理方案的贡献者。

总之，中国海洋资源开发能力和治理水平逐渐增加，在国际海洋领域的引领作用不断提升，海洋制度建设、治理经验对国际海洋组织和世界各国提供了有价值的参考，尽管我国并不具有世界权威领导力量，但在全球海洋治理领域处于核心地位。

二　中国海洋维权

（一）中国海权思想变迁

中国对海洋权力的认知始于明代郑和下西洋和抵御倭寇，面对来自海上的西方殖民者威胁，中国统治者只能向海而战，建立了“御海洋、固海岸、严城守”等海防思想和海权意识，直到 20 世纪初孙中山先生提出“国力之盛衰强弱、常在海而不在陆”的海权思想，大力加强海军装备和海洋实业建设。中国近代海权意识是以发展海军控制海洋为核心思想，尽管当时历史条件下中国海上力量极其薄弱，在世界上毫无话语地位，但还是因此奠定了中国海权思想基础，国家的主权、安全和发展利益的维护有了基本保障。

中华人民共和国成立后，几代国家领导人都非常重视海上力量建设和海洋权益的维护，通过海军强军建设，提出领海宽度主张，维护南海等领土主权；从经济建设的战略视角确定海洋发展战略，军事上“近海防御”，经济上在沿海地区加大改革开放力度，促进了近海资源开发利用，远海方面进军三大洋，登上南极洲，从此中国走出近海，在国际海洋舞台崭露头角；新时代以来，中国首次提出海洋命运共同体理念，海洋强国思想强调中国要走一条以海富国、以海强国、人海和谐、合作发展、强而不霸的海洋强国发展道路，中国国际海洋话语地位已走到世界前列，中国政府、民众的海洋意识达到前所未有的高度，协同发展、公平开发、成果共享的海洋秩序正在形成。习近平总书记有关海洋发展的重要论述已经超越了以往世界各国之间“海权”争夺范畴，而是倡导建立相互尊重、相互信任、利益共享、休戚与共的海洋合作关系，最终实现全球海洋合作共赢的目标。

（二）中国海洋维权意识

《联合国海洋法公约》存在部分权利规定不明等《联合国海洋法公约》“剩余权力”，由此产生国际海洋权益争端。21 世纪以来，世界各国发布海洋战略和政策，加强对海洋的控制和利用，对“剩余权力”纠纷的维权意识明显增强。

中国海洋地理位置不佳，四大海区均为半闭海，只能通过狭窄的海峡或水道同大洋相通，海上通道狭窄，容易受到外界封堵和“岛链”封锁，但由于中国近年来陆域经济与海洋经济同步高速发展，综合实力明显增强，开放格局下与国际海洋空间资源以及海洋安全依存度不断提高，海洋权益成为国家利益和国土安全的重要标志[①]，这使得中国与周边国家因海洋权益重叠产生的争端由隐形变为显性，特别是在海洋资源权属、开发以及边界划分等方面的争议被海洋强权大国利用，激化中国与周边国家的矛盾。因此，面对争端四起的海洋时局，中国政府一方面主张合作共赢原则，另一方面不断强化海洋维权意识，在解决海洋争议问题的同时建立区域合作框架，在维稳中维护国家海洋权力，在维权中实现稳定和谐、共同开发的区域海洋格局。中国海洋维权已由历史上的对抗性手段转变为合作共赢的思维模式。与其他国家海洋维权不同，中国将维权与维稳相互平衡，是和平共享海洋观的体现，也是全球海洋命运共生的时代需求。

（三）中国海洋维权压力

从黄海、东海到南海，中国与周边邻国在海洋权属、国土主权等方面存在矛盾和冲突。海洋权益争端使区域合作丧失了基本信任，增加了区域海洋共同开发和治理的难度，更影响到国家海洋和国土安全。中国与邻国的海洋之争由来已久，岛礁等大量资源因国力不足长期未能收复。至今中国与周边不同国家的海洋争议性质、涉海范围不同，但主要矛盾都体现在岛礁主权方面，涉及海洋划界及海洋资源权益分配。

三　中国角色界定

（一）发展中大国责任担当者

随着中国经济快速崛起，海洋资源开发与治理能力日益增强，国际海

---

① 倪乐雄：《周边国家海权战略态势研究》，上海交通大学出版社 2015 年版。

洋领域中国话语地位也越来越高，尽管世界海洋秩序依然受西方大国单边霸权的控制，但发展中国家参与国际海洋权益博弈的意愿活跃，对中国提出的共同开发、共同治理的新兴理念十分认同，发展中国家共同利益驱动下，需要中国作为公平、正义的大国代表，积极参与全球海洋资源开发秩序重建，推动全球海洋治理能力的提升。

正如时任中国国务委员兼外交部长王毅在 2021 年 11 月第二届“海洋合作与治理论坛”上发表讲话指出，中国坚持多边主义维护海洋秩序、坚持对话协商促进海洋和平、坚持开放包容深化海洋合作、坚持绿色发展保护海洋环境的明确信息。这一“多边、合作、绿色”的主张赢得了世界各国的广泛共识，也表明了中国政府在建立国际海洋新秩序过程中的大国责任意识。

事实上，中国一方面积极参与国际海洋秩序重建，另一方面履行海洋环境保护义务、主动担当国际海洋治理责任。中国政府一贯恪守世界海洋资源公平、共治、共享原则，支持《联合国海洋法公约》规定，是最早签署《联合国海洋法公约》的国家之一；在国际海洋资源开发、海洋环境治理规则筹备制定和发展过程中，派出国际海洋法律及相关技术专家，参与国际海洋事务的管理，主动作为，理性处理海洋资源与环境之间的关系，积极维护发展中国家的利益，体现了负责任大国的形象。

（二）多边海洋新秩序的推动者

全球一体化经济推动下，传统海洋秩序被打破，强势霸权国家独占制海权、控制海洋资源开发与使用权力的单边主义已经显现出极大弊端，一方面导致区域间、区域内各国海洋资源争夺异常激烈，加剧了国家之间地缘政治局势日趋紧张；另一方面单边集权的用海秩序使各国主要精力用于解决海洋争端，影响了国际海洋资源共同开发，也造成世界范围内的海洋环境危机问题无法有效解决。由此可见，海洋的流动性、海洋与大陆的和合性以及全球经济的共生性决定了单边强权的海洋权益秩序已经过时，科学、民主的新兴多边国家海洋秩序正在建立，中国正是这种多边主义的倡导者和推动者。

自 2013 年中国国家主席习近平在中亚和东南亚国家出访期间提出“丝绸之路经济带”和“21 世纪海上丝绸之路”、即“一带一路”共建倡议，得到了国际社会组织和众多国家的积极支持。中国政府以“一带一路”沿海港口为节点，以海洋为纽带，与沿线各国共同努力，开辟印度洋、南太平洋、北冰洋三条蓝色经济大通道。通过海上运输大通道建设，推动蓝色伙伴各领域合作与发展，实现项目共建、资源共享、福祉共增。

中国“一带一路”战略倡议与西方单边、零和思维模式不同，相比之下，中国政府主张求同存异、包容共享的发展理念，强调多边共议、共赢，对建立中国与沿线各国贸易伙伴关系、化解海洋争端起到促进作用。

中国历史上就是陆海兼备国家，海洋视野广阔、海洋体悟深切，在国际政治局势动荡、海洋形势极为严峻的背景下，中国始终坚持通过国际社会团结合作面对全球海洋危机的挑战，主张共建海洋新秩序，通过多边合作共同开发世界海洋资源，共享资源利益，协同治理海洋环境，维护世界海洋秩序稳定，实现全球海洋经济持续发展。

（三）全球海洋治理体系建设者

中国政府提出的“全球海洋命运共同体”海洋思想，立足全人类发展观，阐释了人与自然的和谐共生关系，成为推进国际海洋事务多边化的重要指导思想。与传统海洋强国侵略扩张和海上霸权的行径相比，中国历来坚持尊重各方合理的海洋利益诉求，通过对话、谈判化解争端、弥合分歧，积极主动与国际各方合作，共同构建全球海洋治理体系，和平解决海洋权益和海洋生态问题。

纵观全球海洋治理体系建设进程，中国一贯坚持和维护《联合国海洋法公约》主张的人类海洋文明基本价值和理念，捍卫国际法为基础的海洋秩序。同时，根据人类发展需要和国际局势变迁，与时俱进制订和颁布有关领海、毗连区、专属经济区、大陆架、深海勘探等方面法规、条例，积极参与全球治海体系建设，提出创造性海洋治理方案。

从国际海洋事务处理实践看，中国一向立场坚定、旗帜鲜明地支持发展中国家参与国际海洋共同治理机制，支持沿海国家合理保护海域排他利用权和管辖主权；在与邻国海洋事务处理中，完成北部湾中越海洋划界、启动中韩海洋划界谈判、建立中日海洋事务高级别磋商机制以及推进中国与菲律宾、马来西亚南海问题双边磋商机制等，作为地区和平的守望者与海洋合作的引领者，中国以务实的海洋外交塑造符合国家、区域、国际长远利益的海洋治理格局，并在全球海洋治理层面发挥积极的示范效应和带动作用。

当今世界政治、经济、环境各领域都正面临重大变局，全球海洋安全问题相当凸显，各国前途命运紧密相连，各国只有以海洋为桥梁，加强海洋科技、海洋经济、海洋金融等领域协商合作，开发全球海洋公共资源，才能推动全球性海洋问题得到有效解决。中国政府积极推进与亚洲、欧盟以及小岛屿各国合作，搁置争议、求同存异，共同开发深海资源、共同维护地球海洋环境。

第七章　海域资源开发利用机制痛点

国家海洋经济发展战略实施过程中，高质量开发海域资源，推动海洋强国建设，实现海洋物质文明与海洋精神文明代际传承，是政府海洋管理的宗旨。海域资源开发利用质量不仅取决于政府制度引导，还有质量形成过程管理，推进海域资源高质量开发利用，需要各环节机制的有效规制，环环相扣才能形成“合力”效应。目前海域资源开发利用领域的驱动机制不健全、运行机制模式固化、监督机制存在局限性，预警机制和保障机制未得到足够重视，海域价值评价、海洋环境治理、开发质量监督等一系列后续问题接踵而来。直面问题、深度剖析、疏通发展瓶颈，合理规制用海行为，是实现海域资源高质量开发最直接、最有效的必经之路。

第一节　海域资源开发利用制度驱动机制失衡

驱动机制是海域资源开发利用质量的首要引导要素，通过法律制度、管理制度和相关配套政策来对开发活动和行为进行约束。尽管海域开发和资源管理已经建立大量的制度政策，但仍然存在制度体系不完善、不健全以及现行制度规定陈旧、落后等问题，特别是海域资源产权与市场化配置、开发利用收益分配、环境治理等制度建设滞后、缓慢，长期处于缺位状态，严重制约海域资源高质量开发利用动力机制建设。

一　海域资源开发利用制度体系不完备

（一）海域资源开发与管理制度陈旧与缺失

进入21世纪以来，国家加快了海洋领域制度建设的进程，涉海法律体系、海域资源管理及保护制度日渐完善，但随着海洋经济进入新的发展阶段，海域资源开发利用与海洋环境治理等多方面出现新的问题，亟需对相关法律及配套管理制度进行动态调整和不断完善。

一是传统海域资源各项管理制度、配套政策存在陈旧、过时规定，不适应现代化海洋综合治理体制，使得海域管理规章制度与海洋经济发展需要产生矛盾，如单体海洋资源空间布局与自然资源统筹规划的矛盾、项目用海需求与海洋生态红线保护的矛盾、海域资源开发利用政府干预与市场化机制的矛盾等等。

二是现行海域资源与环境管理制度体系不完备，不能满足海洋资源高质量开发管理的新要求。如海域跨区域海洋生态治理条例、环境公益诉讼、海洋环境刑法、海洋生态环境保护综合行政执法等立法、司法制度尚不健全；开发质量监测评估和反馈、深海资源开发应急管理、海域资源开发市场化机制等配套制度尚未建立；海域资源开发利用过程中的技术服务、金融服务、社会服务体系有所缺失。

政府主导下的制度、政策建设是海域资源开发利用活动的驱动力源头，对海域开发活动起到引领、规制、促进的作用。由于国家宏观政治经济、社会文化以及科技水平发生变化，海域资源管控的基本条件、目标要求同步变化，现行海洋制度陈旧与缺失的缺陷愈加明显。海洋管理制度的陈旧与缺失削弱了制度驱动力，影响了政府海洋管理制度的驱动效果，严重阻碍了海域资源开发利用质量的有效提升。

（二）海域资源开发与管理政策工具结构失衡

政策工具是决策者以及政策实践者用来实现制度目标的手段①，不同工具类型所起的作用和本质要求有所不同。在海域资源开发管理领域，“命令—控制型”、“经济—激励型”、“鼓励—参与型”等政策工具从不同角度、以不同力度对海域资源开发活动进行管控，也透视着政府海洋政策的管理逻辑。

从现行海洋政策工具类型看，命令—控制型工具各级政府普遍采用，经济—激励型工具应用性偏低，鼓励—参与型政策工具使用率更少，政策结构明显失衡。首先，以命令、强制方式实施管控的海洋政策类型过滥，

① 顾建光：《公共政策工具研究的意义，基础与层面》，《公共管理学报》2006 年第 4 期。

在确权审批、排污倾废总量控制、环境监测等方面应用频繁；其次，通过收费、补偿、税收、补贴、碳交易等经济调节手段实施的低成本用海政策，应用频率偏低，其中收费、补偿、税收等负向激励型政策应用性高于补贴、碳交易等正向激励型政策；最后，以鼓励、倡导等方式推出的海域资源管理政策应用更少，目前仅包括海洋工程建设项目专家和公众参与环境影响评价、公众检报、海洋环境保护宣传教育等政策。

控制型政策过多会导致海域资源开发行为受到较多约束，降低投资人对海域资源开发意愿；负向激励型政策不仅增加海域开发成本、降低资本收益率，还有可能造成海域使用人的逆反心理，产生对抗情绪，增加海域资源管理难度。正向激励政策可以弥补负向激励政策的缺陷，鼓励—参与型政策同样是一种低成本政策类型，但目前这两类政策在海域资源开发利用过程中还没有得到广泛应用。可见，海域资源管理政策工具结构失衡一方面造成强制政策多于建议政策，不利于管理协调；另一方面事后控制政策多于事前控制政策，政策效果不佳。此外，鼓励—参与型政策不足也使得社会公众参与海洋管理监督的平台不完善，多元化主体海洋治理制度无法有效实施。

二　海域资源市场化流转发展缓慢

（一）海域资源市场化产权制度落后

一是海域资源所有权的缺位与交叉。海域资源产权体系中，所有权制度在法理上已明确为国家所有，国务院代表国家行使海域所有权，但所有权的代理权并未明晰，所有权代理制度尚未建立。在海域资源开发实践中，中央层面自然资源主管部门为代表，统一履行包括海域资源在内的自然资源所有者权力，但沿海地区政府如何承接中央所有权的代理管辖权、如何建立海域资源所有权的资源清单等问题尚未解决；产业用海结构复杂，开发利用与环境保护共存，也使得海域管理权力存在交叉和缺位等现象。

二是海域资源使用权市场化配置规模较低。从流转环节看，一级市场海域资源使用权从审批制向市场化过渡比较成功，政府以“招标、拍卖、挂牌”等市场化方式配置海域资源使用权的规模逐步提高，二级市场发展相对缓慢，市场化流转的交易量不及一级市场；从海域资源使用权市场化流转方式看，一级市场以出让和出租为主，二级市场以抵押和转让为主；从海域资源使用权市场化流转的海域类型看，以经营性用海流转为主，如渔业用海、工矿通信用海、交通运输用海、游憩用海等用海类型；但非经营性用海项目尚未开展市场化配置，仍以政府审批为主。现行海域资源使用权市场化配置制度原则性规定较多、操作性规定较少，也影响市场化配置进程。

三是海域资源使用权的立体分层确权模式不成熟。海域资源具有空间立体特征，不同层次海域的使用功能不同，其权利分配也不同，应当分层确定所有权。但目前海域使用权依然采用单一权利模式，按着水平面面积设定海域使用权权利主体，造成海域立体资源闲置，难以实现海域资源充分利用，降低海域使用效率。由于《海域使用管理法》未对海域资源立体分层开发利用作出明确规定，《海域使用分类》标准也未对海域资源分层界定用海类型，沿海平面垂直方向纵向划分海域使用权的理论尚未成熟，纵向划分海域空间层次的标准不统一、海域纵向使用功能不明确、对不同层次海域使用权期限设定的观点不一致。分层确权理论和制度不完善，不仅同层水域用海产生冲突，而且不同层水域功能也产生浪费，这些难题不解决，将无法实现海域资源高效率、高质量开发利用的目标。

（二）海域资源市场化竞争机制薄弱

海域资源是国有资源，资源交易市场建设较晚，尚未形成有效的市场机制。一方面，作为市场竞争基础的海域资源价格调节机制存在缺陷，表现在海域使用金征收标准由国家统一制定，2007 年由国家海洋局与财政部联合公布，2018 年重新核定并上调了海域使用金征收标准。尽管如此，相关管理部门并未形成常态化的海域使用金动态调整机制，由此导致使用金标准偏低，不能真实反映海域资源内在价值，影响海域资源交易市场的公平竞争。在海域二级市场流转过程中，价格评估机制不健全，交易双方价格信息不对称，制约了市场资本的参与意愿，致使二级市场流转受阻，大量海域资源发生闲置。另一方面，政府作为海域资源所有权代表，掌握着资源配置制度的决定权，承担海域资源开发活动管理与监督权，多重身份使政府管理者习惯以管控、规制、干预为主，导致海域资源市场交易的自由竞争受到限制，制约了海域使用者、社会组织、社会公众等其他主体的市场行为参与意愿。

此外，由于海域资源交易市场发育程度偏低，海域资源交易信息不对称，公开交易平台数量少且层次低端，特别是海域使用权二级市场流转通过交易双方利用线下渠道寻找海域资源供需信息，不利于海域资源市场公平竞争。

三　海域资源开发利用收益分配制度缺位

（一）海域资源开发利用利益分配制度长期缺位

自然资源参与社会活动产生的价值和收益，以产权为依据进行分配，明晰的产权能提高海域资源收益分配的公平性，是解决海洋公共资源有序开发的关键，但现有产权制度的海域收益分配规则需要细化。在海洋领域，海域资源开发利用通过海域资源资产产权价值的货币化转换，实现国有资产保值增值。但目前海域资源开发领域参与主体多元、利益结构复杂，利益分配理论研究滞后，海域资源利益形成机制尚不明确，利益分配制度不健全。

海域资源具有自然资源属性和特征，其价值结构包括作为生产要素的有形商品价值、作为自然要素的无形生态服务价值，还有作为海洋文化要素的社会价值，三重要素作用下产生海域开发利用总体收益，即经济收益、生态收益和社会收益。其中生产要素参与创造海洋产业产值，形成经济收益的路径清晰，但无形的生态要素、文化要素对开发收益的影响和形成路径尚未得到理论和实践的有效验证，且无统一、公认的计量标准，海域资源开发利用总体利益的价值度量基础缺失。

因此，现行的海域开发收益分配制度仅限于约束局部相关主体的经济收益分配，如海洋产业产品营业利润分配、涉海企业税费征收、海域使用金收缴、海域使用权处置等等，而完整的海域资源开发利用利益分配制度长期缺位。

（二）海域资源开发利用主体利益分配不均衡

作为全民所有的公共资源，海域资源开发活动的所有相关利益主体均享有利益分配权。海域资源开发利用活动中，利益相关者的博弈长期存在，开发收益尚未实现公平分配。

一是不同主体间利益分配不均衡。海域开发利益主体不仅涉及所有权人国家，也包括海域经营者以及社会主体，国家主体负责制定利益分配制度，拥有利益分配绝对控制权，对海域资源开发利用产生的直接收益、间接收益可以强势获得，直接收益包括地方财政收入、企业纳税、有偿用海的海域使用金收入等，间接收益包括环境改善、地方政府政绩等；市场主体对涉海企业经营范围具有依法自主决策权，可获得经营利润等直接收益；社会主体则处于弱势地位，仅仅被动体验海域开发利用带来的海洋环境正、负外部性影响。

二是中央与地方之间利益分配不均衡。海域资源所有权与管理权分离，决定了海域使用金、涉海税收等经济收益需要在二者之间进行分配。由于分配制度和分配标准的制定权限在中央、海域开发管理责任在地方，往往导致地方承担责任与获得的收益不匹配，即责任过大、收益较少，影响地方政府海域管理履职的积极性，造成海域资源国有资产流失。

三是不同区域间利益分配不均衡。海域资源空间分布不同，沿海地区海域资源自然禀赋、海洋产业结构、海域质量和开发效率差异显著，各区域海域资源开发利益获得能力不同，其中山东、浙江、福建、广东等沿海地区海洋产业比较发达，海域资源市场交易产生的利益更丰厚。

四是代际间利益分配不均衡。现行海域资源利益分配制度主要聚焦经济利益的产生与分配，但对生态环境收益、社会文化收益的关注很少，导致海域资源开发利用超过资源承载力，破坏了海洋精神文明，不但提前消耗了未来人类海域资源利益，也给社会公众造成负面的环境体验，影响海洋文化传承。

可见，海域资源开发利用如何计量海域开发综合收益、如何明确利益形成机制、如何建立公平合理的收益分配制度体系等问题尚未解决，无法实现海域资源收益的全民共享。

第二节　海域资源开发利用管理运行机制僵化

运行机制有效性是实现海域资源高质量开发利用的关键，取决于各类参与主体的责任机制是否健全、是否合理，海域资源开发利用制度运行模式是否与时俱进、及时优化和更新，海域资源开发利用协调机制是否完善、有效。尽管海域管理运行机制经过不断建设和理顺，但仍然存在海域资源开发利用主体责任不清晰、履职不当，海域管理政策运行网络陈旧、海域资源开发利用协调机制不健全等诸多问题，海域资源开发利用管理运行机制亟需改进与创新。

一　海域资源开发利用主体履职不当

（一）政府海域管理公共权力滥用与避责

现行的海域资源开发管理制度侧重于政府层面海域资源管理、监督以及环境治理的权力厘定。但海域使用管理实践中，政府管理者履行职责时仍然存在权力异化、私化，导致利益暗箱调控或转移。例如在海域资源开发利用审批环节，审批权限集中在政府海洋管理部门，能否获批、何时获批、获批海域功能、面积等事项均由政府决定，海域需求旺盛时加剧资源交易市场竞争；海域使用权招、拍、挂市场化方式出让时，也存在串标、陪标、围标、故意流标、分解合同等违规操作，甚至发生行贿受贿等舞弊行为。海域管理公共权力滥用导致政府的公平、公正形象受损，政府公信力受到质疑，带来负面社会影响，偏离了海域资源高质量开发利用的目标。究其原因，法律制度对海域管理者的约束力弱化，对使用者的约束力强化，政府管理者与海域使用者之间处于管制与被管制的关系状态，导致政府话语权占据主导地位，滋生贪污腐败的温床。

另一方面，纵观我国20世纪90年代以来的海洋开发管理政策，主要来自于海洋局、环保部、农业部、财政部和发改委等部门机构。尽管制度层面界定了不同涉海部门的管理权限，但存在一定程度的职能交叉重叠，极容易造成各部门间避责行为。如港口、码头、航道等交通运输用海项目归属海岸工程，建设过程中涉及审批的部门包括：环境保护部门和海洋主管部门的海岸工程环境影响评价审批、发改部门的立项审批、海事部门的通航安全评估等，各部门各自组建专家组进行验收，不但增加了企业的审批环节、时间和成本，降低了审批效率，在遇到问题和责任界定时，各部门之间推诿扯皮、敷衍塞责，不担当、不作为的现象时有发生。

（二）海域使用主体责任自我规制力差

根据海域资源开发利用质量形成的逻辑过程可知，海域资源开发利用是在政府制度规制下、由海域使用者进行用海项目开发经营的活动过程，政府的作用是用海规划引导、开发行为管控，侧重于事前、事后监督，而用海项目经营管理者即海域开发主体是海域开发利用质量形成的关键核心主体，既要创造经济效益，也应为生产过程中造成的环境损害负责。但现有制度体系并未对海域开发主体做出明确、系统、全面的责任界定，也使得用海企业或个人自我行为规制成为开发主体责任的最重要履行形式。海域开发实践中海域使用主体责任自我规制能力还比较低下，自我规制效果不佳。具体体现在：

一是缺乏自主规制意识。目前海域资源开发领域的经营主体依然习惯于政府管制下的被动守法，没有意识到自身在海域开发过程中应当承担的环境责任、社会责任，对开发行为的约束并非出自自愿、自觉意识。缺乏自主规制意识的主要原因包括作为海域开发主体的责任边界不清、对现有政策理解把握不到位、惯性规避责任的思维依然存在等，导致海域开发主体对用海行为中的环境损害放松管理。

二是缺乏自我规制的动力。在海域资源开发过程中，由于政府海域管理缺少鼓励企业协助海洋治理公共任务的相关制度，用海企业或个人经营者没有自治动力，仅满足于遵从法律、制度来约束自身开发行为。缺乏自我规制动力会导致海域使用者在经营管理、环境维护过程中往往墨守成规、应付了事。

三是缺乏自我规制的内部监督。大多数用海企业和个人经营者的开发行为监督来自于外部问责，违法、违规行为会受到相应的制裁和惩罚，而内部自我监督机制不健全。由于外部问责通常属于事后监督机制，对海洋环境的损害已经发生，履行责任的成本高于内部监督，而现有企业尚未建立自我规制，缺乏内部监督机制，因此，往往为海域环境治理付出较大代价。

二 海域资源管理模式固化

（一）海域资源管理刚性过度且路径单一

一是海域资源管理制度执行过于刚性。我国海洋管理强制型运行机制本身具有刚性特征，下级要根据上级政府的要求指引来分解落实并深入贯彻执行有关制度，执行过程通常伴有政治考核和政治反馈。刚性制度预期效应是通过约束力达到政策推广的一致性，且方便政策管理。但强制管理制度在上下级政府规制目标不一致的情况下，极容易造成基层海洋部门的消极、懈怠甚至对抗，响应延迟、响应回避现象在基层政府比较普遍。来自上一级政府的压力效果往往基于行政绩效考察，而非双方利益的趋同性。可见，海洋管理刚性执行模式的负面效应十分明显。此外，强压之下，地方各级政府看似有着相类似的政策建立行动，却难以真正完全消除各地管理制度执行效果的差异，这其中除去地方政府根据辖区海洋资源特征和环境管理实践选择适度合理的差异化政策以外，还与各沿海地区政府行政风格有关。

二是海域资源政策传导路径单一。海洋治理政策体系历来强调国家权威性、政策统一性，主张自上而下的“正”纵向传导，忽视自下而上的“逆”纵向传导和区域间横向传导。“正”纵向传导体现了海域开发管理制度的顶层设计逻辑，降低政策传导偏差带来的纠错成本，但这种单一传导路径，一方面导致地方政府对上级海洋政策过度依赖，下级政府在发展过程中遇到政治、经济环境变革，现有海洋政策不能满足发展需要时，习惯向上级机关寻求新政策来消除障碍、适应发展，地方政策缺乏创新机制和动力。另一方面导致地方海洋政策系统封闭，各地政策传导效果失衡，海洋经济发达的东部、东南沿海各城市与北部、西南沿海各城市相比，海洋政策的行政推动力更强，政策传导效果更好，但好的海洋治理经验缺乏横向传播途径，落后地区丧失了更好的改善机会。

（二）海域资源开发利用管理“条—块”网络不兼容

我国海洋管理“条—块”模式由来已久，形成“条—块”网络管理格局。“条”模式以行政级别划分管理层次、实施垂直管理，“块”模式以相同行政级别划分管理职能、实施水平管理。这种“条块结合、以块为主、分散管理”的属地管理体制，尽管解决了纵向权力的指令性和横向政府职能的指导性，但依然存在着“职能管理体制”、“行政区划行政”与海洋资源管理一体化间冲突与张力的问题症结，导致海域资源开发利用管理“条—块”网络不兼容，具体表现在“纵”、“横”两个方面。

纵向不兼容是指中央“职能管理”模式与地方政府“行政管理”模式的机制差异。原本中央和地方都将海洋职能部门作为海洋治理的核心政策权力机构，但“属地责任”原则使得地方海洋部门行使政策权力时一方面要符合中央职能部门发布的政策要求，另一方面要符合地方政府行政管理要求，而多年来中央政策倾向于海洋资源、海洋环境，地方政策倾向于海洋经济，中央和地方之间存在政策目标冲突，产生纵向不兼容现象。

横向不兼容主要指以职能分工为政策归口的部门之间政策干扰。海洋领域管理涉及众多部门，包括资源、环境、农业、交通、规划、财税等，“九龙闹海”、“多规管理”普遍存在，部门间政策或重叠或不统一，横向不兼容明显。各级海洋管理部门在执行上级政策时，还要关注不同职能部门的政策协同性，增加了海洋政策运行成本、影响政策执行效率。同时，在海洋政策执行过程中一旦出现问题，各部门扯皮、推诿现象严重，致使很多海洋管理政策无法实现既定目标。

导致“条块”网络冲突的主要原因来自两个方面：一是长期以来，我国以分工和职能为基础上的“职能管理体制”，二是沿用陆地行政区划的属地化管理模式。海洋环境管理体制的缺陷有待改善。不同机构之间的协作网络本身并不存在问题，但相互沟通与协作机制缺失，导致部分网络之间无实质性协作交流。海洋管理部门、环境管理部门、农业管理部门等核心网络与工商管理部门、公安部门、海关等辅助网络之间，机构设置独立性明显、但业务处理关联度偏低，政策执行过程中各部门仅为本组织负责，部门间相互联动性较差，政策网络运行松散，主体黏合度不高。

三　海域资源开发利用协调机制失效

（一）海域资源空间规划不协调

2018 年国家部委改制以来，海域开发管理的主要责任集中在自然资源部、生态环境部、农业农村部、交通运输部等部门。尽管组建自然资源部有利于解决传统体制下的管理部门繁多、管理权限分散的弊端，但新部门的组建，并不能直接化解海域资源管理体制长期累积的诸多矛盾，部门间深层次权力边界问题仍需进一步协调。即便是自然资源所有权由自然资源部统一行使，终端规划交叉、多规无法合一等问题仍未解决。随着陆海统筹经济的发展，海域资源空间规划与土地利用规划产生密切关联，二者在陆地经济、海洋经济领域影响重大，并与电力、电网、水利、交通、教育、旅游、文化、遗址保护规划也存在一定关系，各个部门陆续推出了自己的规划，各种规划之间对海域资源开发利用的空间、时间、规模、功能的协调性、一致性尚未理顺，由此导致原国土部、住建部、国家海洋局、国家发改委之间的矛盾层出不穷。

具体而言，各部门的规划目标、侧重点、价值取向都不同，导致规划边界不清，尤其是陆地的土地资源开发与沿岸的海洋资源开发、海洋生态保护区边界与海洋工程项目用海边界等等。实践中，陆地工程的用地边界不断向海洋方向突破，海洋工程也同样大量通过填海方式拓展工程用地；项目用海会占用海洋保护区海域。政府的短期发展规划欠缺对长期海域承载力制约的考量，规划衔接不顺畅，规划格局无法实现，就会造成制度缝隙，协调难度较大，经常发生冲突。项目用海彼此间的影响与经济发展之间的关系错综复杂，如不能全局统筹协调，将造成海域资源管理混乱，降低海域开发利用效率。

（二）海域资源管理机制不协调

由于涉海管理部门条块分割，导致了各类政策主体既独立又多元。海洋资源管理政策输出渠道结构取决于体制安排，条块分割体制下涉海政策因职能属性不同由分工不同的部门提供，例如，海域资源本底调查、海域审批、权属登记等管理功能是海洋直管部门的重要职责，海洋环境监测、报告等环境功能是环保部门的重要职责，海洋渔业相关管理主体既包括农业部门、又涉及海上交通部门，各管理部门的政策权限仅限于管辖职能领域。目前，解决部门间协调管理的方式是联合发布政策，但相对部门独立管理而言，多部门联合发布政策文本仅占所有政策样本的5%，反映出海域资源管理主体分散，且政策文本规制目的、内容、途径的兼容性较差，多元政策主体间的协同性需进一步加强。

一是涉海部门职责不协调。由于我国海域资源配置市场化起步较晚，市场化配置机制还不够协调。海域资源的开发主要集中在沿海地区的浅海滩涂，是海陆空间资源的交汇地段。由于我国政府体系中各职能部门职责的交叉性，导致同一个项目在开发过程中会受到多方职能部门的监管；同时，涉海行业众多，不同行业发展规划与工作方案不同，用海规划容易产生冲突。此外，在缺乏统一标准的情况下，过多的体制与机制障碍也会导致内部要素配置的紊乱，职责叠加更容易出现管理权争夺和冲突，增加海域资源市场化配置的协调难度。

二是海域管理与海域执法不协调。对于任何一个海域使用项目来说，审批是必不可少的一步，审批环节涵盖了项目用海的申请、受理、审查、审核、批准、登记等，如果项目为围填海或者重大渔业养殖用海，则还要增加海域使用论证及环评核准。用海项目审批部门与执法部门分工职能不同，执法部门很少参与项目审批，审批部门也不能及时得到监管反馈，海域管理与海域执法脱节。同时，在海洋执法实践中，海上执法体制分散，以管理职能分工作为海上执法组织建设的依据，导致相同海区执法力量多方重叠，造成管理成本的浪费。“混管”状态下对各执法组织的协调机制要求更高，增加了海上作业秩序管理的难度。

三是跨区域海域资源管理不协调。协调机制需要建立在权威性机构建设基础上。我国高层次海洋资源管理的常设协调机构尚未建立，无法统一解决区域间海洋资源利用与管理问题。各地方海洋管理部门行政归属本地区政府，出于地方保护主义和“政治绩效”驱动的目的，在海域开发政策制定和环境保护过程中，制定倾向本地区海洋权益的开发政策，区域间海洋政策发生冲突时，中央级别跨行政区域的海洋管理协调机构缺位，地方政府管辖权限低，各省市海洋经济发展领导小组职能不明确、无法律授权，协调作用和效果不佳，在实践中无法真正履行协调工作。

第三节　海域资源开发利用监督机制局限

海域资源开发利用监督机制建设的目的是通过制定监管规则，检查和监督各类参与者是否遵守相关制度规定、是否认真履行各自职责，以增强海域管理制度的执行力。尽管海域资源管理监督机制日渐完善，但政府、市场和社会不同主体监督力度不均衡，政府监督机制效率低、市场监督机制发展缓慢、社会监督机制基础薄弱，影响了海域资源开发利用制度的监督效果，诸多问题需要不断完善和改进。

一　海域资源开发利用政府监督无效率

（一）海域资源开发利用行政监督失灵

现行海洋管理体制下，行政监督依然是海域资源活动的主要监督方式，由海洋行政管理部门负责海域使用审批监督、使用权出让监督、开发利用过程监督以及海洋环境监督。但在海域开发利用实践中，行政监督机制存在不同程度漏洞，致使海域资源开发利用行政监督失灵。

一是海域使用审批与政府职责衔接不畅。根据现行制度规定，海域使用首先由县级以上人民政府海洋行政主管部门审核，再报有权限的人民政府批准。这种审批流程人民政府与海洋部门的信息不对称、工作目标不统一、审核标准要求不对接，审批工作无法很好地衔接，诸多问题需要协调。此外，海域使用申请审批中常因行政区域更新造成海域管辖异议，导致诉讼资源的浪费和海域申请人、海域使用权所有者权益的受损。

二是海域使用过程行政监督“弱化”。海域资源开发利用管理重审批、轻监管，海域确权管理、使用审批管控严格，但在开发利用过程中监管主体缺位，未经审批先行占有、审批后改变原定用途施工等违法、违规行为无法得到有效控制。海域资源领域的多头管理与监管失效现象，使海域资源配置处于低效状态。监管不力、“政府失灵”，是海域使用效率低下的重要原因。

三是海洋环境监测管理水平落后。海域开发利用实践中，海洋环境监督职责分散在不同政府部门，涉及海洋主管部门的海洋监测机构、环境保护部门的环境监测机构以及渔业、交通、气象水利等部门，监测管理职责分工不合理、监测指标设计不一致，监测工作成本增加、效率降低，环境监测网、环境监测站相互独立、无法互联互通，难以实现数据共享；此外，海域动态监测数据多源多类性，缺乏有效的规划和梳理，档案管理混乱，网络硬件设备老化、过时，严重影响海域管理的工作效率。

（二）海域使用督察机制不健全

海洋督察制度本质上是对海洋行政管理和执法工作进行全面监督检查，是对行政机关的内部监督，但大多数海域使用督察实体性法律规定中，很少涉及海域使用具体工作程序方面的认定，相关规定过于笼统，难免存在督察制度执行不到位的情况。

一是督察发现机制不健全。海洋督察往往采用调查、公民电话、信访等方式，向相关人员了解情况，收集海域使用违法、违规信息，但被访问者往往会在海域资源开发产生负外部性且伤害到自身利益时进行举报揭发。同时，由于普通被访者对海域管理法律制度、相关要求认知不足，无法判断海域行政管理和执法行为是否合法合规、是否应当举报，甚至对举报平台和途径不了解，不知如何举报。

二是信息通报制度未形成。由于海洋督察属于定期、静态监督制，督察主体只有在下沉至用海一线时方能获取各种信息，非下沉时段信息通报不畅达，当海域开发利用过程中出现违法、违规行为时，海洋督察部门不能及时获知违法现象。有些被监督主体在督察时段会遵守规则，但在海洋督察实施时段的后期以及离开督察现场后，可能再次违规，以达到躲避督察的目的，在信息通报制度不完备的情况下，督察组无法获知。

三是督察纠正机制不到位。海洋督察行政机关将处理结果向被监督者通报，责令违规者限期整改。违规整改和纠正依然需要持续的监督机制来配合和维护，然而事实上，在后半程反馈督察的严肃性、关注度、规范性与前期相比有所下降，海洋督察主体与政府海洋管理部门无行政制衡关系，导致基层政府对督察结果的整改并不彻底，影响海洋督察效果。

海域使用督察机制失灵将导致海域资源管理过程中政府机关及相关人员的廉政风险增加。包括违规审批廉政风险往往发生在海域使用论证和环评阶段、资源监管廉政风险在围填海项目使用过程中容易发生、权力寻租廉政风险由缺乏时序规范的地方海域区块空间规划引发、海域使用权出让信息化建设滞后，容易出现因“信息不对称”导致暗箱操作廉政风险等等。

二 海域资源市场化监督力度薄弱

（一）海域资源一级市场监督效率低下

首先，海域资源市场化配置是通过“招标、投标、挂牌”的方式出让海域资源使用权，但海域使用权出让招标主体与行政监督主体同体，造成监督人与招标人重叠的现象。海域资源的招标投标活动的监管由海洋行政管理部门负责，但招标方同样是海洋行政管理部门，既是“裁判员”又是“运动员”，审批、招标和市场监管同体，不但出现“寻租”现象、滋生腐败，扰乱海域使用市场秩序，更容易造成海域资源监督管理失效，破坏海域资源供给的公平性。

其次，作为公共资源的一种，海域资源在招标拍卖过程中，政府、海域使用者是交易双方的主体，能够较多地获取关于海域资源的信息，方便根据资源信息做出是否成交的正确判断，进而分享交易结果带来的直接收益以及由此产生的间接公共效应，如环境正外部性效益或环境负外部性损失。但在交易主体双方之间，政府作为资源所有权的权力代表，处于资源出让方地位，掌握着更多的海域资源本底数据，海域资源的“招、拍、挂”公告大多数发布在当地的媒体或国家指定公告平台上，相关海域信息仅在投标参与方有所披露，并未在市场范围内全面公开，直接影响了市场其他潜在投资者对海域资源市场的准确判断和参与意愿，市场化公开程度较低。总体上，对海域资源开发信息的掌控程度由大到小的顺序是政府、市场参与主体，二者之间信息不对称。同时，从政府层面讲，不利于对海域资源开发市场需求的全面了解和把握，无法正确引导社会资本用海项目的投资方向，对海域资源市场调控政策的制定极为不利。当海域资源市场信息不充分、竞标参与者不足时，极容易滋生不平衡的利益格局，带来出让方和受让方恶意串标、集体压价等暗箱操作、内幕交易、甚至贪污腐败的机会，海域资源市场价值难以实现最大效益。

海域资源交易信息公开度不足的主要原因既有客观性、也有主观性。海域资源交易信息公开机制尚未健全，海域资源交易未纳入公共资源交易中心，海域资源一级出让市场“招、拍、挂”公告发布平台渠道单一，缺乏有效的、多元化的交易信息发布途径，无法通过平台交易信息监管对海域资源配置实施市场化监管。

（二）海域资源二级市场交易平台监管弱化

海域资源市场化流转的二级市场中，通过低价出让、内部交易等手段人为恶意操纵招拍挂的现象时有发生，海域资源公平、公正的市场化配置功能没能充分发挥，这是海域资源二级市场交易平台低端、长期缺乏有效的海域使用权二级市场监管机制，导致未能及时发现和严厉查处海域使用违法违规行为。

一是海域资源二级市场交易平台低端。海域使用权二级市场化交易平台建设滞后，交易活跃度不高。尽管浙江、江苏、山东多地建立海域产权交易中心，但交易案例较少、普遍专业化程度和服务水平不高，基本上在承办政府委托的海域使用权“招、拍、挂”业务，区域间海域资源二级市场流转交易有限，信息沟通不畅，“信息孤岛”现象严重，海域使用权二级市场化交易进程受到阻碍，给市场化监管带来难度。

二是海域使用权二级市场流转渠道不透明。海域市场化配置监督仍以政府干预为主，市场本身的监督调控机制不足，垄断及不当竞争现象普遍存在，在海域资源抵押为主要流转方式的发展阶段，海域使用权抵质押贷款融资渠道和平台不透明，海域抵押人信用问题、海域资源资产估价风险、抵押物难以处置，涉海企业与金融对接的信息不对称，造成海洋金融监管盲区，导致抵押风险较大，海域使用权抵质押贷款的金融监管失控，且海域使用权二级市场金融风险防范难度大，不仅影响海域资源市场交易秩序，而且直接降低海域使用权的市场化配置效率，不利于海洋领域市场经济的健康发展。

三 海域资源社会监督不到位

（一）公众参与制度设计不充分

除政府行政监督、市场化监督以外，来自社会方面的监督制约机制必不可少，社会监督是海域资源领域行政监督、市场监督的必要补充机制。但目前海域资源管理过程中社会监督力量薄弱，更缺乏主动性，公众参与制度设计供给不足，造成监督机制诸多问题没有得到有效解决。

一是公众参与制度缺乏系统性。现有海域资源管理法律制度和政府文件中对公众参与监督的相关规定是零星呈现的，未形成协调完整的制度体系，难以真正规范公众监督的实践活动，对社会公众参与监督的指导作用有限。尤其是海域使用管理领域的公众参与相关制度建立较晚、内容有限，在实际参与过程中没有成熟有效的流程可以参照指导。

二是公众参与渠道基础薄弱。社会公众参与制度列举了“公民调查、会议、听证会、旁听、网络投票、专家咨询”等参与海域开发活动监督的方式，但实践中公众真正能利用的参与渠道有限，且公众个体对参与渠道缺少自主选择权，如相关部门采用抽样调查方式，发放调查问卷征集公众意见等，这种参与方式一方面可能因被调查者素质不一影响调查准确性，另一方由于行政组织机构层级管理体制，信息要经过多层机构梯度传递，参与渠道中间环节过多，不但延误时间，还会导致信息在传递过程中丢失或遗漏。

三是公众参与的回应与反馈机制缺失。公众参与的回应与反馈机制是公众参与机制的重要组成部分，但在公众参与实践中，往往公众诉求很难得到有效反馈，公众也没有渠道了解政府的处理方式，更无从获知处理结果，对公众参与海域使用监督产生阻碍，影响公众的参与效力，对公众的参与意愿及积极性产生不利影响。同时，司法角度尚未建立公众参与效力保障机制，行政机关逃责成为常态。

（二）社会监督的组织建设水平落后

海域资源作为一种公共资源、稀缺资源，不仅具有开发利用经济价值，同时具有公共利益和公共福利特征，公共资源权益的所有者均有权参与海域资源交易全过程的监督，但公众作为个体参与监督的意识不强，且社会监督的其他组织形式欠缺，导致社会监督无法实现理想目标。

一是公众参与社会监督组织的意愿不高。一方面，社会公众主观上普遍缺乏维护海域资源环境的自觉意识，更是缺乏对海域问题的认识、判断、态度及行为取向。尽管我国国民海洋意识发展指数逐年提高，但社会公众的海洋观念仍然比较落后，海洋知识也普遍匮乏，更多公众个体没有海洋行政管理实践经历，海洋意识来自于知识性意识或者浅层次的意识，绝大多数公众不具备主动承担社会责任的意识和能力。另一方面，由于社会公众受教育程度、职业特征、文化素养不同，公众参与监督的能力有很大差异。比如，海域相关信息的涉及面广、专业性强，海域资源开发活动的监督需要信息收集、分析判断能力，大多数社会公众不具备这方面能力。此外，公众不了解法律知识和法定程序，不具备主动、理性参与海域使用管理的相关工作的能力。

二是社会监督组织建设缓慢。由于公众个体参与海域使用监督的制约因素较多，效果不佳，需要借助社会组织打开公众参与监督的局面。社会组织通过章程、制度、管理将分散的个体集聚成整体，其行动力、系统性强于公众个体，是公众参与的重要形式。但目前海洋社会组织规模小、范围有限，据民政局统计数据，全国和地方海洋社会组织数量仅 24 个、267 个，这些社会组织缺乏统一行动规则、监督边界，政府主导的海洋管理机制中缺乏社会监督体系建设和维护，社会自发组织活动经费得不到有效落实，一系列问题导致海域使用管理领域公众参与的社会组织建设不成熟、不规范，发展速度缓慢。

第四节　海域资源开发利用预警机制缺失

海域资源开发利用预警机制有利于及时发现海洋生态环境损害，将监督职能前置，减少海洋资源开发利用负外部性的影响范围。目前海域资源管理实践中，海域资源价值评估体系未建立、海域资源储备制度刚刚起步、海域资源红线制度设计存在缺陷，导致海域资源开发利用预警机制建设缓慢，需进一步提高海洋生态环境预警和响应能力。

一　海域资源质量预警机制尚未建立

（一）海域资源价值评估技术难题未解决①

海域资源价值评估技术难题尚未解决，是海域使用权评估标准或规范出台缓慢的重要原因。其中海域资源价值影响因素、因子指标构建和海域使用权价值评估的专门方法选择是海域价值的关键，目前这两方面都没有得到很好解决，成为海域资源价值评估的最大障碍。

一是海域价值影响因素、因子指标体系不健全。海域价值结构理论体系的复杂性决定了其价值影响因素及其因子指标的多元性，由于海域价值构成的理论依据尚未理顺，使得其影响因素因子指标体系还不够健全。现有的相关讨论基本以城镇土地价格影响因素为主导，主要考虑一般因素、区域因素、个别因素等，影响土地价格的这些因素及其因子指标不能直接替代海域这种特殊资源的价值影响因素，不能诠释海域使用权价值水平，海域价值除受上述因素影响外还与海域本身的资源类型及所处海域的自然环境、生态系统相关，特别是不同功能不同资源类型用海的生态破坏及补偿因素还未被纳入指标体系。

二是现有海域资源价值评估方法有局限性。资源价值评估领域，收益还原法、市场比较法和成本法是最成熟的评估方法，土地评估中还有剩余法（假设开发法）、基准价修正法等也比较常用。由于海域资源空间分布不均匀且具有流动性，同一区域内可开发利用海域资源使用功能不同，因此土地基准价修正法不适用于海域价值评估；收益还原法的缺陷是，用海项目开发周期长，投资巨大，不确定性高，收益水平和还原利率难以估计；海域资源有偿使用制度刚刚建立，市场交易案例相当少见，样本交易不具备代表性，采用市场比较法进行海域资源价值评估有一定局限性；成

① 王晓慧：《我国无居民海岛使用权综合估价体系框架研究》，《浙江海洋学院学报》（人文科学版）2014 年第 6 期。

本逼近法比较适合目前的海域资源价值评估，但这种方法以取得及开发成本为基数，不能反映区位条件带来的价格差异；同时海域资源价值主要取决于效用而非成本，故采用成本逼近法有时可能会与市场产生偏差。假设开发法在评估时需要估计开发后预期价值、合理开发成本及利润，这些资料数据的可获得性和准确性难以把握。此外，上述各种方法都未考虑生态补偿价值、社会文化价值，因此不能直接、简单地将这些方法用到海域资源价值评估中，需要进一步完善及创新更适合海域资源价值的创新评估方法。

三是海域资源价值评估标准未制定。从目前海域资源质量管理实践看，市场普遍关注海域资源的生产功能及其产生的经济价值，强调海域资源作为生产要素的投入规模和投入价值量，忽视海域作为自然资源的生态服务功能以及社会历史文化因素，海域资源价值管理体系中仅有经济价值体系，缺失生态价值体系、社会价值体系的构建。基于此，目前评估市场上诸如《城镇土地估价规程》、《农用地估价规程》、《房地产估价规程》、《资产评估准则——基本准则》、《资产评估准则——无形资产》、《资产评估准则——森林资源资产》等标准与规范中所构建的价值体系无法适用于海域海岛等海洋资源的价值评估。海域海岛资源及其相邻水域蕴藏着生物、港口、矿产、化工、旅游等宝贵的稀缺资源，有着特殊的经济属性、社会属性和生态属性，价值类型复杂，其使用权价值评估必然是一项综合的系统工程，现行的评估准则和估价标准显然不能给予明确的技术性指导。

（二）海域资源开发利用质量预警系统不完善

海域资源价值评估是海域有偿使用的前提和基础，其价值量也是海域开发利用质量的衡量标准。但海域资源使用权交易市场发展落后，评估实践中完善健全的评估管理制度和质量预警制度尚未建立，无法掌握海域资源开发利用质量效果。

一是海域资源质量评估管理不到位。一方面，国内尚未建立系统完整的海域资源质量评估制度，对评估程序、评估资质、评估内容、法律责任等方面没有统一的规范，而评估行业遵循的通用资产评估相关法律无法针对具有海洋特征的特殊自然资源给出专门规定，致使海域质量评估缺乏相应法律支持和配套管理办法指导，评估活动无明确规章制度可循。另一方面，现有海域价值评估机构大部分为海洋勘察或监测单位、资产评估机构、高校及各类研究院所等，但由于海域资源属性复杂、价值构成多元以及评估内容的综合性，致使任何一类单位难以独立完成全部评估任务。此外，海域评估人员的资格认证制度还没有建立，注册资产评估师资格认证由人事部、财政部共同负责；土地估价师资格认证由国土资源部负责；房地产估价师资格认证由国家建设部与人事部共同负责。而目前国土资源部还没有建立海域海岛评估资格考试和认证制度，使得这一领域从业人员的胜任能力无从考量。

二是海域资源质量预警制度缺位。由于海域价值体系和评估制度不完善，各级政府缺乏对海域资源开发利用质量关注，海域管理集中在资源规划、出让两阶段，海域使用者的开发利用行为缺乏政府监管，海域的利用效率、海域保值增值没有针对性的管理流程，海域开发利用质量无论是政府、还是海域使用者均处于失控状态。因预先发布警告的制度未建立，没有专门机构负责对海域质量发生下降或毁损时给与警示，海域承载力程度和破坏风险无法防控，对海域开发行为人缺乏预防性约束力，也使得海域资源开发利用事后管理中付出更大的修复、治理代价。

二　海域资源储备预警机制缺乏

（一）海域资源储备机构运转无效

我国海域资源储备管理制度建设刚刚起步，福建省、山东省、浙江省等沿海各地纷纷设立海域资源收储中心等收储机构，对海域资源储备管理进行了尝试。但由于市场对海域资源价值认识不够、海域资源储备管理经验不足，管理过程中仍存在以下问题：

首先，储备管理机构隶属关系不统一。有些沿海地区的海域资源收储中心挂靠地方海洋行政管理部门，也有些地方将海域资源收储中心设立为独立事业单位、国有企业。隶属关系不统一降低了海域资源收储中心的社会地位和权威性，影响海域资源收储中心的职能发挥。

其次，海域资源储备机构职能定位不明确。目前正在运行的海域海岛收储中心规定了机构职责，但相关职能定位过于笼统，缺乏对相关职能实施流程的具体规定，收储程序尚不明确。

最后，海域资源储备管理人才短缺。我国海域资源储备工作刚刚起步，大量事务涉及多部门且处理程序繁杂，包括勘测、修复等资源质量维护性质的工作，又包括价值和权属认定、登记备案等管理性质的工作，对综合专业知识和技能要求较高，然而目前海洋领域复合型人才相当急缺，制约了海域收储管理的进程。

上述问题产生的主要原因是国家政策引导不到位。海域资源储备管理从地方政府先行先试，开展海域资源储备制度建设、机构建设等尝试，但国家宏观层面缺少统一的制度引导和扶持，地方政府在海域资源管理制度创新方面投入的人才、资金、设施有限，与现行的海域使用管理制度存在掣肘，海域资源收储、整治修复与管理所需资金的融资难度较大，海域使用权抵押贷款只有少数金融机构认同。很明显，海域资源储备管理运行机制有待完善。

此外，海域开发利用时，不同海域类型适用于不同用海目的，海洋功能区划改变带来海域功能重新划分，例如交通用海变更渔业用海，变更登记过渡期养殖用海确权难，影响了海域收储管理；农村集体海域承包周期长，但用海项目往往关系到乡村民生和村镇公益问题，政府收储将付出较大的成本补偿代价。

（二）海域资源回收储备预警制度不健全

海域资源储备制度不健全、储备能力不强。海域资源开发利用过程中，经确权审批被开发利用的海域资源需要收回的情形有以下几种：到期收回、强制收回、灵活收回。但目前海域管理制度中仅对“到期收回”做出明文规定，“强制收回、灵活收回”尚未建立明确收储制度，更没有针对海域资源储备存量规模不足的预警制度。海域使用法定年限在我国《海域使用管理法》中有明确规定，不同的用海方式使用年限不同，养殖用海使用年限最短为 15 年，港口及修造船厂等建设工程用海使用年限最长为 50 年；对于到期没有续期需求的海域，政府应当及时收回海域使用权，以备再次出让。然而在海域管理实践中，很多海域因技术工艺落后、环境污染严重、市场需求不足等多种原因导致利用效率低下，但并未及时收回；此外，还有一些空间位置不佳的远海、偏僻海域长期闲置，海域使用权并未产生预期效益，也未得到及时清理和收回，严重阻碍着海域资源储备进程和海域资源开发利用效率。对这种开发效率低下、占而不用的海域，以及违规使用海域资源，造成海洋环境损害的用海工程项目，目前的海域管理机制下，仅仅通过监督、采用处罚手段进行控制，并未建立行之有效的灵活收回、强制收回等制度。

海域资源储备预警制度未建立，相应的海域资源供需、交易及预警管理机构十分缺失，致使海域使用的规划性、科学性、持久性得不到保障，特别是社会资本、财团囤积大规模的海域资源，炒作海域使用权，从中牟利，也使得一边私占海域、滥用海域现象屡禁不止，另一边海域资源供给不充沛，影响海域资源正常的开发利用秩序，更严重的是，对于可供开发利用的海域资源缺乏存量规模预警报告制度，一旦出现海域资源储备不足，将打乱市场海域开发者和政府供给者用海整体布局计划。海域收储是海域资源持续开发利用的保障，缺乏储备存量预警制度，将减缓海域收储进展，阻碍海域市场化配置的有效实施，对海域资源开发利用的持续性产生威胁。

三　海域资源红线预警机制不健全

（一）海域资源红线制度设计缺陷

海洋生态红线作为海洋生态环境系统修复与保护的重要保障措施，在海域资源开发利用和生态保护中具有核心地位，备受各级政府重视。《关于全面建立实施海洋生态红线制度的意见》、《海洋生态红线划定技术指南》从管控制度和红线划定技术层面，对全国海洋生态红线管理工作进行了规范。但由于我国海洋生态红线制度建设起步较晚，制度设计尚存在很多缺陷。

一是红线范围划定不规范。国家规范、指南以定性的方式识别海洋生态保护红线区域，各省市自由裁量划定海洋生态红线区域。但由于各省市海洋生态本底调查数据不完整，各地对需保护的海洋生物、植物及滩涂等资源认知不统一，仍有部分生态服务功能极重要的海洋功能区尚未纳入红线，这是红线范围划定标准不一致、划定权限分散导致。

二是红线区内管控制度冲突。红线区内用海管控制度冲突来自于时间差异和制度差异。一方面，海洋生态保护中诸多历史遗留的区域划定问题没有彻底解决，并延续至下一个管理周期；另一方面，海洋生态保护红线划定与国家管控政策相关规定不一致，造成红线控制区与养殖、旅游等经营活动用海区域重叠、交叉，与国家提出的“生态保护红线原则上按照禁止开发区管理”的要求存在较大差异，强制保护难以落实。

三是红线控制指标执行偏差。各地沿海地区政府在红线制度执行过程中，首要考虑地方海洋经济、海洋产业发展需要，经常避重就轻、划远不划近。保护性指标设定以开发需求为划定导向，即将开发建设需求不强的海域划入红线，有开发需要的海域未纳入红线区域，如开发利用与保护矛盾突出的有居民海岛自然岸线多未纳入红线，部分地区将大量无矛盾冲突的无居民海岛自然岸线划入红线，这种导向下实际严格保护意义不大。

（二）海域资源红线预警机制未建立

生态保护红线监测与披露是海域资源红线预警机制运行的前提，但目前仍然存在海洋生态环境数据信息分散、动态监督平台建设缓慢、监测技术比较落后、监测方法存在漏洞、红线风险公示制度和预警响应制度尚未建立等问题。

2018 年国家海洋局下属的生态环境保护司起草的《海洋生态保护红线监督管理办法（征求意见稿）》中对监视监测提出要求，“省级海洋行政主管部门应建立本行政区管理海域海洋生态保护红线动态监管平台，对海洋生态保护红线区及周边海域海岛开发利用活动、生态环境状况进行监视监测，并将年度监视监测情况于每年 12 月底前报所在海区分局。”但从目前执行状况看，红线动态监管平台建设缓慢，动态监测难以全面展开。同时，各沿海地区海洋生态环境数据信息缺乏交流和共享，制约了跨区域治理能力的提升。

从海洋生态保护红线监测进展来看，海洋生态环境预警并没有明确的定义和系统评价指标体系，缺乏完善的预警指标定量计算方法。目前没有专门针对海洋生态红线的监测标准，执行国土生态红线管理标准《生态保护红线监管技术规范生态状况监测（试行）》（HJ1141－2020）。但这一行业标准比较适用于陆地固定区域红线管区监督，对于流动性极强的海洋生态红线动态监测技术标准还需要进一步细化和规范。

海洋生态保护红线监测结果尚未建立规范披露制度和响应机制，主要原因是海洋生态红线指标分类监测和计量，尚未形成综合指数，也未建立常态化发布制度和多元化发布渠道；对监测结果中违反红线制度、造成损害的资源，通常在次年海洋资源整治项目规划中得到修复和治理，响应迟缓，降低海洋生态环境保护效果。

第五节　海域资源开发利用保障机制滞后

海域资源高质量开发利用需要技术保障、资金保障和信用保障。尽管目前海域开发利用领域重视技术研发和推广，但依然存在科技管理模式落后、科技成果转化机制不完善等问题；海洋金融服务体系建设缓慢、金融服务模式僵化，无法满足海域市场的资金需求，海域使用主体信用信息管理的数字化技术应用不足，信用体系尚未建立，表明海域资源开发利用保障机制不完备。

一　海洋领域科技管理体制机制掣肘

（一）海洋科技管理模式落后

海洋科技水平随着海洋产业的发展进一步提高，但不能否认，关键领域、关键技术与国际一流技术相比仍有差距，产业水平与技术水平不匹配，海洋科技发展明显滞后。影响海洋科技发展水平的重要原因是海洋科技管理体制落后，一方面体现为海洋科技管理部门条块分割明显，海洋科技工作涉及海洋部门、科技部门、经济发展部门、教育部门等，缺乏统一的海洋科技管理平台。不同管理机构为本部门目标各自为政，形成多头管理格局，不但导致科研机构管理效率差，更有碍于海洋科技力量的公平配置，很难激发海洋科技创新动力。海洋科技激励政策、人才资源、金融资本不但在条块分割结构中投入不均衡，在不同技术领域的支持也不均衡，且海洋科研项目重复规划、布局迟缓等问题也明显制约了海洋科技水平的提高。

海洋科技管理机构之间缺乏合作机制，也是制约海洋科技体制执行能力的重要原因。我国主要海洋科研机构包括海洋研究实验室、国家海洋研究所、各高校海洋研究机构、水产研究所等，分别隶属于中国科学研究院、教育部、农业部等部门，并与地方自然资源厅（局）、高新科技企业等单位构成海洋科技管理体系。然而，海洋科技管理机构职责划分与实际管理需求不协调，暴露矛盾较多，不同海洋科技管理部门缺乏良好的沟通与合作，海洋科技信息传递不畅，海洋数据无法实现共享，海洋科技基础研究与应用研究相脱节，大型的海洋科技设备闲置浪费，无法形成完整的海洋科技产业链条，严重影响了海洋科技创新能力。

此外，海洋科技管理行政化现象严重，各级行政干预科研项目实施，尤其在高校科研管理环境下，行政领导兼管科研工作，对跨学科、跨领域科研活动越权干预，为高校科研资源配置的公平性、合理性，带来较大的负面影响。

（二）海洋科技成果实现机制不完善

目前海洋科技研发领域高水平科研机构有限，高端领军型科技创新创业人才匮乏，优质科研资源共享程度不高，最常见的涉海类科研机构与产业界合作模式因激励机制不完善，导致双方合作缺乏持续动力，海洋产业与海洋研究机构合作效率低下，现有海洋科技体制对海洋科研成果转化的支持作用不明显，科研资金产出率不高。

原因之一是科研机构制度体系与企业不同，科研机构以学术研究为重，通过及时发布学术观点提高学术影响力作为科研目标，企业则期望研究成果独家占有、以谋求最大商业价值为目的，其市场应用价值更加明晰，双方目标差距较大。尽管政府不断推进涉海类企业与科研机构的合作关系，但双方贡献与利益不对等、矛盾冲突的协调解决机制不健全，双方缺乏合作积极性，制约海洋科技成果商业化转化程度。涉海类企业与科研机构在创新价值链上“脱节”也使得基础研究无法有效衔接海洋产业需求，科研成果的增长并不能带来海洋产业核心竞争力的同步提升。

原因之二是海洋领域成果研发缺乏市场导向，科研人员申报科研项目的动机是学术业绩考核、职级晋升或者经济利益，并非主动解决产业市场实际问题，海洋领域科学研究的个体目标倾向明显，市场需求导向不足，造成科研机构研究成果与产业市场需求脱钩，即便每年海洋领域科研经费投入成本极高、专利成果丰富，但各类研究成果距离产业市场应用还有较大差距。

原因之三是海洋科技服务能力有限。海洋科技服务体系中海洋开发技术咨询和传播类服务较少，知识产权和孵化风投类服务较多，科技服务的长短期效果不均衡。政府海洋科技管理倾向明显，服务意识和导向缺失，服务机制创新意识不足，海洋科技服务业作为一个新兴业态模式尚未形成，影响海洋科技成果的快速传播和推广应用。

二 海域市场金融服务机制建设发展缓慢

（一）海洋领域金融服务机制不健全

海洋金融需求产生于海域资源流转、海洋产业发展、海洋科技创新、海洋生态修复等各个领域，不同领域金融服务的提供方式有所区别。海域资源流转市场以确权海域使用权抵押为主、海洋产业和海洋科技发展以金融机构信贷为主、海洋环境治理以财政金融支持为主。目前海域市场金融服务受各种因素制约，金融服务机制尚不健全。

海域资源流转市场的金融服务受海域使用权交易平台建设缓慢影响，无法培育交投活跃的二级市场，使海域使用权抵押变现困难。从金融机构角度看，海域估价体系尚未成熟，存在海域价值高估风险，且抵押监管难度大，金融机构承接海域使用权抵押业务十分谨慎。

海洋产业的金融服务因产融对接机制不完善，导致金融机构无法及时提供高效精准的金融服务。海洋产业布局和用海需求由国家海洋管理部门政策引导，而政府海洋管理部门的信息公开机制尚未建立，“政、银、企”之间有效的海洋产业信贷风险信息缺乏共享、联动机制，金融机构进行海洋产业贷款时，获取海洋项目进展的权威数据难度较大，不利于金融机构防范和处置涉海信贷风险。

海洋科技融资途径不完善，金融机构、服务中介机构等组织缺少有效的海洋科技服务模式。目前涉海企业、科研院所的金融需求大部分来源于政府科研基金、金融机构贷款、创投资本等途径，但各途径资金分散，综合金融服务力度弱化。

海洋环境保护和治理活动对资金需求旺盛，但各种形式的资金投入与海洋环境情况并未出较强的纽带关系，说明资金支持路径不畅、效果有限。政府和企业对海洋环境治理投资存在时滞效应，投资主体的资金投放计划和投资额度存在随意性，缺乏明确的投放标准和资金筹划，且企业投资无法满足海洋环保资金需求，很难发挥重大作用。

（二）海洋金融服务模式简单僵化

金融服务的目标是支持涉海经济、社会活动，包括资源开发、产业发展、环境建设等，而多元化海洋金融服务模式则是完善金融服务的必备手段，广泛的融资途径、丰富的融资渠道是高水平金融服务的体现。但目前海洋领域融资模式单一，涉海企业和公共海洋项目资金筹集困难，无法扩大生产经营规模，甚至因资金短缺不得不停止项目开发进程，造成海域资源损失浪费，阻碍海洋经济发展。

我国目前海洋领域以政府引导模式作为主流金融服务模式，政府在海洋产业布局基础上，引导金融主体提供相关海洋产业发展资金，加大对海洋经济的资本投入，从而有效带动海洋经济发展，使得海洋金融有明确的服务目标。但这种模式在实际应用过程中，政府部门与金融机构并未实现有效协同，从各地出台的支持海洋经济发展的政策文件来看，地方政府及其各部门侧重考虑本区域海洋经济长期规划，金融机构侧重考虑短期利益，长短期目标融合度较低，且各部门之间缺乏信息交流和资源共享，海洋金融服务往往处于被动地位。

从融资途径和渠道看，海域资源开发利用资金依然以银行贷款为主。各沿海地市尚未设立海洋贷款风险补偿基金，信贷风险补偿不足，提高了银行机构的信贷风险管理压力，降低了金融机构服务热情。与此同时，私募股权投资、风险投资等融资途径在海洋领域应用范围有限，涉海企业特别是中小企业融资相当困难，社会资本鉴于海域资源开发项目周期长、风险大、成本高等原因，缺乏投资动力，加之政府引导机制不足，使得社会资本难以进入海洋领域，涉海企业和用海项目极少通过债券、股票或其他股权投资方式获得融资。此外，海域资产价值难以评估、海域资产产权流转变现能力差、资产证券化无法实施等，各种原因导致海洋领域融资渠道狭窄、融资途径单一，融资服务模式创新性不足。

三　海域资源开发利用信用机制尚未建立

（一）海域开发利用信用建设缺乏顶层制度指引

海域资源开发利用质量的控制不但来自于政府管控制度、社会监督机制，更重要的是开发利用活动过程中的市场行为约束。海域开发利用活动带来的海洋环境问题已受到政府以及社会各界人士高度重视，海洋生态环境恶化既与海洋经济高速发展、沿海地区人口快速增长有关，也与海域使用者在开发活动中的海洋环保信用缺失密切相关。海域使用者应当遵守诚信原则，按照国家海洋管理的法律制度进行涉海经营活动，但目前海域资源开发利用顶层设计的权威、规范的信用体系尚未建立，使得海域资源开发利用的失信行为难以控制。

我国自然资源领域社会信用体系建设处于起步阶段，各地政府也在积极探索自然资源社会失信行为认定和惩戒办法，但由于上位法律法规、部门规章制度依据不足，自然资源领域失信情形、失信程度判定、惩戒措施等事项的处理缺乏来自顶层制度指引。国家层面发布《社会信用体系建设规划纲要（2014－2020年）》、《国务院关于建立完善守信联合激励和失信联合惩戒制度加快推进社会诚信建设的指导意见》、《国务院办公厅关于进一步完善失信约束制度构建诚信建设长效机制的指导意见》等文件，尽管对海洋领域诚信机制建设有一定的指导作用，但针对具体海域开发利用活动中失信情形、失信程度认定缺乏可操作性，例如，如何界定“严重扰乱自然资源市场秩序”和“严重破坏自然资源生态环境”，实践中不易识别。

缺乏顶层统一政策指引还导致各地海域开发市场构建的信用体系不一致，失信情形认定和失信程度判断标准存在较大差异，对于海域国有资源的保护效果出现各地区不均衡状况，加大地方政府海域资源开发利用质量管理水平的差距。顶层统一的海域开发诚信制度长期缺位，是海域开发市场信用约束乏力的重要因素。

（二）海域开发利用信用数字化管理滞后

海域使用主体诚信信息归集是海域开发利用信用评价起点，也是诚信体系建设的基础。海域开发利用信用信息化管理滞后，不但影响信用评价体系的实操性，而且致使违规违约等失信信息得不到披露和曝光，降低了海域使用主体的失信成本，违法失信行为没有付出沉重代价，变相制约了守信者诚信意愿，极大影响海域开发市场的有序竞争。

一是海洋领域信用档案未建立。国务院办公厅2020年12月发布《关于进一步完善失信约束制度构建诚信建设长效机制的指导意见》，进一步明确了信用信息范围，以便依法依规实施失信惩戒，提高社会信用体系建设规范化水平。但实际工作中，海域开发主体各种信息记录由不同部门生成和保管，海域使用法人主体和个人主体的完整信用档案有待进一步完善。

二是海洋领域信用信息共享机制不健全。尽管不同地区、不同领域的信用信息互联、互通机制正在探索，但政府相关部门在推进信用信息共享共用时受到观念、组织、技术等方方面面限制。地方保护观念严重，固守本区域、本行业信用信息专享权属理念和保密原则，不愿意公布权限范围内的业主信用信息。此外，信用信息归集、公开、共享及其管理的责任主体不够明确，也导致地方政府部门共享数据存在后顾之忧。

三是海洋领域信用管理数字创新技术应用欠缺。与数字技术发展速度比，海洋领域信用管理的数字化应用比较落后，传统的分散式信用存储方式普遍存在，海洋领域信用管理系统开发延迟，数据归集完整性、数据安全性、数据隐私性、数据公平性、数据可追溯性等关键技术尚未解决。创新数字技术应用程度有限，信用体系建设的数据归集基础工作遇到瓶颈，海洋领域信用体系数字化管理水平难以提升。

第六节　中国参与全球海洋治理的制约与不足

近年来，中国在国际事务中地位不断攀升，海洋治理成就世界有目共睹，但与发达国家相比，在国际海洋资源开发和全球海洋治理机制建设方面还存在一定问题，与国际立法和区域立法尚未完全对接，除受世界海洋秩序格局的变革影响外，自身国际参与机制的缺陷、国际海洋治理能力不足等因素也是中国海洋战略实施过程中所面临的主要困境。

一　国际格局的制约

（一）国际海洋权益争议日益复杂

当今世界格局动荡不安，中国面临周边复杂多变的“海缘政治”环境。随着各海洋国家不断加强海洋资源开发与利用，各国海洋专属经济区与大陆架权益主张重叠问题日益凸显，公海资源、国际海底、南北极等战略海洋资源竞逐异常激烈。

一方面，东方大国崛起使得等传统海洋大国、强国对华焦虑感空前上升，认为日益增强的中国海洋实力威胁到其主导地位，美国及其盟友为维护其在国际事务中的霸权地位，全面围堵中国海上同盟体系，恶意干预海洋争端，质疑中国的海洋权益，误导国际舆论，造谣抹黑中国善意主张，对中国加快参与全球海洋治理实施战略打压和遏制，导致我国与美国、日本以及东南亚部分国家长期存在利益矛盾，摩擦不断，严重破坏中国在国际海洋秩序中的影响力；另一方面，传统和非传统安全的新风险频发，新冠疫情持续不断，对世界经济影响严重，许多国家和地区“封国封城封港”，全球产业供应链发生断裂，海上航运安全、能源运输等世界各国海洋事业发展造成严峻威胁。不确定因素激增的环境下，世界各国对国际海洋资源竞争意识愈加强烈。

随着国际地位的提升，中国海洋权益的维权意识和保护能力也在不断增加。国际格局已今非昔比，“东升西降”渐成趋势，逐渐取代“西强东弱、北强南弱”格局，尽管短期内西方国家强势霸占国际海洋事务主导权的局面难以逆转，国际海洋权益争议更加频繁，但长远看，国际海洋规则秩序必将发生重大变革。

（二）全球海洋合作机制尚未完全构建

全球海洋生态危机对世界任何一个国家都将产生危害，威胁到全人类共同生存环境。中国“全球海洋命运共同体”理念，就是期望通过世界各国协同治理，维护全球海洋生态环境。然而，迄今为止，该理念仍然遭到西方霸权国家的对抗，全球海洋治理合作机制尚未全面建立，美国为首的单边主导格局短期内难以改变，全球海洋生态共治模式还有待推进。

一是“全球海洋命运共同体”理念短期内尚未能被世界普遍接受，重要阻力一方面来自于西方霸权国家的世界话语掌控，另一方面“共同体”理念的理论逻辑与“各自为政”的传统观点有所区别，多数国家持观望的态度，互利共赢的全球海洋治理理念尚未建立。

二是国际组织对全球海洋治理作用有限。联合国作为主权国家组成的国际组织发布了《联合国海洋法公约》等若干章程、决议，在道德、法律方面对各国保护海洋生态做出了规定，但对各国责任以及具体改良海洋生态措施并未明确，对国际海洋环境治理的作用有限。其他国际组织以及区域性组织多从经济利益出发，意识形态、区域、利益诉求的排他性，缺乏合作主动性，出台的条约与法律碎片化、缺乏系统性，国家间海洋生态合作缺乏有效政策支持。

三是发达国家本位主义导致海洋生态合作不充分。各发达国家以本国政治、经济利益为驱动力，忽视国际海洋生态环境公共诉求。发达国家通常期望以最小成本和代价来获取最大的海洋生态利益。由经济利益主导的国际海洋开发合作和环境治理，也使得国家间的海洋开发与生态保护矛盾重重，很难达成海洋生态合作共识。

同时，“大国主导”现象也决定了发达国家主导了国际海底资源开发与利用的谈判进程，沿海小国与陆地国家的权利得不到保障。只有国际格局“多极化”趋势中新兴国家真正具备国际话语权，全球海洋公域治理机制才能得以相应调整。

二 国际海洋制度设计能力不足

（一）参与国际海洋规则制定能力偏弱

全球海洋秩序需要国际化权威制度协调和规制，能否参与国际规则、制度设计是全球海洋治理中国际地位的体现。尽管目前中国国际影响力不断增强，政治地位、经济实力和海洋科技水平不断提升，但面对全球海洋治理和区域治理，国际参与规则制定能力依然不足。

面对国内环境和国际形势，国际海洋规则制定中未能彰显“中国智慧”，在推动国际海洋规则制定、修改、解释等方面未取得实质性突破。在全球海洋治理进程中设置的海洋议题未能引起国际社会广泛关注，也未就应对全球性海洋问题提出国际社会普遍接受的操作方案。从参与国际海洋规则制定的实践来看，我国目前还不能主导国际海洋规则制定，国际话语地位还有待提升。

当前世界格局中的话语体系、议程设置被西方霸权国家控制，中国全球治理和倡导自由主义海洋秩序的理念受到打压和遏制，特别是在深海开发、海洋生物多样性、气候变化与海洋等非传统议程设置和规则制定中缺乏话语权。其主要原因，一是科技创新水平不足，尖端海洋开发技术与发达国家相比还是存在差距，海洋污染治理缺乏核心技术；二是中国海洋治理主体主要是政府，非政府组织在现有的制度层面下难以发挥作用；三是国际海洋治理专业人才不足，国际组织中拥有中国籍海洋专业技术研究能力的人才较少，中国海洋技术的权威地位尚未确立。

参与国际海洋规则制定能力不足限制了中国国际海洋治理理念在全球推广，制约了全球共同开发的实施进程。如何基于持续发展观、把握全球海洋资源开发战略机遇、提高国际规则制定话语权、加大国际海洋治理参与力度，是亟待解决的问题。

（二）国家海洋制度设计滞后

全球海洋治理体现了主权国家之间政治利益、经济利益的博弈过程，中国参与全球海洋治理体系建设的能力需要先进有效的制度支撑，但目前我国海洋管理顶层制度设计滞后，未能充分发挥海洋领域的经济和技术实力，制约了中国参与全球海洋治理的深度和进程。

现有的法律制度中，《中华人民共和国领海及毗连区法》、《中华人民共和国专属经济区和大陆架法》中部分规定不符合国家发展需要，如“外国军舰无害通过批准制度”、“历史性权利”等，且相关规定的表述含义存在一定局限性，不能完全契合中国实际诉求。从法律的衔接性来看，国内法与国际法未能完全一致，例如关于海洋环境污染举证方的差异，国内法规定原告负责污染损害举证，国际法规定被告方举证，表明国内法与国际公约适用性存在较大差异，使得权责结果不同，也不利于构建与国际法统一的协调机制。可见，国家现行法律法规体系不健全、与国际海洋法衔接不到位等问题，导致中国海洋制度体系在国际上缺乏权威性，无法起到引领国际海洋规则制定的作用。

三　国际海洋事务参与机制的局限性

（一）国际海洋战略参与动力不足

积极参与全球海洋资源开发和生态环境治理是我国实施国际海洋战略的必要途径之一，但在国际海洋事务战略规划、权益制度、资本配置等问题需要优化，否则很难整合全球海洋治理能力、无法承接世界环境挑战。

海洋战略规划顶层设计不完善。中国近十年提出包括“一带一路”在内的一系列海洋国际战略布局，积极推进多边合作，践行全球海洋共治、共享、共赢，但操作层面，相关制度、实施路径和方案尚有缺失，完善的国家海洋战略体系不健全。由于缺乏明晰的宏观战略指导，使得涉海政策稳定性、长远性和全局性较差，不能满足国家参与全球海洋治理的需要。

多主体责任体系尚未健全。在国际海洋治理的各类参与主体中，政府责任在不同法律、制度中有明确规定，但对企业业主、社会组织和个人在参与国际海洋开发中的环境责任不清晰，参与国际海洋事务中海洋保护的主动性差，提升绿色生产服务能力的意识不足，被动参与模式普遍，且多数以事后污染治理为主，甚至成为海洋环境问题的制造者。多主体责任体系尚未健全，表明我国国际海洋事务参与机制不完备，需要进一步完善。

国际海洋治理的资本支持有限。中国政府国际海洋事务和海洋治理资金以中央财政支出为主，社会资本明显缺失。一方面中央财政直接安排专项资金的规模有限、不能满足参与国际海洋生态环境保护活动的资金需求；另一方面国际金融中涉海类金融产品设计种类极少，且因资本知名度不高，涉海金融产品国际传播困难；此外，我国海洋污染治理基金、海洋科学研究基金、海域资源开发项目基金等专项基金设立渠道有限，海洋专项资本投入不充足，海洋金融资本结构不均衡，影响国际海洋治理的参与力度。

（二）非政府组织参与程度有限

全球海洋资源开发与海洋环境治理的中国参与主体以政府为主，非政府行为主体主要包括企业公司、个人以及非政府组织等。近年来越来越多的非政府主体通过各种途径参与全球海洋开发和治理，但与中国政府相比，企业集团、社会机构等组织受制于国际、国内法制约束以及其他主观、客观原因，参与国际海洋事务十分有限。

客观来讲，缺乏支持非政府主体参与国际海洋事务的相关法律和政策，大量政府规章制度仅针对非政府主体的国内海洋资源开发利用行为管理，很少涉及参与全球海洋事务的规定，使得企业、社会机构等非政府组织在涉外海洋事务纠纷或冲突处理时缺乏应有的法律保护。可见，多主体国际参与机制不完善，国际海洋治理实践途径不多，非政府主体参与国际化海洋开发活动的阻力过多。

从主观因素看，非政府主体自身发展的主动性不高、全球海洋资源开发的专业能力较差，开发活动经营效率低，且经验不足，因此，非政府主体参与数量少、影响力不够，很难成为海洋治理国际化的主流力量。同时，国际海洋规则复杂、繁多，非政府主体对国际法律规定和公约掌握不透，在国际诉讼中往往处于被动地位。

总体上，与发达国家相比，我国非政府组织、公民、跨国公司和全球性资本市场涉外海洋治理活动起步较晚，对国际海洋事务的参与机制仍然存在缺陷，在全球海洋治理体系中规模小、影响力弱，国际化参与程度和范围较为有限。非政府主体参与的有限性也体现了中国国际海洋事务参与机制的局限性。

第八章　高质量发展时代海域资源开发利用机制重构

根据海域资源开发利用质量链传导机制，在海域开发质量形成过程中，政府管理运行机制环环相扣，紧密相连，每一种机制非孤立运行，任何一个环节的要素出现故障都将影响整个质量链的有效实现。建立在系统思维角度上，海域开发利用质量形成机制应当全方位、系统化，政策运行、资源配置、责任利益分配、绿色开发等诸多要素交互并行，将制度、组织和管理协调统一，重新构建系统化、现代化、高效能的海域资源开发利用管理机制，才能根本解决海域资源开发与海洋环境保护的矛盾，确保海域资源开发利用质量，实现海洋经济持续发展。

第一节　海域资源高质量开发利用机制重构思路

海域开发利用机制建设经过长期发展已有效改变了管理失控状态，海域开发质量有了明显提升，但由于以往认知和经验的局限性，在海域资源开发利用领域，机制结构尚不健全、机制功能尚不完善，需要不断提高对海洋资源价值认知，逐步纠正机制安排上的缺陷。根据国际国内格局变化以及国家海洋战略发展目标，针对海域资源开发利用管理机制中存在的问题，兼顾生态保护与资源开发、创新海域资源产权制度、强化海域开发利用质量事前控制、提高海洋战略的国际参与能力，重构更优的海域资源开发利用机制，创造更大的海域开发价值，确保取得海域资源高质量开发利用效果。

一 海域资源高质量开发利用机制重构原则

保护与开发兼顾原则。基于“价值观”“效率观”“发展观”三维视角，海域资源高质量开发利用本质上要求将开发与保护统筹考虑，兼顾社会生产、人类生活、自然生态的“三生”融合，既要充分利用海域资源作为生产要素的经济价值，又要维护其大自然系统的生态价值，同时还应关注海洋精神文明建设、积累海洋社会文化价值。因此，需要运用系统化思维方法，进一步完善海域资源管理制度，重建海域资源开发与保护政策体系，解决“环境”与“发展”的矛盾。

产权明晰原则。海域资源是自然界生态系统极其重要的组成部分，同时又具备经济上的开发利用价值，但因海域资源的公共属性明显，需要所有者通过制度安排对海域资源管理行为和开发利用行为进行规制，对海域资源产权进行划分，对权利、责任与利益进行匹配，明确各项权力的履行责任、相关义务以及对等利益分配获取规则。产权制度明晰有利于规范海域相关主体的行为、落实海域有偿使用制度和市场化制度、保护海域资源各方主体基本权益、推动现代化海洋治理体系和治理能力建设，为多元主体参与海域资源管理提供制度基础，最终实现海域资源有序开发、高效利用。

事前控制原则。海域资源具有稀缺性、专用性、复杂性特征，部分海域资源作为国家战略资源，其功能、用途受制度制约明显。随着用海活动持续增加，海域资源不断消耗，海域规模收敛与质量收敛现象同在，高品质、可供开发利用的海域资源短缺风险日渐显现。传统的海域资源管理侧重于海域环境监测、环境修复、整治等事后监督机制，忽略开发前对海域资源质量的风险警示。因此，在政府政策体系中，应根据海域资源储备规模和质量预警进行时空统筹规划，建立海域资源开发时空动态调整机制，将海洋环境的控制措施转变为以“海域质量信息”、“海域储备信息”预警信息，体现制度、政策预见性和前置性，防止因事后调控带来的政策成本增加。

国际参与原则。中国海洋发展历史悠久，开发管理经验丰富，海洋经济、海洋科技、海洋文化逐渐融入世界，雄厚的海洋实力提高了中国的国际海洋话语地位，为参与国际海洋事务奠定了基础。在世界政治、经济大变局的历史时期，国际海洋事务日趋复杂、海洋权益争夺异常激烈，中国既要守护国家主权、领土完整，又要协助国际社会推动世界海洋新秩序重建。特别是在“双循环”背景下，国家海洋战略在夯实国内海洋实力基础上向国际拓展，创新国际海洋战略参与机制，不断提高国际海洋制度设计能力，扩大国际海洋多边、双边合作领域和范围，共建国际海洋治理体系，促进全球人类与自然和谐、健康发展。

二　海域资源高质量开发利用机制重构逻辑

社会活动中，管理者通过组织机构按照权力和利益的制度安排，对活动参与者的行为进行规制，以实现管理目标。机制体系由具有不同功能的关键要素有机组合，其中某一个机制要素缺失或无效，将导致整体机制系统目标难以实现。有效的“机制”依靠激励驱动、自我学习、得益成长等功能维持社会活动的持续运行，而高效“机制”除此之外还应当包括预警功能、创新功能、协调功能。传统的“机制”功能侧重于系统的正常运转机能，高效的“机制”侧重于系统的高质量和高效率运转机能，需要具备对系统进行评估、并根据评估结果提前预报风险，以方便决策系统及时调整策略；并且依靠自主学习功能，通过制度创新、管理创新、科技创新来提高机制运行质量；同时确保机制内部结构之间主动调节、提高机制运行效率。

根据资源开发利用质量链形成的内在逻辑，海域管理机制由海洋管理者设计，通过制度、组织与质量控制三个机制要素相互作用，实现海域资源开发利用价值目标。海域资源是全民所有的公共资源，为避免“公地悲剧”，由权威组织通过制定统一规则来约束和规制海域使用者的开发行为，是科学、有序、适度开发海域资源的唯一途径；海域开发制度的执行需要由专门机构完成，设立海洋管理机构及主管部门是落实海洋管理制度的必备前提；海域资源开发利用产生的价值体现了资源开发质量，而开发质量决定了海域开发活动的持续性，是所有相关利益群体关注的重要焦点。所有制度安排、组织建设和运行与海域开发综合价值的输出存在着因果关系，体现了现有认知下追求海域开发利用活动的合理性和科学性。

因此，按着高效“机制”的内涵逻辑，机制体系需具备驱动、运行、管控、警示、维护的基本功能。第一，海域开发利用活动在政府机制系统作用下启动，并按照制度规范开展涉海活动；第二，机制系统依靠涉海组织、机构的正常运转，执行海域开发管理法律、制度和相关政策；第三，机制系统运行具备自适应性，通过监督和自我提升功能，确保海域开发利用活动有效进行；第四，机制系统对海域资源的存量规模、品质以及开发利用质量评估及预警，引导政府进行政策优化调整，实现科学、统筹、集约用海；第五，为海域资源开发利用提供科技服务、金融服务以及征信服务。此外，海洋国际战略日益重要，需要积极传播中国治海理念和经验，提高国际海洋开发与治理能力，国际海洋制度设计、海洋资源共同开发与治理的参与机制尤为重要。上述各机制相互作用，机制之间存在叠加、共振，实现海域开发利用价值最大化目标。

三　海域资源高质量开发利用机制新架构

根据以往海域管理的经验教训以及海域开发质量的形成机理，新机制应当由动力机制、运行机制、监督机制、预警机制、保障机制、国际参与机制构成，其中动力机制、运行机制、监督机制是机制体系基础组成部分，确保海域开发利用及其管理活动有序运转；保障机制、预警机制是机制体系高阶组成部分，促进海域开发利用及其管理活动效率、质量的提升和优化；国际参与机制是“双循环”背景下国家海洋战略国际化的体现，是机制体系拓展的组成部分。

各机制之间功能独立，但相互影响。对海域开发活动起到决定性作用的是动力机制，动力机制通过海域开发政策和制度来规范海域资源管理行为和海域资源开发行为，具有完整性和前置性特征，对运行机制、监督机制以及保障机制内部结构安排、要素节点设计具有规制和指导作用，是整个海域开发利用活动正常进行的源动力。运行机制是海域开发利用系统的核心机制，承接动力机制、监督机制、保障机制传达的制度信息，按照政策、制度指引，设计政府海洋管理体制内部层级，履行各层级职能、权限，组织和管理海域开发利用活动；监督机制是对动力机制、运行机制综合效果的评估结果总结，是预警机制构建的前提；预警机制是根据对海域开发利用活动的评估、监督结果，为动力机制中的政策修订提供针对性指引，是保证海域开发利用机制系统高效运转的关键机制；保障机制为海域开发利用系统运行提供的保护，通过法律体系建设为运行机制的执行和监督管理流程提供技术、资金和平台支持；国际参与机制则体现海洋领域“外循环”战略思想，在海洋强国建设基础上，将海域资源开发利用行动准则与国际接轨，并参与国际海洋开发和治理规则制定以及国际海洋秩序重构。

海域开发利用活动由动力机制驱动，由运行机制实现、由保障机制促进、由监督机制维护、由预警机制优化、由国际参与机制提升，体现了海域资源开发利用及其管理过程，也决定了海域资源开发利用的质量水平。重构后海域资源管理机制（如图 8－1）满足机制构建原则，符合海域开发利用质量形成逻辑，有助于实现海域资源高质量开发利用目标。

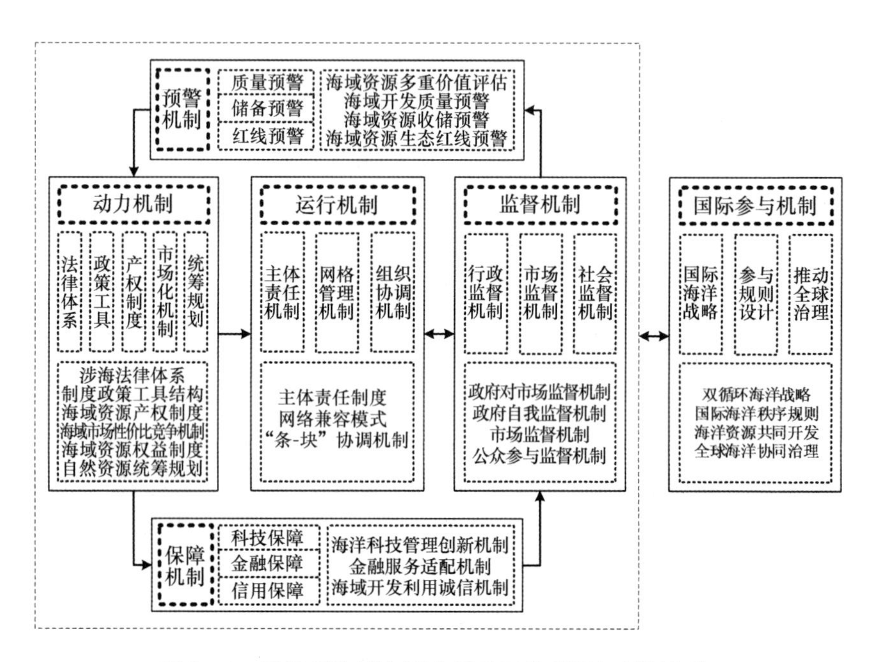

图 8－1 重构后海域资源高质量开发利用机制新架构

重构后的新机制框架与传统机制相比，“动力机制”中法律、制度、政策体系化、全局化、统筹化特征明显加强；“运行机制”从运行主体、运行模式、组织间协调方面进行了调整，为提高机制运行效率提供了可行性；“监督机制”从监督主体出发，更强调监督职能和责任的结构性和完整性；“保障机制”从原来的“监督保障机制”中分离出来，凸显科技保障、金融保障以及信用保障的重要性；增加了“预警机制”和“国际参与机制”，提升了机制系统的有效性和战略高度。

第二节　海域资源开发利用动力机制重构

与以往宏观经济背景不同，国家根据环境治理需求提出《生态文明体制改革总体方案》，对资源产权、参与主体、制度功能等生态文明体制建设做出指导，也是海域资源开发管理的总体目标。新形势下需要全新的海域资源开发利用管理制度引领，利用海洋资源为人类创造更多的物质财富、提供更多的生态环境产品，满足人们精神需求。因此，需要遵循国家宏观发展战略和海洋生态文明建设要求，优化和完善海域管理制度，全方位构建海洋领域制度体系框架，提高海域资源高质量开发利用的制度驱动能力。

一　完善海域资源开发利用制度体系和政策工具

（一）新形势下海域资源管理制度和政策体系

针对传统海域资源各项管理制度、配套政策陈旧、过时以及现行制度体系不完备等问题，首先需要修订和更新《海域使用管理法》，突出环境保护背景下的海域资源开发利用，将海域资源分类保护、节约利用、动态监测、修复整治等内容纳入法律管理层面，理顺海域资源管理制度与其他自然资源规划、开发、保护等方面的法律、法规之间的矛盾。在此基础上，建立海域资源综合管理法律、条例与部门规章，促进海洋经济、海洋环境、海洋社会的可持续发展；其次，建立海洋资源开发利用时空控制制度，结合自然资源空间规划和海洋经济发展规划纲要，纵向统筹国家、省、市三级空间规划区划，横向统筹土地、海洋、矿产等多种自然资源的综合布局，实现中央宏观掌控海洋生态红线管控目标和开发战略、省级中观把握海域资源功能定位及开发时空布局、市级在微观层面落实海域配置和开发计划；再次，建立健全海域跨区域海洋生态治理条例、环境公益诉讼、海洋环境刑法、海洋生态环境保护综合行政执法等立法、司法制度，完善开发质量监测评估和反馈、深海资源开发应急管理、海域资源开发市场化机制等配套制度，构建海域资源开发利用过程中的技术服务、金融服务、社会信用等政策体系。

随着新一轮国家机构改革，自然资源部重新组建，绿色、和谐利用自然资源上升到了新高度，统筹规划国土空间成为自然资源合理开发和有序利用的前提，完善的海洋领域管理制度供给更是海域资源高效、高质开发利用的重要驱动力。

（二）海域开发利用政策工具结构

海洋资源管理的关键是对海洋资源的开发与保护，能否提高开发与保护的效果，取决于政府所提供的海洋政策能否实现预期的政策目标。政府政策工具类型不同，其功能作用不同，在海洋政策管理过程中分别起到强制、引导和鼓励的作用。由于海洋自然环境系统结构复杂，海洋政策规制的主客体多元化，政府无法采取一刀切的政策模式，而是需要提供多元化的政策工具，通过组合的方式来实现管理目标。优化政策结构并提供多种政策工具可以更好地发挥海洋政策效果。

调节控制型政策工具。经历了海洋经济高速发展后，海洋环境所承受的风险和压力日渐增加，海域开发利用行为的管控将越来越严格。由于控制型工具更强调对海域使用人的强制性行为规制，虽然有利于维护海洋环境，却在不同程度上遏制使用者的开发热情。在海域高质量开发利用，鼓励在保护环境前提下进行海域资源的开发使用，而并非停止开发。因此在政策制定中，应尽量降低控制型对抗政策的数量，减少命令式政策，依靠机制制约、利益制约等方式，以政府、海域使用者、社会公众共同利益为基础，制定共同利益机制下的柔性政策，消除政府与企业之间的矛盾，提高海域开发与保护政策的实施效果。

创新激励型政策工具。政府应当创新基于市场调节的激励型政策工具，通过给予补贴或税收优惠等经济手段，政府让渡给海域开发参与主体一定经济利益，从而激励并提高企业自愿选择更能保护环境、减少污染的生产活动，实现保护环境的目的。提高通过收费、补偿、税收、补贴、碳交易等经济手段激励型用海政策的数量，尤其要加强补贴、碳交易等正向激励型政策引导，相比于过去行政处罚的方式，更容易激发企业自觉遵守制度规则，降低潜在治理成本。选择激励型政策工具，从整体上降低监管成本，节省了政策资源，发动企业自身的力量，取得更好的治理海洋环境效果。

完善参与型政策工具。政府应鼓励社会力量参与海洋治理，在海域开发监督管理中加强对企业和社会公众适度参与的指导，制定更多鼓励社会公众参与监督的政策，调动民间力量和积极性，拓宽百姓参与海域开发与环境治理的途径，提高社会公众参与监督的主动权。以鼓励、倡导等方式推出的海域资源管理政策，使海域开发的相关利益人增加话语权力度，以自主、自愿的态度参与开发与管理，符合海洋战略下多元化发展趋势，也符合“人类命运共同体”的基本原则。在不同开发阶段和环境下，提高鼓励参与型的政策工具，政策成本低，实施效果好，会达到事倍功半的效果，有利于整体提高海域开发利用质量。

二　创新海域资源市场化机制

（一）海域资源市场化产权制度

我国自然资源资产产权制度改革迫在眉睫，宗旨是创新所有权实现形式，明确各项权能主体边界。海域、滩涂、海岛等各类海洋资源同样需要建立健全产权体系、明确权力层次和行使主体。

第一，分级行使海域资源所有权的体制。对全民所有的海域资源资产，根据不同海域资源类型、用途和生态功能的重要程度，分别中央与地方不同政府级别划定所有权代理范围，理顺所有权职责行使程序。涉及国家级生态功能极其重要的海洋资源、国家重大战略工程项目用海的海域资源，如可供石油天然气开采的海底资源等战略能源用海，以及国防用海需求的海域资源，纳入中央政府直接行使所有权；其他海域资源、生态资源授权地方自然资源管理部门实施职权代理。规范海域资源资产所有者权利和管理者权力范畴，明确各级代理所有权、监管权、经营权的管理界限。建立海域资源权责清单制度，界定海域资源中央政府代表主体和自然资源部代理行使主体的权责资源名录和职责内容，形成权责清单动态调整机制。

第二，海域资源市场化产权体系。坚持所有权、监管权、经营权分离原则，将所有者和监管者分开、所有者和经营者分开，强化海域资源所有者的权威性、监管者的独立性以及经营者的合法性；根据海域资源开发管理权利清单，在实施出让、转让、出租等权能有偿流转制度基础上，加大海域使用权二级市场担保抵押、出资入股等金融权能实践力度，逐步健全海域市场化产权体系。改善要素供给结构，减少行政审批方式出让海域资源、加快市场化海域资源配置规模，避免无偿或低价出让海域资源；合理平衡政府与市场之间的关系，通过简政放权、放管结合，加强政府在海域资源市场化配置中的引导，提高市场化配置效率。

第三，海域立体分层使用管理模式。针对海域资源使用权立体分层确权模式不成熟及其现实困境，依据《海域使用管理法》对海水层次的界定，结合海域空间流动性、立体化的自然属性和特点，合理选择海域分层方法，采用现行海籍管理制度体系和海域使用分类体系，明确每一层海域的三维空间范围、用海类型、用海方式；建立近海海域立体空间规划、分层确权和分类管控制度，协调不同层次用海活动之间的冲突，督促海域使用者严格按照海域管理制度、政策规范要求文明用海，防止海域使用权层次不清带来的隐形闲置，通过立体分层产权配置使海域开发利用获得最优效率。

（二）海域资源市场化竞争机制

海域资源要素市场化配置有效性取决于海域定价机制是否完善以及政府干预边界和服务机制是否恰当。合理分配海域资源市场要素，营造公开、公正、公平的市场竞争氛围，从根本上杜绝人为干预，是海域资源市场化竞争机制建立的关键。针对海域市场存在的根本问题，建立海域资源市场竞争机制，以高效海域资源要素供给激发涉海企业经济活力，形成长期稳定增长的新动力。

一是加快建立海域资源市场准入规则。通过实施海域资源市场准入负面清单管理制度，设置公平合理的海域资源市场准入限制和市场壁垒，在严格遵守海洋红线制度前提下，放开对海洋领域资源开发主体资格的不合理限制和隐性障碍，特别是消除对海洋文化、教育、研发等公益服务用海的开放和准入限制，取消过度限制的附加条件和歧视性条款。

二是完善海域使用权市场化价格竞争机制。考虑海洋环境因素，构建海域使用权估价体系，并以评估价格作为“招、拍、挂”底价，根据海域资源供求平衡，确定海域使用权交易价格，形成充分的海域使用权市场竞争机制，通过完备的价格竞争机制避免行政审批中主观因素导致的资源错配，实现海域资源要素供给的公平性，引导海域资源市场化配置，调动海域市场主体的积极性，促进海域交易市场有序竞争。

三是优化政府海域资源开发市场服务机制。树立海域市场服务理念，将政府管理与市场调节相结合，避免海域使用权供给、配置过程中的政府过度干预，完成政府管制向政府疏导、服务职能过渡；通过“决策、监管、操作”三权独立来实现去寻租化，建立公平竞争的市场秩序，遏制海域管理公权私利化，增进政府的公信力；重服务、轻管制；重市场、轻行政，建立海域资源开发利用政府公共服务目录清单制度，优化海域资源确权、市场准入等审批环节和流程，加快全流程、一体化政务服务在线平台建设，提高海域资源开发利用服务效率。

三　建立公平合理的海域资源利益分配制度

（一）与权责相匹配的海域资源利益分配制度

首先，建立与权责相匹配的海域资源资产利益分配法律制度。在海域资源产权制度以及分级代理体制基础上，根据海域资源开发管理权限和法律责任，从立法角度提出各类相关主体的利益分配权。现行《海域使用管理法》等涉海法律对海域资源所有权人、使用权人以及相关管理主体的权限、责任做出明确规定，但对收益权的法律界定过于笼统，且未与海域资源资产权责相对应，需要在权益结构、收益内容等方面给于明确的司法解释，建立与海域资源相关主体权力和职责对等的海域资源资产利益分配法律制度，确保海域资源产权收益结构与海域开发活动主体权责相匹配。

其次，构建完整的海域资源资产权益收益体系。海域属于自然资源，因其有用性和稀缺性决定了其价值的重要性。但由于海域资源开发利用活动中主体关系复杂、收益类型多元化，主体权力与权益收益存在交叉。国家主体（包括地方政府）代表的所有权权益收益是指因出让海域资源获得的海域出让收益，即经济收益，其中审批方式下收取海域使用金、“招拍挂”市场化方式下收取海域价格；市场主体受让海域使用权、通过开发利用海域资源获得用益物权权益收益，包括占用权收益、使用权收益和转让、出租、抵押等权益收益，其中以使用权收益为主要收益形式，体现为海域资源作为生产要素参与海洋产业经营产生的经济收益；国家主体（包括地方政府）规制权权益收益是政府基于国家公权力，对海域资源开发利用过程中通过对市场主体经济行为调节和规制，所获得经济收益和行政收益，经济收益包括涉海产业依法缴纳的流转税、所得税等经营税收，资源税、环境税等税收以及资源环境补偿费等行政规费性经济收入；行政收益是因海洋经济与环境良好、地方行政官员得到的政绩和公信力提升。

此外，海域资源开发利用活动产生的生态收益和社会收益渗透在所有权权益和规制权权益中，生态收益是海域作为自然资源系统重要组成部分提供的生态价值，社会收益是海域作为伴随人类海洋历史发展的自然界物质具有的文化价值、教育价值、科研价值等收益。

（二）海域资源利益均衡分配机制

海域资源收益综合财务报告制度。基于海洋资源资产负债表编制规则，从制度层面建立海域资源核算主体、核算分期、持续经营和货币计量等核算条件和假设，分别从中央直属和地方代理两级权属对海域资源资产所有者的收益权利内容、范围、规模、质量、价值等分配方法进行规定，全面报告各级海域资源开发和管理主体在不同周期的资源利用和管理价值的动态变化状况，为海域资源利益分配提供数据基础。

以权责边界作为利益分配原则。财政预算管理体制下，海域资源开发利用收益分配应建立在责、权、利对等基础上，同时遵循统筹原则，利用财政转移支付，平衡地区间收益差异。一是划定央地海域管理权责边界，考虑海洋环境责任成本，合理确定海域资源地方税种、中央税种、央地共享税种的种类，调整海域资源开发收益在国家、省和市各级的分配比例，消除中央与地方海域利益分配不均衡现象；二是统筹财政资金收支管理，减少由于地方收益分配政策失衡造成的不同区域间海域资源利益分配不均衡；三是统筹平衡海域资源使用和生态环境治理成本预算，规定专款专用，降低海域资源开发利用负外部性，维护海域资源开发利用的持续性和代际公平。

强化社会公众海域资源收益权。通过调高海域资源资产收益在一般公共预算的比例，使海域收益分配向社会公众倾斜。海域资源具有公共资源特性，将海域资源资产收益调入一般公共预算，可提高公共财政对海域资源开发与保护的支持力度。由于社会公众是海域资源开发活动中最弱势权益主体，综合权益获得能力较差，而高比例一般公共预算使普通社会公众通过享有基本公共服务更多分配海域生态收益和社会收益。不同主体间利益均衡分配机制，可以有效保障弱势群体海域资源收益分配权，实现海域资源资产收益的全民共享。

第三节　海域资源开发利用运行机制重构

海域资源高质量开发利用运行机制是海域管理政策落实的重要环节，是提高海域资源开发利用质量的关键。针对以往海域管理运行机制存在的明显缺陷和漏洞，从海域相关利益主体着手，加强海域开发利用主体责任机制建设、创新海域资源管理机构的组织模式、优化海域资源开发利用协调机制，理顺海域管理运行机制，改善和提高海域开发利用质量，实现海域资源管理政策驱动目标。

一　强化海域资源开发利用质量主体责任机制

（一）政府海域管理主体责任机制

政府海洋管理实践中，督察组织问责与管理主体避责长期存在，其中既有制度因素，也有执行因素，更有人为因素。以往严格的问责和考核机制尽管有利于倒逼海域管理责任的落实，但也在一定程度上诱导了政府管理主体的避责心理。因此，有效的政府海域管理主体责任机制，应从法律上、制度上将问责机制与激励机制相结合，将主观意识与政策设计相结合，彻底解决问责与避责的冲突，避免因政策偏激导致的权力滥用与庸政懒政。

落实海域管理权责清单制度。我国《海洋环境保护法》强调海域资源使用和保护的沿海省、市、县各级政府共同担当责任，但为防止本级政府责任外溢，还需细化各级政府责任内涵。一是通过对法律法规赋予政府海洋管理权力和责任的全面梳理，建立各级政府海域管理主体责任“权责清单”，将海域资源行政管理过程中的各项权力、履职流程以及主体责任，以清单形式向公众公开，接受公众监督，增加海域管理主体权责体系透明度，消除个人权力操作空间，规范权力使用方式，杜绝海域管理主体暗箱操作、滥用权力等行为；二是明确央地海洋管理边界、区域间海洋管理边界、地方各涉海部门间海洋管理边界，细化各涉海部门职能和岗位职责，避免海域资源管理主体通过选择性执行或者相互推矮、扯皮来达到避责目的。

合理运用容错制度与激励机制。合理运用容错制度是指明确海域管理主体作为与不作为的行为表现、追责标准及处理程序，界定容错和追责边界，实现容错制度化、可操作化，在此基础上，鼓励海域资源开发和海洋环境治理过程中的管理创新，允许试错，引导政府管理主体先行、创新、敢为的工作作风，对勇于创新的海洋行政管理者无须过于苛责，消除海域管理主体被追责的后顾之忧；科学有效的正向激励，有利于激发政府海洋管理主体积极性和主动性，增强地方政府提高海域开发效益和海洋环境质量的责任感，避免管理者避责导向下为完成行政考核实施履职行为，改善“强追责”下的“文本治污”、“口头治理”等形式化管理弊端，促进激励机制有效运转。

重塑海域管理主体行政价值认知体系。对公务系统的政府管理者而言，长期责任制度和地方氛围形成了个人利益优先于公众利益的价值认知，“公共利益与个人最优决策冲突——事中避责——未受问责”已成为大多数行政管理者惯性的思维逻辑。要想打破这种固化的“趋利避害、明哲保身”的避责行为模式，必须将海域开发利用社会公众利益与管理主体个人行政利益相统一，建立共同利益目标，将海域管理履职过程作为自我价值的实现过程，改善管理主体职业道德观念，强化自觉、自律的责任意识，从根本上改变海域管理主体的价值观，重塑其行政价值认知体系，减少政府海域管理主体避责行为，提高责任履行效果。

（二）海域使用主体责任机制

我国环境法明确规定了有经营行为的企事业单位或个人应当承担环境损害责任，为建立海域使用主体责任制奠定了法律基础。《关于构建现代环境治理体系的指导意见》进一步强调环境治理中企业的主体作用，提出企业“源头治理”的要求，治理模式由单纯依赖行政执法威慑力向“政府治理”、“社会调节”和“企业自治”的良性互动转换。落实企业海域使用主体责任的关键在于树立企业自我规制意识、建立企业用海决策机制、实施内部海洋环境监督等一系列制度、措施的不断完善。

一是树立企业自我规制意识。涉海企业在海域资源开发利用过程中通过非强制执行的自律行为完成自我规制，与被动守法不同，是企业对政府海洋管理法律法规的主动遵从，这需要作为海域使用主体的企业具备主动护海意识，也是企业素质的具体表现。首先，将自我规制意识纳入企业文化建设范畴，秉承文明用海理念，树立为海洋公益负责、对海洋环境和海域资源负责的公司使命，培育强烈的社会责任感。现代企业文化强调业主的利他经营哲学和可持续发展观，不仅仅为客户提供产品，更应当承担社会环境义务，善待企业员工、保护海洋环境、为社会和谐发展做出贡献。其次，塑造有社会责任的企业形象，严格执行政府海洋管理制度，遵守社会公德，对海洋环境承担相应的法律责任和公共义务，打造高品质社会声誉，并以此带动企业形象的提升和经济利益的增长，形成“自我规制—社会形象—经济利益”的良性循环，通过非外力强制下的企业自愿约束和规制，实现企业自我价值提升。

二是建立基于海域开发质量的战略决策体系。涉海企业主体出于遵守海域开发管理和海洋环境法规或追求自身利益的需要，以高质量开发利用海域资源为目标，制定资源高效利用和环境控制制度，建立公司战略发展决策体系，自主设定并实施行为规则，主观上承担企业自身海洋环境保护义务，客观上协助政府履行环境治理的公共责任。首先，建立用海项目管理决策机构，对海域开发利用过程中资源环境承载力、用海项目产生外部性以及海洋环境修复和治理进行分析和规划，形成制度化的决策机制和应急预案，高层设立用海项目战略管理委员会，从经济收益、生态效益和社会形象等多角度进行公司价值提升的顶层设计；中层设立用海项目质量管理机构，按着公司顶层战略决策，在海域项目经营过程中合理策划投入产出规模和绿色经营模式，并将海洋环境管理制度作为企业经营管理制度的重要组成部分，据此对海域项目基层具体实施者进行指导和管理，以确保海域项目建设全过程遵守海域开发的高质量要求。基于环境守法情形的企业用海项目决策能够促进企业制定积极海洋环境保护决策，超出政府要求履行海洋环境保护义务。

三是建立企业内部海洋环境监督制度。传统的海洋环境监督责任重在政府，使企业长期依赖政府监管、丧失自主环境监督意识。为了保证企业自身环境管理制度有效的实施，在企业内部还应当建立环境管理监督制度，设立内部环境监督机构和人员，明确不同层级监督人员的职能分工和协调机制，建立动态、全方位的监督体系，掌握企业海域开发项目的运行状态，及时提出环境损害修复建议，促进企业完整履行自我规则责任。

二 调整海域资源管理组织运行模式

（一）海域资源管理新型灵活运行模式

现行行政管理体制决定了基层政府会因行政级别压力服从并上级政策安排；海域管理实践中，海域资源强制型管理运行模式导致的地方政府对中央管理制度以及“自上而下”执行路径的依存性长期存在。在国家治理视角下，须通过“刚柔并举”、“正逆结合”等灵活、多样的运行机制创新，解决海域资源管理刚性过度且路径单一等问题。

柔性运行机制化解刚性管理的弊端。柔性运行应当是上一级政府指导性而非强制性推广政策的一种方式。由中央政府导主导，在区域间海洋资源合作开发、陆海资源综合规划以及跨域海洋环境保护等重点领域和关键环节开展海洋政策试验和制度创新，通过上级政府组织协调来监督、指导下级政策实验，最终形成中央海洋政策导向的刚性运行和中央指导下柔性运行协同互补的运行机制，有效化解地方政府海洋管理主体主观上的对抗心理，既保证海洋政策执行态度的一致性，又降低刚性运行的冲突与压力，使海洋政策由被动运行变为主动运行。海域管理柔性运行机制并非替代原有的刚性运行模式，而是在保留必要的强制执行的政策、制度以外，增加指导性、弹性的海域开发管理规则，以便激活基层政府在海域开发利用活动中的创新管理能力。

海洋事务日益复杂，更适合采用多元化的运行路径。随着地方分权制改革，地方政府管理服务能力大大提高，沿海各地海域资源条件、地方海洋产业特色和经济水平不同，需要根据本地发展目标制定管理政策。因此，需要在原有自上而下运行路径基础上，一是要重视自下而上的“逆”向渗透，既可以吸纳有价值的地方性海洋治理创新进入国家政策体系中，最终实现顶层设计和地方创新的融合互补；也可以在上一级政府认可基层实践的前提下，利用政策倡导力量，由上一级政府通过激励方式提高地方政府海洋政策自主创新的能动性，实现海洋治理政策的全国、全域性推广。二是拓宽地方海洋政策的府际间横向运行途径，提供政策经验交流平台，利用同级政府相类似的海洋治理环境，增加经验互补和学习机会。多渠道传导可以提高海洋政策的渗透能力，改善沿海各地对中央管理政策响应失衡的现状。

（二）海域资源管理组织“条—块”兼容网络

自然资源部成立后，政府的海洋资源管理职能重新理顺和调整，自然资源部负责自然资源资产管理、生态环境部负责自然生态监管，解决了原有分散、多头管理的弊端，但自然资源管理领域累积的深层次矛盾仍然影响着资源管理效率，尤其是条块分割的海洋管理组织网络冲突问题，还需进一步解决。

中国的国家治理体制无法摆脱条块网络，但可以改变条块兼容性能。提升海洋政策权力机构统一性，有利于职能部门与上一级主管部门对接，有利于海洋政策纵向推动；提高上位机构海洋政策的包容性和下位政策的渗透性，中央以宏观战略性、统筹性、宽口径的政策确定海洋治理的总基调，引领全国海洋治理方向；地方政策应具有微观战术性、基础性、实操性，目的是有效执行中央政策。对横向兼容而言，减少部门间政策的冲突和干扰，需要进一步明确各职能部门的业务分工。由于国家海洋局业务的拆解，在统筹规划、多规合一背景下，海洋产业与腹地经济规划密不可分，海洋资源开发、管理与海洋环境紧密相关，需要不同部门联合制定海洋治理政策，实现机构兼容、职能兼容、政策内容兼容。

同时，建立“条—块”网络间不同主体的目标同向、资源同享机制，实现海洋管理网络“垂直”与“水平”全域互动和信息整合，强化上级统筹指导下的涉海业务归口“同频共振、步调一致”的良好局面，推进信息资源、监督资源共享，增加纵向和横向海洋管理网络兼容性。

三　优化海域资源开发利用协调机制

（一）自然资源框架下的国土空间陆海协调

自然资源部组建以来，海域资源纳入自然资源范畴，参与国土空间统一规划，将有效化解各类资源分散规划造成的边界不清、目标交叉等问题，提高自然资源整体利用效率，特别是有利于陆海资源规划衔接，协调海域、海岸、土地使用功能、开发周期。

首先，重构陆海资源功能统筹的国土空间规划新格局。自然资源框架下国土空间规划需打破传统“重陆轻海”的惯性思维，注重自然资源复合系统的完整性和系统性，立足战略发展目标，从全局出发，合理划定陆海子系统的功能及边界，将战略目标相同、资源功能相近的子系统统筹协同规划，构建海域资源、海岸线资源、土地资源等自然资源综合利用和保护的空间规划新格局。资源功能统筹方面，根据自然资源重要性，明确海域、岸线、土地等空间资源主导作用和发展方向，以海岸线为分界线，协调两侧海域和土地使用类型和功能，实现陆海整体资源功能协调统一；“三生空间”统筹方面，坚持“三控”原则，强化底线约束，充分保有生态空间、合理规划生产空间、深度美化生活空间，将海域资源开发与保护与土地资源相衔接，推动生态文明建设；配置需求统筹方面，根据地方经济发展和环境保护需求，综合考虑陆海资源开发、生态文明建设、基础设施建设等各类陆海活动之间的平衡关系，合理安排陆海资源的统筹供给，实现陆海资源的高效利用和协调有序开发。

其次，建立陆海资源层级统筹的国土空间规划体系。2019 年国家发布《关于建立国土空间规划体系并监督实施的若干意见》以及省级、市级、县级国土资源规划指南，提供了资源规划利用指导，在全国范围内开始推进，来规范各级政府国土资源统一规划的具体编制方案。国家层面国土空间规划体系顶层设计基本形成，但地方各级政府之间的陆海统筹规划尚需须逐步衔接。省级陆海规划起到“承上启下”的作用，既是对上位中央国土空间规划要求的传达和安排，也是本级和下级辖区陆海资源规划的执行依据，体现陆海统筹规划整体性、适应性和长远性；市级与县级陆海规划属于下位国土规划，是市县域级别指导各类陆海资源开发利用和保护的行动纲领，是省级规划的具体实施和落实。以上省、市、县各级政府陆海国土空间规划既要承接上级规划总体部署，也要明确本级国土空间开发利用、保护修复等相关措施，因此需要以陆海系统为基础，构建各层级统一的国土规划体系，促进上下级陆海资源统筹开发。

（二）海域资源管理综合协调机制

海域资源开发利用过程中，管理主体、用海主体、监督主体等涉海主体利益关系复杂，政府涉海部门职能交错，处理好海洋领域各利益主体的矛盾冲突，维持涉海管理部门之间、政府与海域开发者之间、管理部门与监督部门之间“责、权、利”的平衡，需要优化海域资源管理协调机制，建立健全协调机构和组织，合理调节和理顺海域开发管理中的各种冲突。

重置海洋管理部门职责分工。自然资源部组建后，中央一级的海洋行政管理职能与海洋环境保护职能分离，各省级政府涉海机构设置和职能配置基本对应中央“规定动作”，但在规定限额内，尚需遵循因地制宜原则，根据地方自主逻辑，重新设置海洋行政机构，配置机构内部相应职责范围，划定海洋开发管理、海洋功能区划、海洋环境保护、渔业渔港建设以及海上综合执法等职能归属部门，明确涉海部门之间职责边界，理顺涉海部门职能关系和权力位序，防止因职责重叠、政策冲突造成海域管理的失序、失控。

组建海洋事务综合协调机构。海洋事务复杂、覆盖面广，必然需要众多的行政部门共同参与，为提高海域管理协调性，应当立足海洋公共行政的整体功能，构建政府主导的综合协调机构，包括中央政府主导的协调组织，例如国家海洋管理协调委员会、海区管理协调委员会，地方政府主导的协调组织，例如省、市海洋管理协调委员会，协调本区域部门之间、不同海区之间、本区域与下一级区域之间各海洋行政管理主体关系，达成一致的海洋开发和利用意见，减少现行海洋管理体制下各级、各类涉海机构和职能的冲突。特别是区域间海洋事务管理和海洋环境保护活动日趋复杂，更需要打破区域间海洋利益壁垒，提高跨区域府际协作力度，倡导海洋公共责任承担意识，鼓励设立新型海洋管理协调合作组织，确保区域海洋管理长效协同机制有效运行。

建立海洋政务信息共享系统。在海域资源开发利用管理过程中，全面应用数字信息技术，消除上下级、部门间、区域间海洋资源信息交换的空间障碍，提供一个“跨越部门边界”的协同环境，为协调处理海洋事务提供条件。例如，开发海域审批部门与执法部门的信息共享系统，避免因信息不畅影响海域管理效率。海洋政务信息共享系统有利于破除各涉海管理部门的信息壁垒，有利于各级政府涉海部门获取海域资源开发管理相关数据，便于在信息充分、及时、完整的基础上做出科学合理的海洋事务协调决策。

第四节　海域资源开发利用监督机制重构

海域资源开发利用管理通过政府和市场监督机制的调整和完善，能够在一定程度上纠正政府规制失灵的现状，但还需要多重监督治理模式支持，才能达到最佳监督效果，监督主体多元化已成为未来海域资源管理以及海洋环境治理的必然趋势。以往海域开发活动监督主体以政府规制为主，但实践中政府监督和调节存在局限，需要不断完善和创新监管体制，建立多元主体治理机制，共同实现海域资源开发权责利博弈均衡。特别是当前生态优先、环境有价的背景下，应以生态效益为核心，重构政府监督为主导，市场监督、社会监督相配合的多重海域资源监督治理模式，以公权契约自律与督察、市场独立第三方监督、社会公众组织等形式进行责任、道德、舆论监督，克服外部性的败德冲动，提高海域资源市场各主体监督效率。

一 完善海域资源开发利用政府监督机制

（一）海域开发利用行政监督机制

新组建的自然资源部内设机构明确规定了政府在海洋资源开发利用和保护活动中的监督职能，对海域有偿使用制度实施、海域资源市场运行状况以及开发保护规划进行监督指导。目前海域资源开发利用政府监督效果不佳，尚需针对各个环节完善行政监督机制、提高行政监督力度。

理顺海域使用审批与政府监督职能的关系。海域使用的登记审批是海域资源政府监督管理的首要环节，是以海洋行政主管部门为依托的行政监督行为，审批机关的工作人员通过办理流程、受理海域使用申请，来履行政务管理、监督和服务的职能，在维护海域使用者的合法权益前提下科学利用海域资源。由于我国海域资源实行条块分割管理，基层海洋部门同时接受上级自然资源部门管辖和同级人民政府监督管理，海域资源管理实践中，用海审核需由本级政府核准，即海域使用的批准权限在地方人民政府。因此，为防止政府成为行政审批的“傀儡”，地方人民政府在近海海域使用审批的过程中，要掌握海洋行政部门初审中各类涉海基础材料，审核相关材料的合法性和合理性，处理好海域使用行政审批与政府行政监督职责的衔接，有效履行海域资源审批环节的政府监督职能。

加强海域使用过程的行政监督力度。海域资源政府监督注意力需从传统的“重审批、轻监管”向“审批与监督并重”转变，从源头监督向过程监督转变。海域资源政府监督应当统筹海域资源开发、海洋环境和海洋权益保护活动的监督职能，因事制宜、因地制宜、因时制宜，根据不同海域资源的开发特点，改变传统低效、僵化监督模式，建立具有权力独立、职能集中、功能专业的监督机制，加大海域使用过程的行政监督力度，改善海域资源领域的多头管理现象，避免海域市场政府监管失效，提高海域资源配置和利用效率。

强化海洋环境监测质量监督。整合政府海洋监测部门的基本职能，协调海洋环境监测主体之间的关系，明确海洋环境监测质量监督职责；科学设计海洋环境监测系统，建立监测数据运行技术标准，规范海洋环境监测的技术方法和流程，实施分级、动态监测管理，为海域环境监测质量监督提供数据技术支持；加大海洋监测网络设备更新力度，依托先进的互联互通技术实现海洋环境监测资料的信息共享，提高政府海洋环境监测质量监督效果。

（二）海域资源管理政府履职监督机制

海域资源开发与保护活动中，海洋管理和执法部门承担着巨大的社会责任。为防止政府管理者玩忽职守、敷衍塞责甚至徇私舞弊带来的海洋资源、环境、经济、社会的损害，必须建立政府责任监督机制，在海域资源开发利用和生态治理的各个环节，对政府海洋管理者的尽职履职行为监督管理。

一是建立政府公权契约。契约精神作为社会行为秩序的工具，是文明社会的表征。从私人契约到公权契约，更是体现了时代发展、社会进步。在政府职能转变趋势下，公权执行逐渐从强制转换为协商，越来越多的新型行政契约在政府管理过程中广泛应用。海域开发管理的政府监督是国家层面干预海域市场的主导手段，在目前国家对“监督者”的监督机制尚不健全的情况下，基于海域资源责权利的匹配关系，政府管理部门与海域开发者、社会公众等主体存在相互监督的可能性，可以尝试通过政府监督主体与其他相关主体签订海域开发共管协议、共同责任协议、公共环境承包协议等方式，实现国家干预的契约化治理，使各海域主体之间由原来的“权力监督—执行惩罚”的关系转变为“合作共管”的关系，化解权力规制带来的博弈对抗和博弈损失，同时也将通过政府监督主体在履职过程中遵守契约精神，提高政府监督效果。

二是完善海洋督察制度。我国目前实行的《海洋督察方案》规定了督察对象、督察内容以及实施方式，但针对存在的漏洞还需进一步完善。从立法角度定位海域使用督察的合法性，提高海洋督察制度的权威性，确立海域使用督察主体的独立地位，将海域使用督察与海域使用执法主体明确区分开，摆脱受制于海洋主管部门和地方政府的局面；完善海域使用督察具体程序，利用现代科技信息技术，改进海域使用督察的工作方式，细化具体督察程序，包括拓宽督察发现渠道、实行海域使用督察报告制度、建立违法纠正机制等程序，确保海域使用督察制度进一步落到实处。

三是强化政府廉政监督。传统海洋管理体制下政府行政权力运行不规范，权力商业化现象始终存在，需要加强政府廉政监督机制建设，防范廉政风险。建立海域管理权力运行流程公开机制，逐步实现政府履职程序化、数字化、系统化等线上管理模式，消除线下审批模式的人为因素影响，便于政府廉政监督的实施及时性和信息可溯性。通过线上线下双重路径，实现海域资源政府管理的全过程记录、跟踪和监督，使廉政监察常态化、制度化。

二　加强海域资源开发利用市场化监督

（一）海域资源一级市场监督

海域资源的市场化配置是促进公共资源使用权公平交易、提高海域开发利用效率的重要手段，也是未来海域资源配置方式的基本趋势，“招、拍、挂”制度的实施则决定了海域一级市场化配置的有效性。因此，加强海域资源一级市场监督，有利于提高政府公信力、减少政府廉政风险，为海域资源市场化流转奠定基础。

首先，设立独立的海域“招拍挂”第三方监管机构。目前海域出让市场存在的管理与监督主体混同现象严重损害了政府公信力，违背市场经济公平竞争规律。为提高海域出让市场的监督效果，应当遵循政府管理职能与监督职能分离原则，设立独立的海域“招、拍、挂”第三方监管机构，配备专业监管人员对海域“招、拍、挂”流程进行统一监督，避免海域资源市场管理者和监督者形成利益共同体，提高海域资源市场专门监督机构的独立性，充分发挥市场监督的作用。

其次，完善海域“招、拍、挂”信息披露制度。为了充分发挥竞买机制公平性，需进一步完善海域资源信息的公开披露制度，“招、拍、挂”环节通过政府官方网站以及海域市场公共平台发布招标公告，向社会各界人士公布招标信息，包括海域地理信息、环境质量信息、出让目的、海域使用要求及投标人资质等，并在出让前后通过多种渠道宣传海域资源出让信息，使社会竞买者及时、系统、全面地了解待出让海域基本状况。

再次，建立海域出让流程线上监督制度。将海域出让申请方案审查、出让公告发布、招投标现场答辩及确定投标方、签订出让合同、公示出让结果以及各环节审批等程序实施在线操作，应用信息可视化技术，将“招拍挂”海域出让全过程纳入监督范围。

（二）海域资源二级市场监督

构建规范的自然资源产权交易市场，离不开海洋资源市场化流转机制，通过加强海域使用权二级市场交易信息监督、增加海域资源二级市场交易的透明度，进一步完善海域资源二级市场监督机制，促进海域资源二级市场健康、有序发展。

创新海域流转市场化监管体系。从海域资源市场运作机制看，二级市场监管应当遵循政府政策引导，设立非行政关系的独立监督机构，即社会第三方中介机构，包括具有独立承担法律责任的海域资源评估事务所、用海行业协会等组织，明确海域使用权流转的市场化监督主体，规范市场化监管主体的监督行为，为海域使用权流转交易提供咨询和监督。市场化监管机构和组织提供的海域流转监督服务不受任何党政机关、社会组织及个人的干扰，监督过程中保持独立公正，发现问题及时向纪检监察部门举报，在海域开发活动中实现监管“市场化”。

建立数字化海域二级市场交易监管平台。将海域使用权交易信息纳入全国自然资源交易系统，向社会及时发布海洋功能区划、海域使用权价格、海域环境质量等信息；打破海域资源供给与海洋产业用海需求之间的信息壁垒和区域壁垒，拓宽海域使用权交易信息共享渠道，定期公布各类海域二级市场转让、出租、抵押等海域产权供求信息，消除海域市场的“信息孤岛”，通过数据信息化、数字化管理，跟踪监督海域转让和受让双方交易过程，实现海域供求及交易监管全程化，确保海域交易合法性、公平性和合理性。

加强海域二级市场流转渠道监督。建立海域二级市场公开交易平台，统一制定交易规则，加强海域使用权流转渠道的市场化监督，规范相应的海域二级市场交易行为。海域使用权以转让和出租形式流转的过程中，重点监督海域资源交易双方是否存在海域价格低估，防止国有资产价值流失；海域使用权以抵押形式流转的过程中，重点监督海域价格是否高估，防止因虚增海域价值产生的套贷等违法行为。

三 健全海域资源开发利用社会监督机制

（一）社会公众参与监督制度规范

现行海域使用管理体系中，完整的公众参与制度尚未建立，需要将社会公众纳入多元主体监督体系，全方位建立海域资源开发利用监督体系框架，进一步规范公众参与主体资格、参与程序以及相关责任等方面内容。

界定社会公众参与监督的主体资格。与政府和市场化监督主体不同，社会公众具有规模巨大、分布广泛、职业分散、行为同质以及匿名性、流动性等特点，对公众参与主体资格的界定需综合考虑决策机制的科学、民主性，平衡相关利益、建立遴选机制，确保社会监督参与主体具备广泛代表性、有效性。在海域使用论证中涉及海域监督的社会参与主体资格包括海域周边居民、涉海产品终端客户、与区域用海相关的社团、研究机构、新闻媒体。在海洋领域公众监督实践中，尚需进一步规范不同主体的职责范围、权利义务、监督目标等，划分不同社会监督主体之间以及社会监督主体与政府、市场监督主体之间的职责范围，确定分工协作方式。

设计社会公众参与监督程序。社会公众监督制度应包括常态化监督、定期监督、专项监督，明确公众参与的时间节点、信息获取渠道、监督范围和内容、监督结果披露等程序。海域使用管理公众参与监督的时点应与决策部门安排保持一致，保证公众监督者及时了解、掌握海域使用相关信息；信息获取渠道以国家和地方政府海洋管理部门官网信息以及地方海洋经济统计报告为主，以海域开发市场相关者问卷调查为辅；监督范围和内容根据社会监督主体的职责分工，对用海项目审批、海域权属管理进行监督、提供意见，对政府部门海域使用权出让程序进行检查、监督，同时针对责任区内海域使用者的生产行为、环境维护行为的规范性实施管控；监督结果形成文字报告提交相关管理部门，并在官方网站予以披露，确保监督报告公示的效力，增强社会参与监督的有效性。

落实社会监督主体的责任机制。根据《海域使用管理法》的有关规定，建立与《海洋工程环境影响评价管理规定》、《海洋功能区划管理规定》相符合的社会监督流程，参与监督活动中的公众规模、意见反馈数量等方面达到足够程度，使社会公众监督的参与度得到保证；建立公众参与过程方面的责任机制，形成监督过程记录制度，为可能进行的责任倒查提供依据；将社会公众参与的监督结果、意见纳入政府决策程序，提高公众参与的实际影响力，同时也体现社会监督主体责任的重要性。

（二）社会公众参与监督组织实施

随着新时代经济发展，社会公民物质生活日益富足，公民对环境质量的要求日益增长。在民主化进程中，政府赋予公民的实际管理权力不断增加，公众逐渐成为社会公共管理中具有相当话语权的群体。在海域开发管理领域，需要不断提高社会公众参与意识，建立多样化社会公众参与监督的组织形式，履行社会监督职责和义务。

加大社会监督组织的建设力度。社会组织相对公众个人而言，执行力量更集中，监督能力更强，是公众参与机制的有效形式。《海洋工程环境影响评价管理规定》、《海洋督察方案》及《关于开展“湾长制”试点工作的指导意见》等政策中，均有鼓励公众参与监督的制度安排。但由于海域资源管控领域的社会公众参与机制尚未健全，公民个体还存在参与意愿不强、环保志愿者人数不足等问题，社会公众监督组织无论从规模上还是质量上，需要不断加强自身建设，建立非政府非营利的公众社会自治组织。一是制定组织内部管理制度，吸收海洋领域专家学者参与组织建设，提高科学决策能力；二是加强对用海主体的监督，督促用海主体规范用海；三是利用新闻媒介进行广泛宣传，拓宽社会组织经费来源，一是吸引社会资本参与海域开发，二是争取政府政策支持。通过有计划、有目的、有组织的社会参与监督，大大提高海域开发和环境治理效率。

提高社会公众参与意识。参与社会监督能够唤醒社会公民的公共精神和社会责任感。海域开发领域建立新型社会监督模式，开展有效的公众参与监督工作，需要以公众自觉参与意识为前提，包括社会公众主体意识、基本社会责任感和参与环境保护的主动意识。首先，通过海洋公园、海洋馆等基础设施建设以及海洋科普知识宣传，提升公众对于海域的关注度，将社会公众利益与海域开发效益、海洋生态环境和自然资源相统一，增强公众海域保护意识，并愿意投身海洋事务管理工作，为保护海域质量做出贡献；其次，积极培育更为民主的社会环境，通过网络平台、媒体中介等途径，搭建政府与社会公众的有效链接，营造民主、自由的社会氛围，建立奖励基金，激发主动参与海域环境管理的积极性。

第五节　海域资源开发利用预警机制重构

海域资源管理目标是资源持续开发利用，海域质量和规模成为关键影响因素。由于海域资源稀缺且生态脆弱，消耗过度不但影响资源开发利用质量，还涉及代际资源价值冲突。因此，政府应注重预警管理，建立海域资源开发利用质量预警机制，形成开发质量预警、储备存量预警、生态红线预警等多维预警体系，及时掌握资源质量和存量规模，对海域资源做出综合、长远、科学的规划和供给。

一　构建海域资源开发利用质量评估预警机制

（一）海域资源多重价值评估技术规范

海域价值理论体系和评估技术规范是制定海域开发利用质量评估原则、确定评估方法的依据，应综合考虑资源价值的共性和海域资源的个性，确立清晰的海域资源使用权估价理论基础，构建多重价值评估技术规范，实现海域资源开发利用质量的全面评估。

构建海域价值理论基础。由于海域具有自然资源基本特征和特殊属性，其价值评估除遵循与土地估价相同的地租理论、区位理论、生产要素、供求关系理论以外，还应遵循海域资源特有的生态价值理论及协同效应理论。地租理论确立海域资源开发利用质量保值增值的目标；区位理论揭示海域空间区位对海域资源等级及价值的影响关系；生产要素理论从用海项目、海洋产业的建设实施过程出发，构建海域资源作为生产要素对海域开发价值的贡献逻辑；供求关系理论论证海域市场供需关系对海域资源交易价格的影响机制；生态价值理论为海域资源生态功能服务价值以量化方式估算提供了理论依据，对海域资源生态价值评估有重要指导意义；协同效应理论将海域资源要素、生态环境要素、社会文化要素综合考量，评估海域资源多种功能在自然资源系统中协同作用下创造的海域开发利用整体价值。

形成海域开发质量评估技术体系。海域开发质量评估技术体系可为评估活动提供具体规范、标准、意见、指导等。评估技术体系需要解决三个重要技术细节问题：一是质量影响因素体系，应当针对不同类型海域分别建立价值影响因素指标体系，明确同一因素在不同类型海域中的影响程度；二是评估方法，应注重各种评估方法的综合应用，针对海域不同价值类型特点，在海域价值理论指导下，加强海域质量评估方法创新和灵活运用，合理评估海域资源开发利用的经济价值、生态价值和社会价值；三是评估程序，根据海域资源多重价值评估规范，严格履行“确定评估原则、选择评估方法、实施质量评估、完成评估报告”等基本程序，确保海域开发质量评估的准确性、可靠性，为推进海域使用权市场化交易顺利进行以及政府海域开发管理决策提供技术支持。

（二）海域资源开发利用质量评估预警制度

目前海域市场关注的重点始终集中在出让和流转阶段的资源交易价格，海洋资源管理部门同步制定了海域使用金、海域出让价格等资源使用价值评估制度，缺乏海域使用过程、开发利用结果的质量评估及预警披露，完整、系统、及时的海域资源开发利用质量评估与预警制度有待建立。

建立海域开发利用分阶段质量评估制度。从海域开发利用质量形成过程看，分别根据海域资源开发利用前期、中期、后期的资源状况，建立海域资源质量评估制度。开发利用之前，评估海域资源自然禀赋的品质、等级以及功能价值；开发利用过程中，应结合自然资源资产、负债、收益的确认结果，建立分阶段、分周期的海域开发利用质量评估制度，包括用海项目全要素生产效率、海域资源保值增值、海域生态环境状况等方面评估，建立海域开发利用多元化价值评估体系，完整体现海域使用过程不同时期的质量水平；海域使用权终止，评估海域使用到期综合收益及价值，为政府是否允许续期提供决策参考。首先制定海域开发利用质量评估管理办法，对海域质量评估活动提出总体要求，对评估范围和内容、评估机构和人员、评估行为和责任进行系统约束，从制度层面规范海域开发利用质量评估管理，完善评估制度，维护海域开发利用质量评估秩序；其次制定海域开发利用质量评估机构管理暂行规定，根据当前海域质量评估工作的需要及国家有关政策，对评估机构的资格认定制度、申请条件、申请（设立、合并、分立、变更、终止）程序、业务范围、工作规则、法律责任等事宜予以规范，确保评估机构独立、客观、公正执业以及评估结果的科学、公正和权威性；再次制定海域开发利用质量评估从业人员管理暂行规定，建立海域质量评估从业人员准入制度，对执业海域质量评估师的登记条件、执业资格、权利义务、后续教育等事宜予以明确，加强对执业评估师的日常监督管理，约束评估人员的职业道德，提高评估服务质量。

制定海域资源开发利用质量预警制度。海域开发利用质量预警管理方面，需要建立健全预警管理制度，才能增强海域资源全程质量水平的掌控力，提高海域开发规划科学性。首先制定海域开发利用质量预先发布警告制度，建立预警管理机构、组织和网络；其次建立海域开发利用质量预警系统，提出预警原则、预警指标体系和预警模型，明确风险等级划分标准，评估各类海域开发利用质量等级；最后规范海域开发利用质量预警流程，通过发现风险点、确定风险源、测定风险程度、实施预警决策等环节，加强预警管理，规定预警发布周期，实现海域开发利用质量信息超前反馈，为及时防范海域质量风险提供基础。

二　实行海域资源收储预警机制

（一）海域收储机构运转机制

海域收储机构建设是确保海域储备制度落实的关键。尽管国家未有强制规定海域收储的组织模式，但沿海各地正逐渐开展收储尝试，对海域市场上的资源进行盘查、收购，探索海域资源储备管理模式。

建立海域收储组织机构。沿海县级政府应加强海域收储管理，根据地方海域使用实际情况，考虑两种组织模式：一是政府直管模式，成立海域资源市场化配置工作领导小组，负责海域资源收储领导工作，并由县海洋行政主管部门负责本县辖区内的海域资源收储具体工作，负责海域信息的调查、登记、整理、管理及政策、信息咨询，根据年度海域资源收购储备计划，进行海域资源储备管理；二是设立海洋产权交易中心、海域海岛收储中心等专门机构，代表政府收回、储备、修复、出让海域、海岛、岸线等海洋资源资产使用权，承担辖区内的海域储备管理工作。

推动海域收储机构有效运作。海域收储的主体，即海域收储机构，应根据政府批准的年度海域资源收购方案组织实施本地海域资源收储工作，按照海域收储制度规定，执行收储程序，对拟收储的海域及其附着物的权力所属、海域四至及面积、规划功能等情形实施盘查，经海洋主管部门认定核准后发布海域使用权收储公告，确定补偿方案，办理海域使用补偿登记和办理补偿申领手续。收储过程中，由县级自然资源局、财政局、发改规划局等职能部门负责审批流程、办理内容以及承担相关职责。

衔接海域资源储备和出让环节。通过海域资源收储的前期整理和科学评估，进一步提高海域资源价值，使海域资源具备使用功能，按照海域供给计划推向市场，通过招标、挂牌、拍卖等方式完成一级市场出让。在海域资源储备和出让交接环节，变更权属和用途，由政府储备变更为项目用海，标志着海域资源进入市场流转环节，供海域使用人开发利用。

（二）海域资源收储预警机制

海洋经济长期发展需要海域资源持续供给，而海域持续供给能力取决于存量资源的丰富度。建立完善的海域资源收储制度，加强海域资源的储备管理，明确收储工作职责和目标任务，实行海域资源储备存量预警制度，有利于政府及时掌控海域资源规模，合理安排海域资源供给节奏，实现集约用海和高效用海目标。

理顺海域储备资源整治机制。收储海域的资源质量是持续进行市场化配置的关键，需要对储备的、受损的海域空间资源维护。根据国家对海域、海岛、海岸带治理要求，地方政府对辖区储备的海域资源进行整治修复，将亟需整治修复的海域纳入国家工作计划，由专职部门分别安排和执行修复项目工作，实现执行和监管分离。经验收论证，修复达到可供使用状态的海域、海岛、海岸带资源纳入海域资源储备数据库。

实行海域资源计划储备与均衡供给制度。根据沿海地区海洋经济、海洋产业发展需要，由海洋管理部门根据本区域海洋功能区划、海岛保护规划、年度用海项目规划以及海域、海岛及岸线资源市场供需状况，优先储备到期、空置和低效利用的海域资源，编制年度海域、海岛及岸线储备计划，确定每年储备、前期开发、供应以及临时用海规模，协调各类用海需求分配，实施统一规划、整体储备、按需出让的均衡供给制度，确保政府有效掌控海域市场供给节奏。

建立海域资源收储预警制度。一方面根据海域类型进行分类储备，渔业用海按照渔业基础设施、增养殖及捕捞海域分类储备，工矿通信用海按照工业用海、盐业用海、矿产用海、油气用海、可再生资源用海、海底电缆管道用海分类储备，交通运输用海按照港口用海、航运用海、路桥隧道用海分类储备，游憩用海按照风景旅游用海、文体休闲娱乐用海分类储备；另一方面根据海域使用状况进行预警，对预期收回的海域资源提前预告警示，如使用期限届满无需续期的海域依法到期收回、对于“圈海未用”海域依法强制收回、对取得海域使用权后开发效率低下的海域可协商灵活收回、对公共利益或实施海域功能区划调整的海域进行适当储备，在各类海域收回前发布预警通告，以便海域使用人和政府管理者筹划用海项目的安排。

三　启动海域资源红线预警机制

（一）海域资源生态红线精细化管控制度

海洋生态红线制度是维护国家海洋生态安全的根本制度，被纳入《海洋环境保护法》以来，其法律地位和社会意义明显提升，但由于近年来国家新战略格局逐渐形成，海洋生态红线制度需要顺应时代要求进一步优化和调整，由局部海洋保护向自然资源整体保护过渡，以原有海洋自然保护区为基准，将海洋生态环境纳入全国自然资源保护系统，整体划定自然资源生态红线，做好生态红线的陆海衔接。

细化海洋生态红线划定标准。目前作为海洋红线划定依据的《全国海洋生态红线划定技术指南》侧重于海洋生态红线的一般性原则和方向性指导，沿海各省需要进一步规范海洋生态红线划定技术，加强科学性、规范性和可操作性较强，尽快发布海洋生态红线选划的技术标准，统一各省市海洋生态红线划定的方法和操作流程。

注重生态红线制度的海陆衔接。自然资源中填海造地、滨海湿地以及具有特殊功能的海岸线等海洋资源与陆地资源具有自然界地理关联，存在交互延伸，存在陆域污染源通过入海口排放等陆海活动关系，特别是在自然资源统筹规划背景下，考虑海岸带地区河口、滨海湿地和红树林等生态系统的完整性、连通性，进行陆域开发利用方式、规模、强度与海洋生态保护综合管理，注重陆海红线制度的统筹和融合，统一两者生态红线划选标准，重新调整大陆和海岛岸线保有率等红线指标，实现陆海生态资源的整体保护。

加强海洋生态红线区制度协调与管理。一是在现有海洋保护区基础上设计海洋生态红线范围和边界，将海洋自然保护区和海洋特别保护区的有关海域同时列入生态红线保护范围，依据生态红线及时修订海洋功能区划，并确保各级海洋生态保护红线与同级别的海洋主体功能区规划相衔接；二是海洋生态保护红线内由于人为活动影响造成的红线区内用海矛盾，需通过差异化管理来妥善处置，第一种情况是红线划定之前已有经营活动、红线划定之后无法及时退出的用海冲突，第二种情况是红线区划定后、海域使用权限即将到期及对生态服务功能影响较大的用海冲突，以及围填海、因继承延续保护地纳入红线的有居民海岛等历史遗留问题，需要通过红线范围调整、逐步退出、强制退出等差异化管理，协调红线区内用海矛盾。

（二）海域资源生态红线预警机制

海域生态红线预警是在海域开发利用过程中，各地政府对所辖海区海洋生态保护红线实施情况进行督察，评估海域生态红线维护质量指数，根据设定的预警指标阈值，必要时发出预警信息。建立海域生态红线预警机制，能够掌握海域环境质量水平、海洋生态变化趋势以及海洋生态红线执行状况，为制定海域生态环境保护政策提供决策依据。

建立海域生态红线监测数据库。根据《生态保护红线本底调查技术指南》、《生态保护红线监测技术规程》、《生态保护红线生态功能评价技术指南》、《生态保护红线保护成效评估技术指南》、《生态保护红线生态补偿标准核定技术指南》、《生态保护红线监管数据质量控制技术规范》、《生态保护红线监管平台建设指南》、《生态保护红线台账数据库技术规范》等生态保护红线系列标准规范，开展各海域、海区生态红线本底实地调查，摸清生态保护红线本底状况；对海洋生态保护红线区及周边海域海岛开发利用活动、生态环境状况进行监视监测，建立和完善以台账为基础的数据库，完成各级别生态红线数据共享；规范生态保护红线监管数据生产、使用、汇交流程和标准，提升生态保护红线监管业务数据质量。

实施海域生态红线预警评估。根据不同类型海域资源要素功能和生态功能，以及各类海域资源和生态质量影响因素，分别构建质量预警指标体系；运用统计分析方法确定不同因素对海域生态质量的影响权重；对海域环境污染事故实例进行模拟数据分析，建立科学、量化的海域生态环境质量预警数学模型。划分海域资源生态环境质量等级，设定预警阈值，定期对监测海域的生态质量进行评估，根据不同区域的不同评估结果，对临近阈值的海域、海区进行预警。

强化海洋生态红线预警预报机制。重点关注生态保护红线区内人类干扰活动、海域生态质量，记录海域生态保护红线的生态基本状况，进行海域生态红线动态监控，定期评估、适时预警。各级自然资源部门设立预警职能机构，明确预警职责，以规范化、制度化的方式建立红线预警机制，确保海域生态红线的动态监督和应急管理。

第六节　海域资源开发利用保障机制重构

海域资源质量管理除依靠政府制度驱动和市场监管外，还需要遵循海域开发利用质量形成逻辑，通过建立健全科技、金融以及信用保障机制，推动海洋生态文明建设。海洋科技是海洋经济的第一生产力，加强海洋科技创新政策供给是提高海域开发动力的关键保障；海洋金融是海洋产业投入的资本源泉，创新海洋金融服务机制是促进海洋产业转型升级的重要引擎；信用体系建设有利于提高海域使用者道德约束、引导行为主体自觉遵守海域管理法律法规和相关规定。因此，在加强海域资源管理、市场化开发、多元化监督基础上，尚需进一步完善海域资源开发利用保障机制，推动海洋经济高质量发展。

一　优化海洋科技管理体制与科技创新机制

（一）海洋科技管理体制和组织模式

先进的海洋科技管理体制是促进海洋科技领域高水平发展的决定性因素，应当针对现有体制缺陷和弊端进行积极探索，创新海洋科技管理体制，改变分散管理模式，建立集中共享管理平台和协调统一的管理机制，提高我国海洋科技自主创新能力。

首先，深化海洋科技管理机构体制改革。国家层面，在自然资源部、科技部、基金委等主管机构内部，建立高级别组织机构，专设海洋科技管理部门，合理配置海洋科技力量布局，增强对海洋科技统筹以及组织领导，树立海洋科技管理的权威性；地方层面，组建海洋科技联盟，吸收涉海企业作为理事会成员，配置监督委员会、专家委员会，形成多元主体参与的海洋科技管理体系，共同承担海洋领域科技科研管理工作，推动海洋科技创新和涉海科技项目的规划实施，促进海洋科技高水平发展。

其次，重构海洋科技管理协调机制。加强各海洋科技管理机构协调与联动，有利于提高海洋科技管理效率。一是完善海洋科技与其他领域科技的协调机制，建立海洋管理部门与科技部门的协调机制，由高一级权威专家指导基层海洋科技研究与应用；二是定期召开全国涉海科技联席工作会议，加强海洋科技研究与区域海洋经济联系，实现海洋科技和区域海洋产业的对接，形成区域海洋科技信息共享、资源互动、优势互补机制，促进区域海洋科技均衡发展；三是优化开放型海洋产业与海洋科技协同发展机制，建立国际、国内双循环海洋产业体系，加强与世界最前沿海洋科技接轨。

再次，建立海洋科技平台合作模式。整合海洋科技企业、科技服务中介、产学研联盟等科技研发平台，建立国家级、省市级、研究机构和涉海企业等多层次、全方位海洋科学实验室，推进深海领域、航空领域以及相关勘探技术等重大海洋研究领域的项目合作和数据共享；发挥海洋创客空间等新型平台作用，为科研初创和培育提供多元途径，最终形成海洋科学发展体系，实现海洋科学理论研究和实践应用的同步发展。

（二）海洋科技创新与成果转化机制

海洋科技创新是海洋经济持续发展的核心动力，也是提高海域开发利用效率的有效途径。面对目前海洋科技创新滞后的发展局面，更应关注海洋领域自主研发能力的建设，优化海洋科技发展环境，提高成果转化的效率。

完善海洋科技创新激励机制。与国际先进海洋开发技术接轨，查找海洋科技创新短板和差距，通过学习借鉴国外先进海洋开发技术，加快提升海洋装备、深水勘探、绿色开发与管控技术等自主创新能力；制定涉海企业、机构、科技人员科技创新的激励政策，对初创海洋科研项目允许失败，营造鼓励创新的科研氛围；设立激励海洋科技创新的工作机构，建立海洋科技创新工作评价标准，鼓励科研人员开展海洋领域开发利用技术创新工作培训，制定客观公正的科技创新业绩考核制度和切实有效的激励措施，确保海洋科技创新激励的公正性和有效性。

加强海洋科技数据信息共享。利用海洋工业大数据和互联网大数据技术，开发海洋科技海上云大数据管理系统，通过海洋产业大数据融合、海洋政务数据融合、海洋大数据交易、海洋大数据衍生服务等创新应用，构建自主、安全、可控的海洋领域云环境，为涉海企业、科研院所、第三方中介机构和个人提供海洋信息数字化服务，实现海洋领域产业技术资源共享，为海洋科技创新助力。

建立海洋科技成果转化创新体系。通过构建海洋科技成果转化体系，协同共享海洋科技创新网络，全面提升海洋科技供给效能。加强海洋科技创新产学研对接，整合海洋信息资源，加速海洋科技政、产、学、研一体化进程，发挥科技成果的作用；由海洋企业为主导建立海洋科技研究院，减少行政干预，提升海洋科技研发的应用价值，激发海洋科技成果转化的内生动力；通过市场化方式整合社会分散的海洋科研资源，构建要素集聚、信息共享以及技术转移服务等功能于一体的海洋科技成果转化平台，制定有效激励政策，促进海洋科技成果转化与创新投资的新模式、新路径。

二　重建海洋领域金融服务适配机制

（一）海洋金融精准供给体系

金融资本对海洋领域支持贯穿于海洋经济发展的全过程。2018 年中国人民银行、国家海洋局、发展改革委、工业和信息化部、财政部、银监会、证监会、保监会八部委联合印发《关于改进和加强海洋经济发展金融服务的指导意见》，明确了金融市场对海洋经济支持的政策倾斜方向。

一是健全投融资精准服务体系。金融机构结合地方海洋经济特点，针对海洋区域管辖政府、涉海产业链的各类企业和个人，提供精准金融服务；搭建海洋产业投融资公共服务平台，建立以互联网为基础的优质项目数据库，为国家重大战略用海项目、世界高端海洋开发技术创新、海洋经济示范区建设等重要领域提高金融供给支持；制定海洋经济重点地区和重要领域金融统计监测和效果评估制度，协调金融供给与海洋领域资金需求平衡关系，向海洋领域定向投放海洋发展资金，精准提供海洋金融服务。

二是引导政策性银行向海洋经济倾斜。国家开发性银行利用自身政策优势，加大对海洋基础产业资金支持，提供充足的金融服务，促进地方海洋产业的发展，以弥补商业性银行对于海洋产业资金投入不足；制定海洋经济补贴、贴息和奖励等多种向海洋经济倾斜的货币政策，引导金融机构服务于海洋经济和海洋领域，统筹优化金融资源，推动海洋经济高质量、高效率发展，保障海洋战略有效实施。

三是加强海洋金融政策协调配合。根据自然资源部统筹安排，整合涉海产业政策、金融政策、经济政策以及财政政策，在“多规融合”背景下，协调不同部门的战略规划和资源布局，共同打造区域海洋经济发展环境，对海洋产业链上关键环节企业加大融资力度，为陆海资源统筹规划和地方经济发展提供一体化金融支持。

四是完善海洋金融风险防范体系。加快海洋金融风险补偿机制与防范体系建设，实施海洋金融风险基金储备制度，整合现有风险补偿资金和产业发展引导资金，搭建风险资金池，当海洋金融服务机构遭遇信贷损失时，给予适度风险补偿，化解金融机构的风险压力，激发海洋金融服务的积极性，提高海洋新兴产业发展投融资风险的防范和分担能力。

（二）海洋金融灵活服务模式

海域资源开发利用项目通常具有投资周期长、资金需求大、资源约束性强等特征，需要金融机构主动改善海洋金融服务模式，创新海洋金融产品，合理安排资金供给渠道，提供灵活多样的海洋金融服务。

一是设立多元主体投资的专业海洋金融机构。针对海洋产业和海洋科技发展特色，在政府引导下设立由金融主体、大型涉海财团以及社会资本共同投资的专业化海洋金融服务机构，采取银团贷款、组合贷款、联合授信等模式，为海洋工业、海洋运输业、海洋渔业等重点领域经济发展以及深海资源勘探、海洋能源开发等海洋高新科技研发提供特色专业金融服务。多元主体联合投资、共担风险，有利于增加海洋领域资金供给规模，提高海洋金融服务能力，满足海洋经济发展的资金需求。

二是创新海洋金融灵活服务模式。在控制风险前提下，推动海洋金融服务模式创新，大力开展海域使用权、无居民海岛使用权以及渔船、船舶等抵押贷款和融资租赁业务；改变传统银行信贷单一金融服务模式，在控制金融风险的前提下，扩大海域开发利用领域风险投资范围，建立各种类型用海产业基金，丰富海洋投融资渠道；利用大数据信息技术，整合金融市场公共资源，推动海洋、海洋科技、海洋金融的深度融合，构建“数字化 + 海洋 + 金融”的新型服务模式。

三是培育绿色海洋金融服务模式。推进海洋领域绿色金融变革，在海洋环境保护与治理、海洋清洁能源开发与利用、海洋循环经济建设与发展等领域提供金融支持；树立绿色发展理念，拓宽绿色海洋产业直接融资渠道，拓展绿色债券市场，发行海洋保护和海洋资源可持续利用专项债券、基金，推动绿色海洋产业转型升级；将金融资本和产业资本有效融合，提高企业海洋环境保护意识，增强社会责任感，优化海洋产业结构，助力海洋开发方式向循环利用目标转变。

三　建设海域开发利用诚信保障机制

（一）海域使用长效信用管理机制

海域资源经营主体作为“理性经济人”，当失信成本低于违规收益时，在经济利益驱动下，往往做出违反海域管理规定、甚至有损海洋环境的经营行为，造成社会环境、自然环境负外部性影响，在政府行政干预、市场化管理、社会化监督等制度规制的同时，还需要根据 2020 年 12 月国务院办公厅印发的《关于进一步完善失信约束制度构建诚信建设长效机制的指导意见》要求，构建海洋领域诚信管理体系，形成海域开发利用长效诚信机制。

一是制定海域使用者责任信用行为清单。海域开发活动中的诚信行为认定目前仍是盲区，以往关注点集中在用海项目的环境保护承诺，但从海域资源高质量开发目标导向看，不应仅仅局限在海域环境方面，海域资源经济性和社会化功能都需要海域使用人尽职考量，使有限的海域资源创造最大化利益。因此，应当结合海域资源开发利用活动特点，制定海域使用者责任信用行为清单，规范失信行为认定标准，明确失信事由、判定依据、惩戒措施等内容，确保失信范围认定适当、失信行为指向具体，认定标准清晰、明确、具有可操作性。

二是规范用海信用等级评估认证流程。通过随机抽检、专项核检、定期检查等方式开展对涉海经营公司的用海行为进行信用评估，根据划分标准界定主体用海行为的信用等级，颁发海域使用信用等级认证文件或证书，推动海域使用行为信用认证流程规范化、制度化，引导海域使用者利用信用等级认证提高自身诚实守信形象，促进海域使用者积极获得正向诚信价值收益。

三是建立海域使用失信名单披露制度。对于属于严重失信的海域使用者，无论是单位还是个人，均应依照诚信披露制度列入黑名单，通过公开平台渠道予以公布；根据行政管辖区域，由地方政府通过搭建用海信用数据库建立海域使用者用海信用档案，在联合征信、信用审查等活动中提供给相关成员单位应用，形成用海信用信息共享机制。同时，加强严重失信行为主体的惩戒和诚信修复，细化惩戒处理措施，督促海域使用者及时进行失信行为修复，并对修复结果进行鉴定和评估，提高海域资源开发利用信用机制运行效果。

（二）海域使用诚信环境联动保障机制

良好的信用环境是社会、经济、文化健康发展的前提，海洋领域也不例外。海域使用主体的诚信行为是海域资源开发利用质量的重要保障，影响着海洋经济、海洋环境以及沿海地区人们生活水平。建立政府、社会、企业多方联动机制，树立诚实守信的经营理念，打造海洋开发领域诚信经营的环境氛围，形成海域所有者自觉遵守信用规则的良好风气，对海域使用信用机制的落实有重大意义。

舆论宣传保障。在国家诚信制度规制下，地方政府负责本辖区信用体系建设的指导和监督，制定文明用海规范制度，提出切实可行的诚信用海激励政策，组织新闻媒体等宣传机构，借助官方平台、网络、移动客户端等渠道，传播文明用海理念，结合诚信行为和失信行为正反两方面典型案例，解读海域使用信用政策的激励和约束作用，强化积极、正向的案例引导力量，同时对重大恶性失信案例跟踪报道，发挥舆论监督作用，创造海洋领域诚实守信的经营环境。

数据信息保障。海域开发利用信用机制的运行有赖于健全、完善的数据库系统提供的用海行为信息，因此需要尽快建设海洋领域经营行为的数据系统，统一规范海域开发行为诚信信息识别、记录、归集、整理的标准，明确相关信息处理、传递、共享、保密等使用规范，在保护信用主体隐私、保证数据安全的前提下，实现诚信数据在各职能部门之间、各级平台之间、官方与中介机构之间的互联互通，解决信息孤岛带来的用海诚信监管难题，提高海域使用信用的监管效率。

组织模式保障。建立多层次、多主体间信用联盟，不断提高海域开发利用文明程度。诚实守信已成为各领域、各主体合作与交易的先决条件。信用体系并非仅仅限于金融领域的信贷关系，而是存在于各种契约化经济关系中。政府规制体系下，基于道德约束机制，在海域资源开发领域建立用海主体群体信用联盟、用海主体与政府间信用联盟，联盟内每个联盟成员承诺自觉遵守海域开发规则、履行环境保护承诺，确保信用等级与海域开发主体金融信贷额度相联系，增加海域开发失信主体违规成本，降低开发主体掠夺性博弈企图，提高用海主体间信用水平和合作意愿。

第七节　国际海洋治理参与机制重构

中国拥有广阔的领海和丰富的海洋岸线，作为世界海洋大国，海洋经济高速发展，国际海洋话语地位日益提升。无论是国家主权维护还是全球海洋治理，都需要充分发挥中国海洋政治、经济、军事、科技等方面影响力，坚持多边、双边合作共治原则，深度参与国际海洋制度创设和更新，积极主导全球海洋治理体制、机制的构建，促进全球海洋开发与治理机制不断完善，形成国际海洋新秩序，推动全球海洋命运共同体理念的实施。

一　强化国际海洋战略引领地位

（一）“双循环”背景下海洋强国战略体制机制

在国际政治、军事、经济局势动荡时期，中国政府已经明确了国内国际双循环战略格局。就海洋领域而言，作为海洋大国，应当全面制定海洋强国战略，传播中国海洋发展经验、拓宽国际合作领域、提高国际影响力，促进海洋经济双循环战略的实施。

内循环海洋战略方面，侧重海洋强国、强省战略布局和政策供给，加快海洋全面治理的顶层设计。一是注重全面统筹陆海自然资源，调整传统海洋产业结构，科学论证、合理配置、集约开发，加强海洋空间管理和用途管制，促进海洋产业转型升级；二是在自然资源管理变革的大背景下，进一步完善海洋强国战略体制机制，完善现代化海洋治理体系，提高国家海洋综合治理能力；三是建立海洋经济高质量发展指标体系，出台促进海洋经济质量效益快速提升的政策措施；四是强化海洋战略实施保障制度，建立健全涉海法制体系，完善政府海洋公共服务制度，实现海洋战略管理目标。

外循环海洋战略方面，根据国际海洋局势变化趋势，遵守海洋国际法各项规则、制度和规范，围绕南海、东海等核心海洋权益问题，优先通过政治、外交等方式，基于争议各方共同利益，分阶段、有步骤和平解决中国与其他国家的海洋争端，确保各国海洋资源开发利用权益公平共享，体现大国责任意识和担当；利用21世纪海上丝绸之路与其他国家尤其是东盟国家加强海洋项目开发合作，扩大海上互联互通范围，共同增进海洋福祉；积极参与国际海洋资源开发利用，基于“海洋命运共同体理念”推进全球海洋多边治理模式，共同应对海洋环境污染和海洋资源衰竭等重大问题，维护世界海洋和平，促进海洋经济可持续发展。

（二）中国海洋国际影响力

海洋发展水平已成为国家综合实力的体现，海洋领域也是各国之间竞争与合作的重要平台。高度关注海洋战略、大力发展海洋事业、有效治理海洋环境、夯实海洋实力基础，是世界沿海各国的共识。中国海洋治理过程中，应当进一步加强海洋硬实力和软实力综合实力建设，提高中国海洋战略在国际上的影响力。

硬实力建设包括大力发展海洋经济、海洋科技、海洋军事，提高中国在海洋领域的国际地位。一是以高质量海洋经济发展为目标，培育海洋经济新增长极，扩大海洋经济规模和经济价值，为带动全球海洋治理进行经济上的战略储备；二是以海洋科技创新为突破，注重海洋开发和环境治理技术的基础研究，提高深海资源勘探、开发的自主研发能力，为引领国际海洋开发与保护进行技术上的战略储备；三是以海军装备升级为手段，加强中国海警能力建设，提高海洋治理行动力和监督管理能力，为维护海洋秩序和国家海洋权益进行执法上的战略储备。

软实力建设包括弘扬海洋文化和海洋价值观、完善海洋治理制度，奠定中国提升全球海洋文明的精神基础。通过回顾、总结中国海洋发展历史和发展现状，重新经略海洋、认识海洋，通过国际交流平台弘扬中国海洋文化，倡导“海洋命运共同体”的价值理念，树立包容、共享、绿色的海洋价值观；构建现代化海洋管理制度和治理体系，促进海洋资源开发和海洋环境保护从对立走向统一，为世界海洋治理提供中国样本。

海洋硬实力为中国参与全球海洋治理提供了直接支持，成为克制西方海洋霸权的利器；软实力则为中国站在世界海洋舞台前沿提供了间接支持，使中国先进的海洋治理理念快速融入世界，最终实现海洋物质文明和精神文明同步发展。

二 深度参与国际海洋制度规则设计

（一）国际海洋战略议题引领

中国一贯主张维护海洋和平，倡导平衡、共享、“强而不霸”的海洋发展理念，提出“和谐海洋”发展倡议，体现了中国海洋战略思想的新高度。中国海洋强国战略意义在于推动海洋制度、技术、文化走出中国，走向世界，向世界提供国际海洋开发与治理的重要议题，并不断提高中国议题的关注度和引导力，为进一步参与全球海洋制度规则创设奠定基础。

中国作为负责任大国，持续关注世界海洋安全和发展，在全球海洋治理进程中，需要将海洋治理议题从传统的“点关注”向“面关注”转化，由海洋开发、海洋环境、海洋气候、海洋经济、海洋秩序等散点议题整合，统筹考虑各海洋要素之间的强关联性，系统梳理全球海洋整体价值、权益和代际功能，提出以海洋环境为核心的生态系统保护议题，传递中国海洋环境治理经验，引导世界各国践行“全球海洋命运共同体”发展理念，拓展国家海洋战略的利益范围和海洋空间，为世界海洋环境保护提供大国责任担当。

国际政治、外交格局错综复杂，海洋争端愈演愈烈，海洋权益矛盾日益突出。中国以包容的胸怀在海洋主权声索和维权等问题上提出中国主张和议题，对维护海洋和平和世界安全，发展世界海洋经济、维持世界海洋秩序，具有重大战略意义。中国是全球海洋治理的参与者和推动者，源自中国提出的世界海洋重大议题应本着彼此尊重、互利互惠、权责共担原则，既保护中国在世界上的海洋权益，又平衡国际社会海洋利益关系，并通过中国海洋文化传播，提高中国国际话语地位，进一步增强中国议题在世界各国的渗透力。中国议题引领有助于国际海洋制度建设，促进中国海洋治理经验的国际输出，推动中国深度参与国际海洋制度设计。

（二）国际海洋秩序规则创设

国际海洋问题广泛存在于区域间、全球各国之间，需要从战略角度对大国海上竞争、发达国家与发展中国家海洋权益分配以及区域海域资源开发等问题给于足够关注。东西方大国之间世界海洋控制权的争夺实质上体现在海洋规则制定权之争，中国应当秉持多边主义的区域海、世界海原则，积极参与极地深海资源的勘探、开发、治理等国际海洋事务规则创设，推动世界海洋秩序变革，打破西方海洋强国“海权论”制度基础，引领国际社会构建多边协作共赢的国际海洋新秩序。

引导国际社会建立包容性海洋秩序。与西方强势单边制海权主张不同，中国政府强调公平、共享海洋秩序，但海洋新秩序的运行需要通过国际海洋制度来约束和规范，中国应积极参与海洋国际制度、国际标准的制定，兼顾各国海洋权益普遍诉求设计用海行动范式；设立中国为主办方的“世界海洋组织”，为国际社会提供海洋物质资源保障和组织援助；借助中国海洋治理话语体系的国际地位，向世界传递中国主权主张、海洋治理理念以及多边主义海洋秩序构想，提高国际海洋主动规划的设计能力。

深度参与国际海洋规则的修订和创设。尽管我国受益于现行国际海洋法，但仍需要针对其存在的缺陷、漏洞进行修订和完善，提议联合国对《国际海洋公约》进行重新审议，及时修订岛屿、专属区等部分条款，改进适用性模糊、解释不清、单方面意志、争端解决机制不合理等缺陷，并结合世界海洋新问题，对空白领域的国际海洋行为规则进行积极创设，进一步完善《国际海洋公约》，提高国际海洋法的公平性和可操作性。

推进国内海洋法与国际的衔接。鉴于国内涉海法律存在国际偏差等问题，应当完善国家海洋法律体系，细化各项法条的具体概念、范畴和内容，对国内海洋法中不适当条款进行修改和完善，使涉外海洋法律全面与国际接轨，消除法律文本漏洞，提高国内海洋立法的权威性。

三　推动全球海洋开发与治理机制建设

（一）国际海洋资源共同开发机制

海洋海水流动性、海底资源开发的复杂性决定了海洋资源产权边界难以准确划分，各国独立开发难度大，国际海洋资源共同开发机制的建立势在必行。中国作为负责任大国的角色定位，有责任、有能力也有义务协助国际海洋组织，推动共同开发机制的完善和发展，以促进世界公共海洋资源公平共享、共同利用。

创新国际海洋资源共同开发策略。国际海洋资源不仅仅是国家间经济利益的争夺，还涉及各国政治意愿，往往高层海洋外交成果决定了国际海洋共同开发的进程。中国政府提出《推动共建丝绸之路经济带和21世纪海上丝绸之路的愿景与行动》，与东南亚、非洲等地区国家政府签订双边海洋共同开发协议，加入海洋国际组织和区域机构，向世界提供了海洋共同开发的经验。在“一带一路”深入推进过程中，还需要进一步拓宽合作区域，尤其是加强欧洲国家海洋共同开发项目合作，建立与地中海区域海上交通、海洋能源、海洋渔业、海洋旅游等众多领域的合作机制，推进中欧海洋合作关系；针对南海、东海等不同海区的不同政治背景以及分歧性质，确定主权、边界划分与共同开发的顺序，提高对争议、争端海区的管控能力，建立政治、法律、经济、社会以及技术等多方面统筹下的共同开发机制，在局势监管、项目推动、利益声索等方面加强力度，自觉接受和履行国际法、区域规则的善意约束，并不断推动国际海洋公约、区域海洋规则的完善，实现国际海洋资源公平、合理、有效地开发利用。

建立多元化主体参与机制。随着世界海洋经济、科技的不断发展，海洋资源开发空间日益扩大，多元主体参与国际开发已渐成趋势。多元化主体参与机制应建立组织形式、明确主体责任与作用、确立实施路径，其中政府是国际合作的推动主体，通过经合组织、盟约组织等合作平台建立磋商机制，成立理事会成员议事组织，决策部署国际间海洋战略实施，提高国际海洋地位；中介组织是国际海洋开发的沟通主体，负责双边、多边合作事宜的沟通和协调，促进最新海洋开发技术的交流和共享，通过建立国际间合作信任机制，推动国际海洋资源共同开发项目顺利实施；企业作为经营主体，在政府授权下积极参与海洋共同开发项目，遵守国际海洋公约规则，履行合作协议责任和义务，科学、有序开发利用国际海洋资源。政府磋商、中介指导、企业经营的多元化主体联动参与机制将有效推进国际海洋资源开发的参与程度，全面推进海洋战略的深入实施。

推进国际海洋合作开发管理。一是由国家层面建立专门的国际海洋事务管理委员会，整合原有分散的涉外海洋组织机构，形成统一、集中的管理模式，建立健全海洋战略管理体系，指导国内海洋制度与国际公约接轨，为国际海洋资源共同开发提供组织基础；二是建立海洋合作事务协调机构，设置高端协调部门，配备专职人员，负责对参与国际海洋资源开发的内部组织之间以及与国际合作组织之间、合作各方之间的海洋事务沟通，提供相关争议的解决方案，为国际海洋资源共同开发提供管理基础；三是扩大国际海洋开发项目融资渠道，在中央财政支持基础上，引导社会资本投资，吸收国际资本共同设立海洋开发专项基金，鼓励创新海洋金融产品，保障国际重大项目的资金供给，为国际海洋资源共同开发提供资金基础。

（二）全球海洋环境协同治理机制

国际上海洋环境污染治理面临着政局动荡、规则落后、霸权主张的挑战，中国实力日渐崛起，有责任引领世界各国共同治理海洋环境，但需要突破单边势力的阻碍，推动国际社会建立全新的海洋环境协同治理机制。

推进国际海洋治理体系创新。在“全球海洋命运共同体”理念指导下，打破西方主权国家的权威主导结构，提倡共治共赢理念；基于现有的国际海洋公约，进一步健全海洋生态环境保护的国际立法、司法体系，对现有海洋共同开发机制与治理体系进行协调、统筹，设计国际海洋环境治理的行动范式，确保各国参与全球海洋治理的话语权公平以及责、权、利的匹配，提高世界各国参与全球海洋治理的积极性、主动性；利用中国在世界和区域内的国际地位和影响力，引导周边国家遵守区域海洋规则，建立双边协议、多边协议框架，制定海洋生态保护共同行动计划，提高发展中国家在海洋治理中的地位，促进全球海洋治理体系公正、公平、健康发展。

构建全球蓝色战略合作机制。21 世纪以来，国际海洋治理开始形成新秩序，海洋命运共同体已从概念和理念走向实质性建设阶段，构建全球蓝色战略合作机制、发展蓝色海洋经济合作联盟、创新海洋资源绿色环保开发技术，是促进世界海洋资源互利互惠、海洋经济持续发展的必然途径。首先，建立双边及多边国际海洋战略磋商机制，设立海洋生态保护合作组织，拓展蓝色海洋产业合作项目，落实《“一带一路”建设海上合作设想》；其次，寻求蓝色海洋经济长期合作伙伴，形成区域及全球蓝色战略联盟，基于各方利益的公平获得性，提升联盟成员蓝色经济合作意愿，共同推进蓝色产业转型升级；再次，搭建蓝色战略合作平台，组建海洋资源环保技术协作研究团队，建立高端海洋技术共享机制，推动国际海洋领域智能开发技术的快速发展。

参与协同治理海洋生态环境。海洋环境危机是对全人类生存环境的危害，海洋气候恶化、海洋资源枯竭、海洋污染及生态退化等系统性威胁已影响到人类生产生活，单凭一国之力无法整治修复全球海洋环境，需要世界各国站在全局视角，共同参与全球海洋治理，各自履行海洋生态保护的责任和义务，确保海洋资源开发利用的持续性。一是推动建立双边及多边国际海洋环境责任机制，将国际海洋资源开发利益与环境保护责任相结合，在海洋资源开发项目实施过程中，尽职履行环境影响评估、告知及磋商等“勤勉义务”，自觉遵守国际海洋公约规则，承担海洋环境受损后的修复与整治；二是推动建立双边及多边海洋事务信任机制，搁置分歧、共同面对，通过海洋环境信息共享、技术共享、人才共享机制，提高国际海洋公共治理的成效；三是推动建立国际海洋共同治理的组织机构，参与多种形式的海洋论坛、海洋环境调查、海洋保护议案协商等事务，实现国际海洋治理的协同发展。

参考文献

马克思：《资本论》，人民出版社 1976 年版。

〔美〕曼昆：《经济学原理》，北京大学出版社 2010 年第 5 版。

安太天、朱庆林、岳奇、刘楠楠：《我国海洋空间规划“多规合一”问题及对策研究》，《海洋湖沼通报》2019 年第 3 期。

毕功兵、冯晨鹏、丁晶晶：《考虑环境属性约束的平行结构 DEA 模型》，《中国管理科学》2011 年第 5 期。

博文静、肖燚、王莉雁、王效科、欧阳志云：《生态资产核算及变化特征评估——以内蒙古兴安盟为例》，《生态学报》2019 年第 15 期。

蔡先凤、童梦琪：《国家海洋督察制度的实效及完善》，《宁波大学学报》（人文科学版）2018 年第 5 期。

曹英志、翟伟康、王世福、张宇龙、王园君：《我国海域资源产权制度解析》，《齐鲁工业大学学报》（自然科学版）2014 年第 3 期。

曹英志、曲辉、臧健、李亚宁、苗庆生：《基于海洋产业结构理论的海域资源配置分析》，《广东海洋大学学报》2014 年第 5 期。

曾江宁、陈全震、黄伟、杜萍、杨辉：《中国海洋生态保护制度的转型发展——从海洋保护区走向海洋生态红线区》，《生态学报》2016 年第 1 期。

曾容、刘捷、许艳、杨璐：《海洋生态保护红线存在问题及评估调整建议》，《海洋环境学》2021 年第 4 期。

陈惠珍：《国家所有权视角下海域资源管理法制生态化探析》，《广西民族大学学报》（哲学社会科学版）2020 年第 2 期。

陈克亮、吴侃侃、黄海萍、姜玉环：《我国海洋生态修复政策现状、问题及建议》，《应用海洋学学报》2021 年第 1 期。

陈黎明、王文平、王斌：《“两横三纵”城市化地区的经济效率、环境效率和生态效率——基于混合方向性距离函数和合图法的实证分析》，《中国软科学》2015 年第 2 期。

陈伟：《国力之盛衰强弱 常在海而不在陆——孙中山海权观及现实意义研究》，《民革中央纪念孙中山诞辰 140 周年学术研讨会论文集》2006 年第 11 期。

成金华、孙琼、郭明晶、徐文赟：《中国生态效率的区域差异及动态演化研究》，《中国人口·资源与环境》2014 年第 1 期。

程博、翟云岭：《海域资源综合利用视域下的使用权配置研究》，《财经问题研究》2019 年第 3 期。

崔莉、厉新建、程哲：《自然资源资本化实现机制研究——以南平市“生态银行”为例》，《管理世界》2019 年第 9 期。

崔野、王琪：《关于中国参与全球海洋治理若干问题的思考》，《中国海洋大学学报》（社会科学版）2018 年第 1 期。

狄乾斌、韩增林、孙迎：《海洋经济可持续发展能力评价及其在辽宁省的应用》，《资源科学》2009 年第 2 期。

狄乾斌、韩增林：《辽宁省海洋经济可持续发展的演进特征及其系统耦合模式》，《经济地理》2009 年第 5 期。

狄乾斌、梁倩颖：《中国海洋生态效率时空分异及其与海洋产业结构响应关系识别》，《地理科学》2018 年第 10 期。

狄乾斌、吕东晖：《我国海域承载力与海洋经济效益测度及其响应关系探讨》，《生态经济》2019 年第 12 期。

翟姝影、杨鑫：《我国海域使用督察制度研究》，《上海市法学会法学期刊研究会文集》2021 年第 9 期。

董跃：《我国周边国家“海洋基本法”的功能分析：比较与启示》，《边界与海洋研究》2019 年第 4 期。

杜军、鄢波：《基于 PVAR 模型的我国海洋经济高质量发展的动力因素研究》，《中国海洋大学学报》（社会科学版）2021 年第 4 期。

杜挺、谢贤健、梁海艳、黄安、韩全芳：《基于熵权 TOPSIS 和 GIS 的重庆市县域经济综合评价及空间分析》，《经济地理》2014 年第 6 期。

樊纲:《“发展悖论”与发展经济学的“特征性问题”》,《管理世界》2020 年第 4 期。

房旭:《国际海洋规则制定能力的角色定位与提升路径研究》,《中国海洋大学学报》(社会科学版)2021 年第 6 期。

盖美、连冬、田成诗、柯丽娜:《辽宁省环境效率及其时空分异》,《地理研究》2014 年第 12 期。

戈华清:《海洋生态保护红线的价值定位与功能选择》,《生态经济》2018 年第 12 期。

古尔巴诺娃·娜塔丽娅:《21 世纪冰上丝绸之路:中俄北极航道战略对接研究》,《东北亚经济研究》2017 年第 4 期。

顾建光:《公共政策工具研究的意义、基础与层面》,《公共管理学报》2006 年第 4 期。

郭红连、黄懿瑜、马蔚纯、余琦、陈立民:《战略环境评价(SEA)的指标体系研究》,《复旦学报》(自然科学版)2003 年第 3 期。

国务院发展研究中心课题组:《迈向高质量发展:战略与对策》,中国发展出版社 2017 年版。

韩立民、陈艳:《共有财产资源的产权特点与海域资源产权制度的构建》,《中国海洋大学学报》(社会科学版)2004 年第 6 期。

何利、沈镭、张卫民、陈建格、范振林:《我国自然资源核算的实践进展与理论体系构建》,《自然资源学报》2020 年第 12 期。

何雨霖、陈宪、何雄就:《本世纪以来的西方经济增长理论》,《上海经济研究》2020 年第 4 期。

和经纬:《公共政策与管理研究的新视野——当季国际著名学术期刊论文评介(2019—2020)》,《公共管理评论》2020 年第 1 期。

胡求光、余璇:《中国海洋生态效率评估及时空差异——基于数据包络法的分析》,《社会科学》2018 年第 1 期。

黄杰、索安宁、孙家文、尹晶:《中国大规模围填海造地的驱动机制及需求预测模型》,《大连海事大学学报》(社会科学版)2016 年第 2 期。

纪明、程娜:《可持续发展技术观下的中国海洋生态环境保护分析》,《社会科学辑刊》2013 年第 3 期。

纪雅宁、黄发明、吴晓琴、王初升:《福建省海洋经济的海域使用需求评估》,《海洋开发与管理》2013 年第 8 期。
景昕蒂、张云、宋德瑞、张建丽、王飞:《海域动态监测数据治理框架研究》,《海洋开发与管理》2019 年第 3 期。
柯昶、刘琨、张继承:《关于我国海洋开发的生态环境安全战略构想》,《中国软科学》2013 年第 8 期。
孔庆江、吴盈盈:《管控南海争端的共同开发制度探讨》,《中国海洋大学学报》(社会科学版)2020 年第 6 期。
匡增军、欧开飞:《俄罗斯与挪威的海上共同开发案评析》,《边界与海洋研究》2016 年第 1 期。
兰岚、刁文青:《"一带一路"背景下全球海洋命运共同体建设路径研究》,《中国集体经济》2021 年第 9 期。
李变花:《中国经济增长质量研究》,中国财政经济出版社 2008 年版。
李国选:《海洋命运共同体理念的生成逻辑》,《邓小平研究》2020 年第 6 期。
李京梅、刘铁鹰:《填海造地外部生态成本补偿的关键点及实证分析》,《生态经济》(中文版)2010 年第 3 期。
李军鹏:《责任政府与政府问责制》,人民出版社 2009 年版。
李秀华:《海洋污染区域治理的国际法机制研究》,博士学位论文,山东大学,2020 年。
李彦平、刘大海、罗添:《国土空间规划中陆海统筹的内在逻辑和深化方向——基于复合系统论视角》,《地理研究》2021 年第 7 期。
李猋、黄庆波:《海洋资源开发国际合作机制构建研究》,《国际贸易》2013 年第 6 期。
李玉照、刘永、颜小品:《基于 DPSIR 模型的流域生态安全评价指标体系研究》,《北京大学学报》(自然科学版)2012 年第 6 期。
李志青:《论 21 世纪的自然资本与不平等——环境质量的收敛和经济增长》,《复旦学报》(社会科学版)2016 年第 1 期。
李志伟、崔力拓:《集约用海对海洋资源影响的评价方法》,《生态学报》2015 年第 16 期。
刘惠荣、齐雪薇:《全球海洋环境治理国际条约演变下构建海洋命运共同体的法治路径启示》,《环境保护》2021 年第 15 期。

刘建国:《区域经济效率与全要素生产率的影响因素及其机制研究》,《经济地理》2014 年第 7 期。
刘康、霍军:《海岸带承载力影响因素与评估指标体系初探》,《中国海洋大学学报》(社会科学版) 2008 年第 4 期。
刘晴、徐敏:《江苏省围填海综合效益评估》,《南京师大学报》(自然科学版) 2013 年第 3 期。
刘巍:《海洋命运共同体: 新时代全球海洋治理的中国方案》,《亚太安全与海洋研究》2021 年第 4 期。
刘新民、刘广东、丁黎黎:《我国海洋低碳经济效率地区差异与收敛分析》,《工业技术经济》2015 年第 9 期。
刘亚文、于洪波:《新体制下海洋环境治理的逻辑探析》,《中共青岛市委党校青岛行政学院学报》2020 年第 5 期。
刘媛媛、张琪、耿建生:《长江口北翼近岸海域环境质量探析》,《环境科学与管理》2016 年第 5 期。
卢芳华:《海洋命运共同体: 全球海洋治理的中国方案》,《思想政治课教学》2020 年第 11 期。
罗能生、李佳佳、罗富政:《中国城镇化进程与区域生态效率关系的实证研究》,《中国人口资源与环境》2013 年第 11 期。
马金星:《全球海洋治理视域下构建"海洋命运共同体"的意涵及路径》,《太平洋学报》2020 年第 9 期。
倪乐雄:《周边国家海权战略态势研究》,上海交通大学出版社 2015 年版。
聂弯、于法稳:《农业生态效率研究进展分析》,《中国生态农业学报》2017 年第 9 期。
欧阳志云、王效科、苗鸿:《中国陆地生态系统服务功能及其生态经济价值的初步研究》,《生态学报》1999 年第 5 期。
彭勃、沙敏、王晓慧:《基于熵权 TOPSIS 的海域使用分等方法研究——以浙江省工业用海为例》,《浙江海洋学院学报》(人文科学版) 2015 年第 4 期。
彭勃、王晓慧:《基于生态优先的海洋空间资源高质量开发利用对策研究》,《海洋开发与管理》2021 年第 3 期。
彭勃、王晓慧:《浙江省旅游用海质量时空变化特征分析》,《浙江大学学报》（理学版）2019 年第 6 期。
彭城瀚：《电商行业财务风险等级评价》，《特区经济》2022 年第 7 期。
皮凯蒂：《21 世纪资本论》，中信出版社 2014 年版。
齐绍洲、林屾、崔静波：《环境权益交易市场能否诱发绿色创新？——基于我国上市公司绿色专利数据的证据》，《经济研究》2018 年第 12 期。
秦天宝、虞楚箫：《演化解释与〈联合国海洋法公约〉的发展——结合联合国 BBNJ 谈判议题的考察》，《北京理工大学学报》（社会科学版）2021 年第 3 期。
任保平、魏婕、郭晗：《中国经济质量发展报告地方经济增长质量的评价与思考》，中国经济出版社 2017 年版。
任保平：《新时代中国经济从高速增长转向高质量发展：理论阐释与实践取向》，《学术月刊》2018 年第 3 期。
盛丹、张国峰：《两控区环境管制与企业全要素生产率增长》，《管理世界》2019 年第 2 期。
石莉：《国际实践中海域划界与共同开发的替代和共存模式》，《太平洋学报》2010 年第 4 期。
石源华、陈妙玲：《简论中国海洋维权与海洋维稳的平衡互动》，《同济大学学报》（社会科学版）2020 年第 4 期。
孙东山：《海洋治理：国际缘起，现实挑战及中国应对之策》，《湖北经济学院学报》2021 年第 3 期。
覃雄合、孙才志、王泽宇：《代谢循环视角下的环渤海地区海洋经济可持续发展测度》，《资源科学》2014 年第 12 期。
王爱民、张海翠：《基于耗散结构论的海洋 EC－RE－EN 系统协调发展的动力机制研究——以浙江省为例》，《中州大学学报》2011 年第 5 期。
王刚、宋锴业：《中国海洋环境管理体制：变迁、困境及其改革》，《中国海洋大学学报》（社会科学版）2017 年第 2 期。
王晗、徐伟、岳奇：《我国主要海洋产业填海项目海域集约利用评价研究》，《海洋开发与管理》2016 年第 4 期。
王厚军、丁宁、岳奇、崔丹丹：《陆海统筹背景下海域综合管理探析》，《海洋开发与管理》2021 年第 1 期。
王家庭：《中国区域经济增长中的土地资源尾效研究》，《经济地理》2010

年第 12 期。
王金南、於方、曹东：《中国绿色国民经济核算研究报告 2004》，《中国人口·资源与环境》2006 年第 6 期。
王淼、刘晓洁、段志霞：《海洋生态资源价值研究》，《中国海洋大学学报》（社会科学版）2004 年第 6 期。
王琪、崔野：《将全球治理引入海洋领域——论全球海洋治理的基本问题与我国的应对策略》，《太平洋学报》2015 年第 6 期。
王书明、董兆鑫：《“海缘世界观”的理解与阐释——从西方利己主义到人类命运共同体的演化》，《山东社会科学》2020 年第 2 期。
王薇：《中国经济增长数量、质量和效益的耦合研究》，中国社会科学出版社 2018 年版。
王晓慧：《海域开发生态效率测度及提升对策研究——以浙江省为例》，《华东经济管理》2018 年第 11 期。
王晓慧：《环境约束下海域资源开发保护的思路与建议》，《宏观经济管理》2018 年第 6 期。
王晓慧：《基于生态效率的海域持续供给能力测度模型构建及应用研究》，《国土与自然资源研究》2017 年第 1 期。
王晓慧：《我国无居民海岛使用权综合估价体系框架研究》，《浙江海洋学院学报》（人文科学版）2014 年第 6 期。
王晓云、魏琦、胡贤辉：《我国城市绿色经济效率综合测度及时空分异——基于 DEA - BCC 和 Malmquist 模型》，《生态经济》2016 年第 3 期。
王衍、王鹏、索安宁：《土地资源储备制度对海域资源管理的启示》，《海洋开发与管理》2014 年第 7 期。
王阳：《“仲裁案”后南海共同开发的思路：基于英国和阿根廷共同开发个案的分析与借鉴》，《战略决策研究》2017 年第 6 期。
王有森、许皓：《基于数据包络分析的并行生产系统效率评价方法》，《运筹学学报》2015 年第 4 期。
王泽宇、徐静、王焱熙：《中国海洋资源消耗强度因素分解与时空差异分析》，《资源科学》2019 年第 2 期。
王泽宇、卢雪凤、韩增林、董晓菲：《中国海洋经济增长与资源消耗的脱钩分析及回弹效应研究》,《 资源科学》2017 年第 9 期。
王泽宇、卢雪凤、韩增林:《海洋资源约束与中国海洋经济增长——基于海洋资源“尾效”的计量检验》,《地理科学》2017 年第 10 期。
吴士存:《全球海洋治理的未来及中国的选择》,《亚太安全与海洋研究》2020 年第 5 期。
邢文秀、李飞:《区域养殖用海集约利用评价方法及应用》,《海洋开发与管理》2019 年第 1 期。
胥宁:《海域分等定级制度浅析》,《海洋通报》2003 年第 5 期。
徐萍:《新时代中国海洋维权理念与实践》,《国际问题研究》2020 年第 6 期。
徐淑升、郑兆勇、陆遥、张保学:《 从政策、资金和技术三者关系探讨破解海洋生态修复难题》,《海洋开发与管理》2021 年第 6 期。
徐伟、孟雪:《海洋功能区划保留区管控要求解析及政策建议》,《海洋环境科学》2017 年第 1 期。
许阳:《中国海洋环境治理的政策工具选择与应用——基于 1982—2016 年政策文本的量化分析》,《 太平洋学报》2017 年第 10 期。
闫文娟、郭树龙:《中国环境规制如何影响了就业——基于中介效应模型的实证研究》,《财经论丛》2016 年第 10 期。
严成樑:《现代经济增长理论的发展脉络与未来展望——兼从中国经济增长看现代经济增长理论的缺陷》,《经济研究》2020 年第 7 期。
杨黎静、何广顺:《我国海域使用权市场化配置改革面临的突出问题与对策》,《经济纵横》2018 年第 8 期。
杨耀武、张平:《中国经济高质量发展的逻辑,测度与治理》,《经济研究》2021 年第 1 期。
杨泽伟:《联合国海洋法公约的主要缺陷及其完善》,《法学评论》2012 年第 5 期。
叶泉:《论全球海洋治理体系变革的中国角色与实现路径》,《国际观察》2020 年第 5 期。
尹昌斌、陈基湘、鲁明中:《自然资源开发利用度预警分析》,《中国人口 · 资源与环境》1999 年第 3 期。
尹紫东:《系统论在海洋经济研究中的应用》,《地理与地理信息科学》

2003 年第 3 期。
于梦璇、安平:《海洋产业结构调整与海洋经济增长——生产要素投入贡献率的再测算》,《太平洋学报》2016 年第 5 期。
于宜法:《中国海洋基本法研究》,中国海洋大学出版社 2010 版。
余晓强:《全球海洋秩序的变迁:基于国际规范理论的分析》,《边界与海洋研究》2020 年第 2 期。
俞雅乖、刘玲燕:《中国水资源效率的区域差异及影响因素分析》,《经济地理》2017 年第 7 期。
臧晓霞、吕建华:《国家治理逻辑演变下中国环境管制取向:由“控制”走向“激励”》,《公共行政评论》2017 年第 5 期。
张彩平、姜紫薇、韩宝龙、谭德明:《自然资本价值核算研究综述》,《生态学报》2021 第 23 期。
张丛林、焦佩锋:《中国参与全球海洋生态环境治理的优化路径》,《人民论坛》2021 年第 19 期。
张峰:《马克思恩格斯海权思想的脉络体系及其现代启示》,《马克思主义研究》2014 年第 5 期。
张静怡、吴姗姗、赵梦:《海域分等技术体系及方法研究》,《海洋开发与管理》2016 年第 9 期。
张军扩、侯永志、刘培林、何建武、卓贤:《高质量发展的目标要求和战略路径》,《管理世界》2019 年第 7 期。
张军社:《国际海洋安全秩序演进:海洋霸权主义仍存》,《世界知识》2019 年第 23 期。
张兰婷、倪国江、韩立民、史磊:《国外海洋开发利用的体制机制经验及对中国的启示》,《世界农业》2018 年第 8 期。
张丽娜:《争议海域油气资源共同开发中的第三方权利——中国在南海共同开发中的实践及权利维护》,《学习与探索》2015 年第 12 期。
张良:《国家海洋督察的功能分析》,《中国海洋社会学研究》2020 年辑刊。
张敏、韩志明:《基层协商民主的扩散瓶颈分析——基于政策执行结构的视角》,《探索》2017 年第 3 期。
张伟、刘雪梦、王蝶、李佳庆:《自然资源产权制度研究进展与展望》,

《中国土地科学》2021 年第 5 期。
张文明：《完善生态产品价值实现机制——基于福建森林生态银行的调研》，《宏观经济管理》2020 年第 3 期。
张悟移、杨云飞：《中国区域经济发展效率评价——基于 DEA 和 Malmquist 指数》，《华东经济管理》2014 年第 11 期。
张煊、王国顺、王一苇：《生态经济效率评价及时空差异研究》，《经济地理》2014 年第 12 期。
张艺、龙明莲：《海洋战略性新兴产业的产学研合作：创新机制及启示》，《科技管理研究》2019 年第 20 期。
张玉强、孙淑秋：《全球海洋治理背景下中国海洋话语体系建构的理论框架》，《浙江海洋大学学报》（人文科学版）2021 年第 1 期。
张云、宋德瑞、张建丽、赵建华：《近 25 年来我国海岸线开发强度变化研究》，《海洋环境科学》2019 年第 2 期。
张震、禚鹏基、霍素霞：《基于陆海统筹的海岸线保护与利用管理》，《海洋开发与管理》2019 年第 4 期。
赵林、张宇硕、焦新颖、吴迪、吴殿廷：《基于 SBM 和 Malmquist 生产率指数的中国海洋经济效率评价研究》，《资源科学》2016 年第 3 期。
赵千硕、初建松、朱玉贵：《海洋保护区概念、选划和管理准则及其应用研究》，《中国软科学》2020 年第 S1 期。
钟鸣：《新时代中国海洋经济高质量发展问题》，《山西财经大学学报》2021 年第 S2 期。
舟丹：《世界海洋油气资源分布》，《中外能源》2017 年第 11 期。
朱锋：《从“人类命运共同体”到“海洋命运共同体”——推进全球海洋治理与合作的理念和路径》，《亚太安全与海洋研究》2021 年第 4 期。
朱芹、高兰：《去霸权化：海洋命运共同体叙事下新型海权的时代趋势》，《东北亚论坛》2021 年第 2 期。
朱永官、李刚、张甘霖、傅伯杰：《土壤安全：从地球关键带到生态系统服务》，《地理学报》2015 年第 12 期。

Costanza R. , d'Arge R. , de Goot R. , et al. , “The value of the world's ecosystem services and natural capital”, *Nature*, Vol. 6630, No. 387, 1997.

Gilley, B. , " Authoritarian Environmentalism and China's Response to Climate Change", *Environmental Politics*, Vol. 2, No. 21, 2012 .

Hanne Svarstada, Lars Kjerulf Petersen etc. , " Discursive biases of the environmental research framework DPSIR", *Land Use Policy*, Vol. 16, No. 25, 2008.

Hardin. , "The Tragedy of the Commons", *Science*. Vol. 1243, No. 162, 1968.

Idda L. , Madau F. A. , Pulina P. , " Capacity and economic efficiency in small-scale fisheries: Evidence from the Mediterranean Sea", *Marine Policy*, Vol. 5, No. 33, 2009.

James Coleman. , " Foundations of Social Theory", *Belknap Press of Harvard University Press*, 1998.

Lizzeri A. , Persico N. , " Why did the Elites Extend the Suffrage? Democracy and the Scope of Government, with an Application to Britain's ' Age of Reform' ", *Quarterly Journal of Economics*, Vol. 2, No. 119, 2004.

MarshallA, Marshall M. P. , "The economics of industry", *U. K: Macmillan and Company*, 1920.

Nguyen H. O. , Nguyen H. V. , Chang Y. T. , et al. , " Measuring port efficiency using bootstrapped DEA: the case of Vietnamese ports", *Maritime Policy & Management*, Vol. 664, No. 11, 2015.

Nugent J. B. , Sarma C. , "The Three E's-Efficiency, Equity, and Environmental Protection-in Search of ' Win-Win-Win' Policies: A CGE Analysis of India", *Journal of Policy Modeling*, Vol. 1, No. 24, 2002.

Osmond M. , Airame S. , Caldwell M. , et al. , " Lessons for marine conservation planning: A comparison of three marine protected area planning processes", *Ocean & Coastal Management*, Vol. 2, No. 53, 2010.

Pigou, A. C. , " A Study in PuhLic Finance", *3rd Edition*, *London*: *Mxcmillxn*, 1928.

Porter M. E. , "America's Green Strategy", *Scientific American*, Vol. 4, No. 264, 1991.

Scarff G. , Fitzsimmons C. , Gray T. , "The new mode of marine planning in the UK: Aspirations and challenges", *Marine Policy*, Vol. 96, No. 51, 2015.

Schmidt A. , "Stephan Schmidheiny and Federico Zorraquin, Financing Change: The Financial Community, Eco-efficiency and Sustainable Development", *Journal of Environmental Law*, 1997.

Smith A. , "An inquiry into the nature and causes of the wealth of nations: Volume One", *London: printed for W. Strahan; and T. Cadell*, 1776.

Turner R. , Daily G. , "The ecosystem services framework and natural capital conservation", *Environmental and Resource Economics*, Vol. 1, No. 39, 2008.

Verdesca D. , Federici A. , Torsello L. , et al. , "Exergy-economic accounting for sea-coastal systems: A novel approach", *Ecological Modelling*, Vol. 1, No. 193, 2006.

Vogt W. , "Road to Survival", *New York: William Sloane*, 1948.